पारिस्थितिकी तंत्र
ECO-SYSTEM

पारिस्थितिकी तंत्र

ECO-SYSTEM

लेखक

डॉ0 मंजु सिंह

डिस्कवरी पब्लिशिंग हाउस

नई दिल्ली–110002

प्रथम संस्करण: 2006

ISBN: 81-8356-147-0

प्रकाशक
डिस्कवरी पब्लिशिंग हाउस
4831/24, अन्सारी रोड, दरियागंज
नई दिल्ली—110 002
दुरभाष—23279245
फैक्स—23253475
e-mail: dphtemp@indiatimes.com

प्रिण्टर्स
Amit Enterprises

प्रस्तावना

आज के समय में विश्व की जनसंख्या काफी तीव्र गति से बढ़ रही है। इसलिए उसकी आवश्यकताओं की पूर्ति के लिए उपलब्ध संसाधनों का वृहत स्तर पर दोहन किया जा रहा है। इसका परिणाम यह हो रहा है कि पर्यावरण लगातार असंतुलित होता जा रहा है। इसी प्रकार तीव्र औद्योगीकीकरण एवं नगरीकरण के कारण ही पर्यावरण प्रदूषित होता जा रहा है। जिससे मानव जीवन के लिए भयंकर संकट पैदा होता जा रहा है। इस स्थिति में पारिस्थितिक बहु आयामी संश्लेषित विज्ञान होने के कारण विविध विज्ञानों के विनाशकारी प्रभावों को दूर करने में सक्षम है।

पारिस्थितिकी से मनुष्य एवं जीवधारियों का घनिष्ठ संबंध है। इसके विकास के लिए घोर प्रयत्न जारी है। वर्तमान समय में तृतीय विश्व के देशों में पारिस्थितिक समस्या जैसे—जंगलों की कटाई, मरुस्थल का प्रसार, मृदा अपरदन, ऊर्जा संकट, खाद्यान्न संकट, रोगाणुयुक्त जल, नगरों का अनियंत्रित विस्तार आदि भयंकर होती जा रही है। अतः यह स्पष्ट है कि बिना पारिस्थितिक विकास के इन समस्याओं से त्रान नहीं पाया जा सकता और बिना पर्यावरण संरक्षण के सम्यक् विकास संभव नहीं है। सच्चे अर्थों में पर्यावरण को बिना क्षति पहुँचाये विकास ही पारिस्थितिक विकास होता है।

इस संदर्भ में प्रत्येक देश द्वारा अपने-अपने स्तर पर निरन्तर प्रयास जारी है एवं कुछ हद तक सफलता भी मिली है। लेकिन यह यथोचित नहीं है।

प्रस्तुत पुस्तक में पारिस्थितिकी एवं इससे संबंधित विभिन्न आयामों का सविस्तार वर्णन किया गया है। उदाहरणार्थ—पारिस्थितिक विकास, जैव भू-रसायन चक्र, पारिस्थितिक तंत्र एवं पारिस्थितिक तंत्र, पादप एवं पारिस्थितिक तंत्र, वन विनाश एवं पारिस्थितिक तंत्र, जंतु जगत तथा पारिस्थितिक तंत्र आदि। इस पुस्तक में पर्यावरण संबंधी समस्याओं एवं उनके समाधान संबंधी गहन विश्लेषण किया गया।

हम अपेक्षा करते हैं कि यह पुस्तक हमारे पाठकों के लिए विभिन्न मायने में अत्यंत लाभप्रद साबित होगी।

यदि आप किसी भी प्रकार की सलाह इस पुस्तक संबंधी हमें भेजते हैं तो हमें आप अपना आभारी बनाएँगे।

धन्यवाद **लेखिका**

अनुक्रम

1

पारिस्थितिकी

जर्मन शब्द ओएकोलोजी का अंग्रेजी रूपान्तरण है। इकोलोजी ग्रीक भाषा के दो शब्द ओएकोस और लोगस से बना है। ओएकोस का अर्थ होता है निवास या घर तथा लोगल का अर्थ होता है वर्णन या अध्ययन इस तरह पारिस्थितिकी का शाब्दिक अर्थ पौधों और जीवों का उन्ही के प्राकृतिक निवास स्थान या घरों में अध्ययन है। दूसरे कटने का आशय मत हैं कि पारिस्थितिकी पर्यावरण के संदर्भ में पौधों तथा जीवों का अध्ययन हैं।

कुछ विद्वानों का विचार है कि जर्मन वैज्ञानिक हान्स राइटर ने सबसे पहले इकोलोजी शब्द का प्रयोग 1885 ई. में किया था। लेकिन विद्वानों का विचार है कि इकोलाजी शब्द की सबसे पहले व्याख्या जर्मन प्राणी विज्ञान वैज्ञानिक अर्नेस्ट हैकेल ने 1869 ई. में की थी। लेकिन इसके पूर्व भी पर्यावरण तथा जीवों के अन्तर्संबंधों को व्यक्त करने के लिए कई समानार्थी नामावालियों का प्रयोग किया गया था जैसे आइसोडार ज्योररफ्राय सेन्ट हिलेयर ने 1859 ई. में जैव वासिकी तथा ब्रिटिश सेन्ट जार्ज जैक्सन मिवार्ट महोदय ने हैक्सीकॉलोजी शब्दों का प्रयोग किया था। 18वीं शताब्दी के प्रारंभ में ल्यूबेनहोयेक और अन्य प्राणिशास्त्रियों ने पारिस्थितिकी की संकल्पना के अन्तर्गत भोजन, संख्या नियमन और ज़ैविक उत्पादकता का उल्लेख किया था। पारिस्थितिकी मुख्य रूप से संख्या समुदायों, पारिस्थितिकी तंत्र और जैव मण्डल से संबंधित है।

राधारण रूप से किसी आवास में पाये जाने वाले सभी भौतिक व रासायनिक तत्वों या जैव व अजैव घटकों के परस्पर संबंधों को, जो उनकी क्रियाशीलता पर प्रभाव डालते हैं पारिस्थितिकी कहते हैं। परिस्थितिकी को विभिन्न विद्वानों ने अपने अपने ढंग से पारिभाषित किया है। उनमें से कुछ प्रमुख परिभाषायें प्रस्तुत की जा रही है।

1. **अमेरिका विद्वान एफ. ई. क्लिमेन्ट्स के विचार में**—पारिस्थितिकी जैव समुदाय का विज्ञान है।
2. **ई. वार्मिंग ने पारिस्थितिकी के सम्बन्ध में कहा है**—"पारिस्थितिकी, जीवों का उनके पर्यावरण संबंध में अध्ययन है।"
3. **एफ. फ्रेसर- डार्लिंग के विचार में**— 'पारिस्थितिकी समस्त पर्यावरण के सन्दर्भ में जीवों और उनके अन्तर्राजीय एवं परस्पर अन्तर्संबंधों का विज्ञान है।'
4. **ब्रिटिश प्राणी वैज्ञानिक मैकफेडेन के विचार में**—'पारिस्थितिकी का उद्देश्य उन सिद्धान्तों की खोज करना है जो पौधों या प्राणियों और उसके पर्यावरण के बीच संबंधों को निर्धारित करते हैं।'
5. **भारतीय पादप पारिस्थितिकी वैज्ञानिक प्रोफेसर आर. मिश्र के शब्दों में**—"पारिस्थितिकी जीवों के आकार, कार्यों और कारकों की प्रक्रियाओं का अध्ययन है।"
6. **टीन. एन. खोशू के शब्दों में**—'पारिस्थितिकी जैव तत्वों तथा उनके पर्यावरण के बीच पारस्परिक संबंधों का विज्ञान है।'
7. **आर. डजोज वर्तमान सन्दर्भ में**—पारिस्थितिकी वह विज्ञान है जो जीवित जीवों के जीवन की दशाओं तथा जीवों व पर्यावरण, जिसमें वे (जीव) रहते हैं, के मध्य अन्तर्संबंधों का अध्ययन करता है।
8. **अर्नेस्ट हैकेल के विचार में**—'पारिस्थितिकी जीवधारियों और उनके पर्यावरण के मध्य अन्योन्याश्रित संबंध का अध्ययन है।'
9. **ई. पी. ओडम क मतानुसार**—"पारिस्थितिकी प्रकृति की संरचना और कार्य का अध्ययन है या पारिस्थितिकी पारिस्थितिकी तंत्र की संरचना तथा कार्य का अध्ययन है।"

वर्तमान सन्दर्भ में पारिस्थितिकी प्राकृतिक व सामाजिक विज्ञानों के मिलन बिन्दु पर एक विकसित विज्ञान है जिसमें पारिस्थितिकीय वैज्ञानिक चिन्तन का अध्ययन किया जाता माना गया है। पारिस्थितिक विज्ञान पारिस्थितिकी को एक विज्ञान के रूप में तो अध्ययन करता ही है, साथ ही साथ वह जीवन और पर्यावरण को प्रभावित करने वाली प्रत्येक वस्तु का जिसमें मानव समाज व उसके कार्यों को सम्मिलित किया जाता है, का भी अध्ययन करता है।

इस तरह वर्तमान समय में पारिस्थितिकी के अन्तर्गत केवल पौधों व जीवों का ही अध्ययन नहीं किया जाता बल्कि उनके पर्यावरण के बीच अन्तसंबंधों का भी अध्ययन किया जाता है।

पारिस्थितिकी की आधारभूत संकल्पनायें

पारिस्थितिकी के सम्बन्ध में विभिन्न वैज्ञनिकों के विचारों के आधार पर निम्नलिखित मूलभूत संकल्पनाओं का विवरण दिया सकता है—

1. **पारिस्थितिकी तंत्र की संकल्पना**—भूदृश्य का कोई भाग जिसमें जैव व अजैव घटक सम्मिलित रहते हैं, पारिस्थितिकी तंत्र माना जाता है। जैव व अजैव का घटक ही पारिस्थितिकीय अध्ययन की मूलभूत इकाई होती है।
2. बड़े स्तर पर सम्पूर्ण जीव मण्डल एक पारिस्थितिक तंत्र होता है क्योंकि विविध चक्रों जैसे जलीय चक्र, जैव भू रसायन चक्र, ऊर्जा प्रवाह आदि द्वारा जीव मण्डल के जैव व अजैव संघटक परस्पर एक दूसरे से जुड़े होते हैं।
3. प्राकृतिक प्रकोप जैसे सूखा, बाढ़, ज्वालामुखी, भूकम्प, भूस्खलन चक्रवात आदि सम्पूर्ण जैव समुदाय विशेषकर मानव को अत्यधिक प्रभावित करते हैं।
4. भौतिक और जैविक प्रक्रम जो वर्तमान काल में सक्रिय हैं। वे भूतकाल में भी सक्रिय थे और भविष्य में सक्रिय रहेंगे। परिस्थितिकी की इस संकल्पना को एकरूपता की संकलना कहा जा सकता है। लेकिन यहाँ एक तथ्य ध्यान में रखने योग्य है कि इनकी तीव्रता में काल क्रमानुसार अंतर रहा और रहेगा क्योंकि मानव एक भौगोलिक कारक है और क्रिया कलापों द्वारा पर्यावरण को प्रभावित करता है।
5. पारिस्थितिक तंत्र ऊर्जा में प्राप्ति का मूल स्रोत सौर विकिरण है। हरी पत्ती वाले पौधे विकिरण ऊर्जा को ग्रहण करते हैं और प्रकाश संश्लेषण विधि से अपना आहार बनाते हैं और शारीरिक अवयवों का रचना करते हैं। शाकाहारी जीवों को मांसाहारी जीव अपने भोजन के रूप में प्रयोग करते हैं। मानव शाकाहारी व मांसाहारी जीवों को भोजन बनाता है। इस प्रकार सौर्य ऊर्जा का प्रवाह एक चक्र के रूप में होता रहता है।
6. पारिस्थितिक तंत्र के जैव व अजैव संघटक परस्पर अन्तर्प्रक्रिया करते हैं। इस प्रक्रिया के तहत वे एक दूसरे को प्रभावित करते हैं। इस प्रकार जैव व अजैव संघटक अन्तर्सबंधित होते हैं। इसी तरह जीवित जीव भी परस्पर अन्तर्प्रक्रिया

करते हैं और एक दूसरे को प्रभावित करते हैं। अन्तर्प्रक्रिया के कारण जीवों में अनुकूलन व प्रतिकूलन होता है। इससे कभी-कभी एक जीव समुदाय को फायदा होता है तो कभी-कभी उसे नुकसान भी होती है।

7. किसी निश्चित समय व इकाई क्षेत्र में पैदा होने वाले जैव पदार्थ की मात्रा की पारिस्थितिक तंत्र की उत्पादकता की संज्ञा दी जाती है। पारिस्थितिक तंत्र की उत्पादकता सौर्य विकिरण, आर्द्रता, खनिज पोषण, जैविक क्रियायें, मानव जनसंख्या इत्यादि कारकों से प्रभावित होती है। सामान्य रूप से विषुवत रेखा से ध्रुवों की ओर जाने पर सूर्याताप की मात्रा में कमी होती जाती है। परिणामस्वरूप विषुवत रेखा से ध्रुवों की ओर उत्पादकता कम होती जाती है।

8. पारिस्थितिक तंत्र में अन्तःनिर्मित स्वतः नियंत्रण क्रिया विधि द्वारा स्थिरता अथवा सन्तुलन बना रहता है। अगर तंत्र में कोई बदलाव होता है तो स्वसावस्थित क्रिया विधि द्वारा संतुलन स्थापित हो जाता है और तंत्र की स्थिरता कायम रहती है। जब पारिस्थितिक पर्यावरण में घटित परिवर्तनों से समायोजन नहीं कर पाता है तब उसमें अस्थिरता या असन्तुलन पैदा हो जाता है। उदाहरण के लिए वन नाशन व पर्यावरण प्रदूषण के कारण पारिस्थितिक तंत्र अस्थिर होता जा रहा है।

9. वनस्पति गमिक व सतत् परिवर्तनशील होती है। वनस्पति में प्राकृतिक परिवर्तन के अवलोकन से अनुक्रम की संकल्पना का अभ्युदय हुआ। सम्पूर्ण पारिस्थितिक तंत्र अथवा पादप समुदाय में कालक्रमानुसार एक दिक् क्रमिक परिवर्तन की प्रक्रिया को अनुक्रम कहा जाता है। ई. पी. ओडम के विचार में 'किसी इकाई क्षेत्र में समुदाय परिवर्तन की क्रमिक प्रक्रिया को पादप अनुक्रम कहते हैं। अनुक्रम प्रगामी होता है। इससे मिट्टी में प्रगामी बदलाव आते हैं जिससे पौधों की वृद्धि में मदद मिलती है। अनुक्रम से जीवों में प्रगामी बदलाव होता है।

अनुक्रम के निम्नलिखित कारण हैं

(अ) जलवायु—पादप अनुक्रम को सबसे ज्यादा प्रभावित करती है। कभी-कभी जलवायु में बदलाव आने लगता जिससे सम्पूर्ण अथवा आंशिक रूप में वनस्पतियों का नाश हो जाता है। ऐसे वनस्पति विहीन क्षेत्रों में पौधे विकसित हो जाते हैं जो

जलवायु से समायोजित हो जाते हैं। सूखा, भारी हिमपात, ओले आदि से वनस्पतियों का विनाश होता है।

(ब) मिट्टी– पादप अनुक्रम को प्रभावित करने वाले प्रमुख मिट्टी कारक अग्रलिखित हैं–

(क) मिट्टी अपरदन–अपरदन के दूतों द्वारा सतहीय मिट्टी का विस्थापन से भूमि बंजर हो जाती है जिसमें एक के बाद एक पादप समुदाय विकसित होने लगता है।

(ख) मिट्टी निक्षेप–अनावृतिकरण के दूतों के द्वारा मिट्टी का निक्षेप होता है जिससे प्रभावित क्षेत्र की पूर्व की वनस्पतियाँ मिट्टी से दब जाती हैं अथवा नष्ट हो जाती है तथा उसके स्थान पर नई वनस्पतियों उगने लगती हैं एवं पादप अनुक्रम आरंभ हो जाता है।

(3) जैविक कारक–मानव, परजीवी पौधे और जानवर वनस्पतियों पटरूपों में प्रभावित करते हैं। जिससे पादप अनुक्रम होता है। मानव पशुचारण द्वारा वनों का नाश करके वनों को साफ करके, कृषि करके व फसल की कटाई कर वनस्पतियों का नाश करते है। जिससे वनस्पतियों के स्थान पर नई वनस्पतियाँ उगने लगती हैं।

अनुक्रम के प्रकार–

अनुक्रम दो तरह के होते हैं (क) प्राथमिक अनुक्रम, (ख) द्वितीय अनुक्रम

(1) प्राथमिक अनुक्रम–जब अनुक्रम ऐसे बंजर भूमि पर आरंभ होता है जहाँ पहले वनस्पति का कोई अस्तित्व नहीं था तब उसे प्राथमिक अनुक्रम कहा जाता है। नमे बनें सागर नितल, नव लावा क्षेत्र, अभिनव बालू स्तूप, आदि में इस प्रकार का अनुक्रम देखा जाता है।

(2) द्वितीयक अनुक्रम-यह अनुक्रम ऐसे क्षेत्रों में आरंभ होता है जहाँ वनस्पतियाँ थी लेकिन आग, कृषि, वर्षा, हिमपात, वननाश आदि द्वारा वनस्पतियाँ नष्ट हो गई हैं और उनके स्थान पर नई वनस्पतियाँ उगने लगती हैं।

अनुक्रम की प्रावस्था–अनुक्रम की अग्रलिखित प्रावस्थाएँ हैं।

(क) वनस्पतियाँ रहित प्रावस्था–वनस्पतिविहीन क्षेत्र का उद्भव होता है।

(ख) प्रब्रजन की प्रावस्था–मानव और जीवों द्वारा बीजों को लाया जाता है।

(ग) **सुस्थिति की प्रावस्था**—बीजों का अंकुरण और वृद्धि होता है।

(घ) **प्रतिक्रिया की प्रावस्था**—पौधों और मूल पर्यावरण में अन्तः प्रतिक्रिया शुरू होती है और वे अन्र्तसंबंधित हो जाते हैं।

(ङ) **स्थायित्व की प्रावस्था**—पौधों और पर्यावरण में सामंजस्य स्थापित हो जाता है जिससे वनस्पतियों में स्थायित्व आ जाता है।

10. जीवों का उद्भव और विकास पारिस्थितिकी तंत्र की गतिशीलता का द्योतक है। डार्बिन महोदय ने जीवों के उद्भव और विकास पर प्राकृतिक चयन की क्रिया का उल्लेख किया है। उनके विचार में जीवों को अपने अस्तित्त्व के लिए संघर्ष करना पड़ता है। जो सुक्षम होते है वे वृद्धि और विकास करते हैं जो अलग होते हें वातावरण से समायोजन नहीं कर पाते तथा नष्ट हो जाते हैं। इसका उदाहरण डामनासोर को दिया जा सकता है। उनके अनुसार विजेता जीवों में वृद्धि होती है जबकि पराजित जीवों का विलोप हो जाता है।

11. डॉ. साबिन्द्र सिंह ने परिस्थितिकी की जैव-भू-रसायन संकल्पना को व्यक्त किया। उनके अनुसार (1991) के अनुसार "अजैविक तत्वों/रासायनिक तत्वों के जैविक प्रावस्था में परिवर्तन तथा इन जैविक तत्वों के अजैविक रूप में पुनरागमन के प्रारूप को जैव-भू-रसायन चक्र कहते हैं।" इसका तात्पर्य यह है कि पौधे अपनी जड़ों द्वारा रासायनिक/अजैविक तत्वों को ग्रहण करके-उन्हें जैविक तत्वों को बल देते हैं। ये जैविक तत्व भोजन श्रृंखला के माध्यम से विविध जीवों में पहुँचते हैं। जब ये जीव (पौधे, जन्तु) मरते हैं तो जैविक तत्व पुनः रासायनिक/अजैवं तत्व में परिवर्तित हो जाते हैं। इसके अंतर्गत कार्बन चक्र, ऑक्सीजन चक्र, नाइट्रोजन चक्र, फॉस्फोरस चक्र, अवसाद चक्र इत्यादि आते हैं।

12. मानव पर्यावरण में परिवर्तनकारी सक्रिय कारक है। एक तरफ वह स्वयं में बदलाव लाता है। जैसे भेष, भोजन शैली, विचार, जाति, धर्म, भाषा आदि बदलते हैं तो दूसरी तरफ वह पारिस्थितिकी तंत्र में प्राकृतिक संसाधनों का दोहन कर बदलाव करता है। वह कहीं वनस्पतियों का विनाश करता है तो कहीं वनारोपड़ करता है। कहीं अनावश्यक पौधों जैसे खर पतवार, झाड़ियाँ आदि को विनष्ट करता है तो कहीं वनस्पतियों का संरक्षण व परिवर्द्धन करता है। वह कंभी निर्माणकारी तथा कभी विध्वंशक कार्य करता है। वह कहीं निवास्य में बदलाव लाता हैं और औद्योगिक इकाइयों की स्थापना करता है।

मानव के क्रिया कलापों द्वारा पारिस्थितिकी तंत्र में विघटन एवं असन्तुलन उत्पन्न होता हैं जिससे अनेकों पारिस्थितिकीय समस्यायें पैदा होती हैं जो जीवों के लिए अहितकारी सिद्ध होती हैं।

13. पारिस्थितिकी अध्ययन का प्रमुख उद्देश्य मानव का कल्याण करना है। इसके अध्ययन से संसाधनों के संरक्षण, पर्यावरण अवनयन व प्रदूषण को दूर करने, पर्यावरण प्रबंधन आदि में मदद मिलती है जो मानव हित में है।

पारिस्थितिकी का वर्गीकरण

परिस्थितिकी का वर्गीकरण अग्र बिन्दूओं के तहत किया गया है

(क) परम्परानुसार पारिस्थितिकी परम्परानुसार परिस्थितिकी को (1) पादप और (2) प्राणी पारिस्थितिकी दो वर्गों में विभक्त किया जाता है। लेकिन विगत वर्षों में यह विचार धारा जोर पकड़ती जा रही है कि पौधे व प्राणी अन्योन्याश्रित होते हैं, और दोनों एक ही प्रकार के निवास्य में पाये जाते हैं तथा विभिन्न रूपों में अन्तर्क्रिया करते हैं। इसलिए पौधों व प्राणियों के घनिष्ट संबंधों को देखते हुए उनको और अधिक वर्गों में बांटा जाना चाहिए।

(ख) सामान्य रूप से पारिस्थितिकी को दो वर्गों में बाँटा जाता है-

(अ) स्वपारिस्थितिकी—पारिस्थिति की की इस श्रेणी में अलग-अलग पौधों व प्राणियों की जातियों तथा उनकी संख्या का अध्ययन किया जाता है। इसमें जीवन चक्र की प्रत्येक अवस्था पर पर्यावरणीय दशाओं व अन्य जीवों के पड़ने वाले प्रभावों का भी अध्ययन सम्मिलित है। कथन का आशय यह है। तथा अलग-अलग पौधों व प्राणियों की जातियों, उनकी संख्या और उनके पर्यावरण के मध्य अन्तर्संबंधों का अध्ययन है।

(ब) समुदाय पारिस्थितिकी—इसके अंतर्गत सभी समुदायों अथवा किसी समुदाय के अधिकांश जीवों का अध्ययन किया जाता है। कई यूरोपीय विद्वान इसके लिए और/या शब्दों का प्रयोग करते हैं इसको निम्नलिखित उप प्रकारों में बंटा जा सकता है—

- **संख्या पारिस्थितिकी**—पारिस्थितिकी की इस उप श्रेणी में एक ही जाति के जीवों के बीच अन्तर्प्रक्रियाओं का अध्ययन किया जाता है।
- **समुदाय पारिस्थितिकी**—पारिस्थितिकी की इस उप श्रेणी में विभिन्न

जाति के पौधों और जन्तुओं के मध्य अन्तर्प्रक्रियाओं एवं अन्योन्याश्रिता का अध्ययन किया जाता है।

- **बायोम पारिस्थितिकी**—पारिस्थितिकी की इस उप श्रेणी में किसी बायोम के अंतर्गत जैव समुदायों के अनुक्रम की विभिन्न अवस्थाओं में अन्तरप्रक्रियाओं एवं अन्तर्संबंधों का अध्ययन किया जाता है।
- **पारिस्थितिक तंत्र पारिस्थितिकी**—पारिस्थितिकी की इस उप श्रेणी में किसी पारिस्थितिकी तंत्र के पौधों, जन्तुओं व सूक्ष्म जीवों के परस्पर तथा उनके भौतिक पर्यावरण के एवं अंतक्रियाओं एवं अर्न्तर्संबंधों का अध्ययन किया जाता है।

(ग) विशिष्ट व वृहद् पारिस्थितिकी—इस आधार पर पारिस्थितिकी को अग्रलिखित प्रकारों में बांटा जाता है—

1. **निवास्य पारिस्थितिकी**—इसमें निवास्य को प्रधानता दी जाती है और पौधों व प्राणियों को केवल निवासी माना जाता है। इसके अंतर्गत वन पारिस्थितिकी, घास प्रदेश पारिस्थितिकी, शुद्ध जल पारिस्थितिकी, समुद्री मरुस्थल पारिस्थितिकी आदि आते हैं।
2. **पुरा पारिस्थितिकी**—पारिस्थितिकी का यह शाखा भूतकालीन जीवों एवं भूगर्भिक पर्यावरण से संबधित है।
3. **कोशिका पारिस्थितिकी**—इस साखा में विभिन्न पर्यावरणीय दशाओं के संदर्भ में जातियों के कोशिकीय तथ्यों का अध्ययन किया जाता है।
4. **पारिस्थितिक तंत्र पारिस्थितिकी**—पारिस्थितिक तंत्र के संघटकों के विश्लेषण के साथ-साथ स्थान तथा समय के संदर्भ में पारिस्थितिक तंत्रों की संरचना एवं कार्य का अध्ययन किया जाता है। इसमें जैविक व अजैविक घटकों के बीच पारस्परिक संबंधों के अध्ययन पर भी जोर दिया जाता है।
5. **संसाधन पारिस्थितिकी**—इस शाखा में मानव कल्याण के लिए पौधों, प्राणियों, मिट्टी, जल, खनिज संसाधनों आदि का अध्ययन किया जाता है।
6. **उत्पादन पारिस्थितिकी**—इसे पारिस्थितिकी की आधुनिक शाखा है और इसका विकास किया जा रहा है। इस शाखा ऊर्जा परिवर्तन की मात्रा और क्रिया विधि के साथ-साथ जीवों में ऊर्जा प्रवाह का भी अध्ययन किया जाता

है। इसमें ऊर्जा उत्पादन प्रक्रमों के साथ-साथ स्थान और समय के संदर्भ में जीवों शारीरिक भार में वृद्धि की दर का भी वर्णन किया जाता है।

7. **प्रदूषण पारिस्थितिकी**—इस शाखा पर्यावरण ह्रास की समस्याओं और पर्यावरण को शुद्ध बनाये रखने संबंधी तथ्यों का अध्ययन किया जाता है।

उपर्युक्त विभाजनों के अतिरिक्त संयुक्त राज्य के पर्यावरण विज्ञान के विश्व कोष में अग्रलिखित चार प्रकारों की पारिस्थितिकी का वर्णन किया गया है।

1. **मानव पारिस्थितिकी**—इस शाखा में जैविकी के साथ-साथ प्राकृतिक व सामाजिक विज्ञानों के विविध तथ्यों का अध्ययन किया जाता है।
2. **जीवन शास्त्रीय पारिस्थितिकी**—इस शाखा में जीव किस प्रकार क्रियायें करते है। का अध्ययन किया जाता है उदाहरणार्थ श्वसन क्रिया आदि।
3. **सामान्य पारिस्थितिकी**—इस शाखा में प्राणियों और पौधों का अध्ययन किया जाता है।
4. **व्यावहारिक पारिस्थितिकी**—इस शाखा में व्यावहारिक रूप में कृषि, पशुपालन, वनों व मत्स्य क्षेत्रों का संरक्षण, स्वास्थ्य की रक्षा, क्षेत्रीय प्रबंध आदि को सम्मिलित किया जाता है।

पारिस्थितिकी का अध्ययन मूल रूप से पादप शास्त्रियों द्वारा किया जाता रहा है और उसमें केवल पौधों का अध्ययन शामिल होता था। लेकिन वर्तमान समय में, जब पारिस्थितिकी असन्तुलन पैदा होने लगा है तो इसमें मानव के साथ-साथ अन्य जीवों का अध्ययन भी महत्त्वपूर्ण हो गया है। परिणामस्वरूप पारिस्थितिकी असन्तुलन के गूढ़ रहस्यों को समझाने के लिए इसके अध्ययन में अन्य आयामों को भी जोड़ा गया है जिससे इसमें मानव पारिस्थितिक, सामाजिक पारिस्थितिक, जनसंख्या पारिस्थितिकी, ग्रामीण पारिस्थितिकी, नगरीय पारिस्थितिकी, औद्योगिक पारिस्थितिकी आदि का अध्ययन किया जा रहा है।

पारिस्थितिकी का व्यावहारिक पक्ष

पारिस्थितिकी अध्ययन से प्राकृतिक संसाधनों के संरक्षण में मदद मिल रही है। यह इसका व्यावहारिक पहलू है। इसके अध्ययन से मिट्टी अपरदन, वननाश, वन्य जीवों का संरक्षण बाढ़ नियंत्रण आदि में पर्याप्त मदद मिलता है।

हम ऐसा कहें कि हर कृषक व माली एक पारिस्थितिकविद् होता है तो इसमें कोई अतिश्योक्ति नहीं होगी, क्योंकि वह कृषि, सिंचाई, कृत्रिम परागण एवं छिड़काव द्वारा पारिस्थितिकी को प्रभावित करता है।

पारिस्थितिक ज्ञान का उपयोग खेती खाद्यान्न उत्पादन और उद्यान कृषि में किया जा रहा है। शस्य विज्ञान मिट्टी संरक्षण उपायों का प्रयोग किया जा रहा है।

पारिस्थितिकी का भविष्य

वर्तमान समय में विश्व की जनसंख्या तीव्र गति से बढ़ रही है। इसलिए उसकी आवश्यकताओं की पूर्ति के लिए संसाधनों का दोहन किया जा रहा है। प्रतिफल के रूप में पर्यावरण असन्तुलित होता जा रहा है। इसी प्रकार तीव्र औद्योगीकरण व नगरीकरण के कारण पर्यावरण प्रदूषित होता जा रहा है जिससे मानव जीवन के लिए भयंकर संकट पैदा होता जा रहा है। इस हाल में पारिस्थितिक के बहु आयामी संश्लेषित विज्ञान होने के कारण वह विविध विज्ञानों के विनाशकारी प्रभावों को दूर करने में सक्षम है। यही कारण है कि 1964 ई. में वैज्ञानिक संगठनों की अन्तर्राष्ट्रीय परिषद का गठन किया गया और एक दस वर्षीय अन्तर्राष्ट्रीय जैविक कार्यक्रम शुरू किया गया। इसका उद्देश्य पारिस्थितिक तंत्रों में जैविक उत्पादन क्षमता का अध्ययन, स्थलीय पारिस्थितिक तंत्रों का संरक्षण एवं मानव की अनुकूलन क्षमता का अध्ययन करना था।

इसी तरह पर्यावरण के महत्त्व को ध्यान में रखते हुए 1968 में यूनको की देखरेख में जैव मण्डलीय सम्मेलन का आयोजन किया गया।

यूनेस्को ने 1971 ई. में एक दीर्घकालीन अन्तर्राज्यीय कार्यक्रम 'मानव जैव मंडल' प्रारंभ किया। इस कार्यक्रम का उद्देश्य था—विश्व के विभिन्न पारिस्थितिक तंत्रों की संरचना और कार्यप्रणाली का मानव क्रिया कलापों पर पड़ने वाले प्रभावों का अध्ययन करना। संयुक्त राष्ट्र संघ के तत्वाधान में स्टाकहोम में जून 1972 ई. में मानव पर्यावरण पर एक अन्तर्राष्ट्रीय सम्मेलन आयोजित किया गया।

अतः हम थोड़े में कह सकते हैं कि पारिस्थितिकी से मानव व जीवधारियों का घनिष्ठ संबंध होने के कारण इसका भविष्य उज्जवल है।

2

पारिस्थितिक विकास

पारिस्थितिक विकास का आशय है पर्यावरण संरक्षण व विकास। इसे हम दूसरे शब्दों में ऐसा कट सकते हैं कि पर्यावरण को बिना नुकसान पहुंचाये विकास पारिस्थितिक विकास है। आरंभ में पारिस्थितिक विकास के सम्बन्ध में लोगों की ऐसी अवधारणा थी कि पर्यावरण को क्षति पहुँचाकर ही विकास किया जा सकता है। लेकिन विगत कुछ वर्षों में इस अवधारणा में बदलाव आया है जब लोग ऐसा समझने लगे हैं कि संरक्षण व विकास दोनों ही सिक्के के दो पहलू हैं। अर्थात् बिना पर्यावरण संरक्षण के विकास नहीं हो सकता है और बिना विकास के पर्यावरण संरक्षण नहीं हो सकता है। पर्यावरण विनाश केवल अत्यधिक आर्थिक विकास का ही प्रतिफल नहीं है बल्कि अत्यधिक निर्धनता के कारण भी है। विकसित देशों में पर्यावरण ह्रास अत्यधिक सम्पन्नता की देन है तो अल्प विकसित देशों में पर्यावरण ह्रास विपन्नता का प्रतिफल है। विकसित देश पर्यावरण ह्रास रोकने में सक्षम हैं तो दूसरी और अल्प विकसित देश पर्यावरण संबंधी समस्याओं के निराकरण में सक्षम नहीं हैं। अल्प विकसित देश अपनी अत्यधिक निर्धनता के कारण मौलिक आवश्यकताओं को पूर्ति करने में असमर्थ हैं इस कारण वे अपनी आवश्यकताओं की पूर्ति के लिए प्राकृतिक संसाधनों को नष्ट करतें हैं जिन पर उनका भावी जीवन निर्भर करता है। वर्तमान समय में तृतीय विश्व के देशों में पारिस्थितिक समस्या जैसे—जंगलों की कटाई, मरुस्थल का प्रसार, मृदा अपरदन, नगरों का अनियंत्रित फैलाव, रोगाणुयुक्त जल, ऊर्जा संकट, खाद्यान्न संकट आदि भयंकर होती जा रही हैं। अतः यह स्पष्ट है कि बिना पारिस्थितिक विकास के इन समस्याओं से त्राण नहीं पाया जा सकता है तथा बिना पर्यावरण संरक्षण के सम्यक् विकास संभव नहीं है। इसलिए कहा जा सकता है कि पर्यावरण संरक्षण व विकास एक-दूसरे के पूरक हैं। सच्चे अर्थों में पर्यावरण को बिना क्षति पहुँचाये विकास को ही पारिस्थितिक विकास माना जा सकता है। बिना विनाश किये विकास को ही ठोस विकास माना जा सकता है।

परिस्थितिक विकास को अग्र रूपों में पारिभाषित किया जा सकता है—परिस्थितिक विकास मानव जाति के कल्याण हेतु पर्यावरण के विवेकपूर्ण उपयोग की प्रक्रिया के रूप में एक सार्थक प्रयास है।'' श्री सुन्दर लाल बहुगुणा जो चिपको आन्दोलन के प्रणेता के अनुसार 'परिस्थितिकी विकास वह दशा है जिसमें लोगों को सुख शान्ति व संतोष प्राप्त होता है। लेकिन यह तभी संभव है जब सभी जीवधारियों की मौलिक आवश्यताओं जैसे—हवा, जल, भोजन, वस्त्र, मकान आदि आस पास के क्षेत्र से ही प्राप्त हो जाय।'

इस तरह पारिस्थितिक विकास सामाजिक दृष्टि से वांच्छित, आर्थिक दृष्टि से संतोषप्रद एवं परिस्थितिकी की दृष्टि से ठोस हो।'

परिस्थितिक विकास का वर्गीकरण

पारिस्थितिक विकास को अग्ररूपों में विभक्त किया जा सकता है—

1. समन्वित विकास—इस तरह का विकास पारिस्थितिक तंत्र की समग्रता के अनुरूप किया जाता है। कुछ वर्ष पूर्व तक हर राष्ट्र अपना अलग विकास करता था। लेकिन इस विकास का कुप्रभाव दूसरे देशों पर क्या पड़ रहा है, इसका ध्यान नहीं रखा जाता था। परन्तु अब देखा जा रहा है कि पर्यावरण प्रदूषण, ऊर्जा संकट, आर्थिक विषमता का संकट, सामाजिक असामनता का संकट, जलवायुवीय संकट आदि किसी एक देश की सीमा में आबद्ध न होकर अन्य राष्ट्रों को भी हानि पहुँचाया करते हैं। पहले आर्थिक विकास के लिए पर्यावरण का विदोहन किया जाता था लेकिन वर्तमान में दोहन का कुप्रभाव अन्य देशों पर परिलक्षित होने लगा है। उदाहरण के लिए जापान की अर्थ व्यवस्था आयात पर निर्भर करती है। वह खनिज तेल, इमारती लकड़ी, लोहा, कोयला, खाद्यान्न आदि दूसरे देशों से आयात करता है। लेकिन जहाँ से आयात किया जाता है वहाँ के पर्यावरण के ह्रास, संसाधनों के दोहन और अल्पता से प्रत्यक्ष रूप से प्रभावित हो रहा है। इसी तरह आमेजन घाटी में जंगलों को काटा जा रहा है जिससे विश्व की जलवायु प्रभावित हो रही है।

इसके समर्थन में यह भी कहा जा सकता है कि किसी देश के औद्योगिक विकास के कारण वायुमण्डल में कार्बन डाईआक्साइड की मात्रा बढ़ती है तो इसका कुप्रभाव उस देश विशेष पर न पड़कर सम्पूर्ण विश्व पर पड़ेगा। वायु प्रदूषण को किसी देश की सीमा में आबद्ध नहीं किया जा सकता है बल्कि उसका कुप्रभाव अन्य राष्ट्रों को भी भुगतना पड़ेगा। इस प्रकार विश्वव्यापी अर्थतंत्र व विश्वव्यापी परिस्थितिकी

एक दूसरे से न होकर एक दूसरे से आबद्ध हैं और उनमें से किसी को प्रधान अथवा किसी को गौण नहीं कहा जा सकता है। इस तरह इन दोनों को एक दूसरे का पूरक मानकर समन्वित विकास किया जाना चाहिये।

2. संतुलित पारिस्थितिक विकास—वह विकास जो सम्पन्न और विपन्न दोनों श्रेणी के लोगों को समुचित लाभ देता है, संतुलित विकास कहा जाता है। यह आर्थिक विकास व पर्यावरण संरक्षण पर विशेष जोर देता है ताकि आर्थिक विकास और पर्यावरण दोनों संतुलित रह सके। इसमें अल्पविकसित देशों के गरीब वर्ग के लोगों की भौतिक आवश्यकताओं की पूर्ति पर ध्यान दिया जाता है।

अन्तर्राष्ट्रीय स्तर पर विकास के स्तर में पर्याप्त असमानता विद्यमान है। एक ओर विकसित राष्ट्र अपने विकास की महत्तम सीमा पर है तो दूसरी कोट अल्प विकसित देश निर्धनता की सीमा पर हैं। विश्व अर्थ व्यवस्था दोषपूर्ण होने के कारण विकसित राष्ट्रों के विकास का लाभ अल्प विकसित देशों को थोड़ी भी नहीं मिल रहा है। एक ओर विकसित देशों के लोग भौतिक सुविधाओं को अत्यधिक मात्रा में प्राप्त कर रहे हैं तो दूसरी ओर अल्प विकसित देश इन सुविधाओं से एकदम ही वंचित हैं। इस प्रकार अल्प विकसित देशों के लोग जीवनयापन के लिए अपने चतुर्दिक पर्यावरण का विदोहन करते हैं। परिणामस्वरूप गरीबी और पर्यावरण अवनयन दोनों मिल कर विपन्नता में लगातार वृद्धि करते जाते हैं। इस सन्दर्भ **मुस्तका तोल्वा** का विचार है। कि निर्धनता विश्व की अनेक समस्याओं के जड़ में होने के साथ-साथ पर्यावरण अवनयन की भी जननी है।" इस तरह असमानता ही संसार की सबसे बड़ी समस्या है और इस असमानता की चौड़ी खाई को पाटना ही संतुलित विकास है।

3. संघृत पारिस्थितिक विकास—इसका तात्पर्य है ऐसे विकास, से है जिसमें मानव की तात्कालिक आवश्यकताओं की पूर्ति के साथ-साथ भावी पीढ़ी के लिए दीर्घ काल तक विकास का आधार बना रहे। इस विकास के लिए सामाजिक, आर्थिक तथा परिस्थितिकी सभी तरह के कारकों पर सम्यक् ध्यान देना आवश्यक होता है। इसके अन्तर्गत यह सुनिश्चित किया जाता है कि वर्तमान में मानव की मूल आवश्यकताओं की पूर्ति तो हो लेकिन भावी पीढ़ी की मौलिक आवश्यकताओं की पूर्ति की क्षमता बनी रहे पारिस्थितिक तंत्र के संसाधनों की अभिवृद्धि पर भी जोर दिया जाता है। इसमें यह भावना निहित है कि उपयुक्त सामाजिक व्यवस्था व प्राविधिकी द्वारा पारिस्थितिक तंत्र से इतने अधिक संसाधन प्राप्त कर लिए जाय कि वर्तमान व भावी समाज की आवश्यकताओं की पूर्ति अपने वर्तमान रूप में अगर दीर्घकाल तक

होती रहे। उदाहरण के लिए कोयला व्ययशील संसाधन है। यदि इसका अधिक उपयोग किया जायेगा तो इसका भंडार शीघ्र ही समाप्त हो जायेगा। ऐसी दशा में जरूरत इस बात की है कि कोयले का उपयोग नियोजित ढंग से इस प्रकार किया जाय कि इसकी आपूर्ति दीर्घकाल तक भावी पीढ़ी को होती रहे। यदि ऐसा संभव नहीं हुआ तो विकास की प्रक्रिया मंद हो जाएगी।

परिस्थितिक विकास के सिद्धान्त

परिस्थितिक विकास के सिद्धान्त मूल रूप से दो अवधारणाओं पर आधारित हैं। जो अग्रलिखित हैं–

(क) **जन सामान्य की मूल आवश्यकताओं की पूर्ति करने वाले अर्थ तंत्र का प्रसार**–आज विश्व में आर्थिक और सामाजिक विकास एवं पारिस्थितिक असन्तुलन जन्य कई समस्यायें सामने आ रही हैं। समाज का एक वर्ग विलासिता-पूर्ण जीवन और प्रदर्शन की भावना से संसाधनों का दोहन कर रहा है जिसका उसके गुणात्मक जीवन से कोई संबंध नहीं है जबकि दूसरा वर्ग अपनी मौलिक आवश्यकताओं की पूर्ति से बंचित रह जा रहा है। इसी तरह समाज के कुछ लोगों का संसाधनों; उत्पादन और वितरण पर वर्चस्व है जब कि समाज का अधिकांश इनसे अत्यधिक दूर है। इस प्रकार की सामाजिक आर्थिक असमानता स्थानीय, प्रदेशीय, राष्ट्रीय व अन्तर्राष्ट्रीय सभी स्तरों पर विद्यमान है। इसलिये जरूरी है अर्थतंत्र विकसित किया जाय कि समाज के सभी वर्गों को आर्थिक और सामाजिक न्याय मिल सके तथा सभी को मौलिक आवश्यकताओं यथा संतुलित और स्वास्थ्यप्रद भोजन, समुचित वस्त्र और आवास शिक्षा, स्वास्थ्य, मनोरंजन आदि पूर्ति हो सके।

(ख) **जैव प्राविधिकी का सदुपयोग और पारिस्थितिक संतुलन कायम रखते हुए उत्पादन करना**–पर्यावरण का ज्यादा-से-ज्यादा उपयोग किया जाय लेकिन साथ-साथ यह भी जरूरी है कि पर्यावरण सन्तुलन को भी बनाये रखा जाए और जैव प्राविधिकी का अधिकाधिक सदुपयोग भी हो। इस मूल धारणा पर यह अवधारणा निहित **प्रो. जोसेफ फोन आ** के विचार में 'कृषिगत और वानिकी उत्पादन के लिए सार्थक सेवाओं एवं वस्तुओं का जैव कारकों के माध्यम से परिष्करण करने में वैज्ञानिक तथा अभियांत्रिकी सिद्धान्तों का प्रयोग जैव प्राविधिकी है।'

परिस्थितिक विकास की इन दोनों अवधारणाओं के आलोक में डबल्यू. सी. ई. डी. ने पारिस्थितिक विकास की अग्रलिखित संकल्पनाओं का प्रतिपादन किया है–

1. **संश्लिष्ट उत्पादन व्यवस्था का सिद्धान्त**—इसके अनुरूप ऐसी उत्पादन व्यवस्था कायम की जानी चाहिये कि आर्थिक विकास तो हो लेकिन इसके साथ-साथ पारिस्थितिक आधार भी सुदृढ़ बना रहे। उदाहरण आवश्यकताओं की पूर्ति के लिए जंगलों से लकड़ी प्राप्त की जाय, वन्य जीवों का शिकार किया जाय लेकिन इस क्रम में यह भी ध्यान रखा जाय कि वहाँ का पारिस्थितिक आधार असन्तुलित न हो जाये अन्यथा इसके कई कुपरिणाम सामने आयेंगे।
2. **सक्षम प्राविधिक तंत्र के विकास का सिद्धांत**—इसके अनुरूप ऐसी समर्थ प्राविधिकी का विकास किया जाना चाहिये जो आर्थिक विकास जन्य व पारिस्थितिक समस्याओं का समाधान भी कर सके। जैव प्राविधिकी से हरित क्रान्ति पैदा हुई जिससे अधिकाधिक खाद्यान्न उत्पादन संभव हो सका है। लेकिन दूसरी भार इससे कई समस्यायें भी पैदा होती जा रही है। जैसे कीटनाशक दवाओं के छिड़काव से अन्न व जल प्रदूषित हो रहे हैं। इसलिये जरूरी है कि ऐसा प्राविधिक तंत्र विकसित किया जाय जिससे अन्न व जल प्रदूषित न हो सके। यह उन्नत प्राविधिकी की ही देन है कि आजकल खेतों में ऐसी दवाओं को छिड़काव किया जा रहा है जो ऐसे कीटों का प्रजनन करें जो हानिकारक कीटों को नष्ट कर सके।
3. **अन्तर्राष्ट्रीय स्तर पर विचार व स्थानीय स्तर पर कार्य का सिद्धान्त**- यह संधृत आर्थिक व पारिस्थितिक विकास पर बल देता है कि स्थानीय स्तर पर जो परिस्थितिकी समस्यायें उत्पन्न हो रही हैं वे वस्तुतः अन्तर्राष्ट्रीय स्तर पर होने के कारण है। जैसे औद्योगिक दृष्टि से विकसित देशों के कल कारखानों से निःसतृत कार्बन-डाई-आक्साइड, सल्फर डाई आक्साइड, नाइट्रोजन डाई आक्साइड इत्यादि जहरीली गैसें गृह प्रभाव द्वारा केवल उसी देश विशेष को कुप्रभावित नहीं करती बल्कि उनका कुप्रभाव समान रूप से दूसरे देशों पर भी पड़ता है। इसी प्रकार अल्प विकसित देशों में चाय, कहवा, तम्बाकू, आदि फसलें नकदी फसलें हैं। लेकिन विकसित देशों द्वारा व्यापारिक संरक्षण की नीति अपनाये जाने के कारण तृतीय विश्व के देशों को वांछित लाभ नहीं मिल रहा है जिससे वहाँ का पारिस्थितिक तंत्र कुप्रभावित हो रहा है। अतः जसकी है कि अन्तर्राष्ट्रीय स्तर पर इसके लिए विचार चाहिये और स्थानीय स्तर पर उसे क्रियान्वित किया जाना चाहिये। इसके लिए नयी अन्तर्राष्ट्रीय व्यवस्था का निर्माण जरूरी हो जाता है जो जरूरी हो जाता विश्व कल्याण की बात सोच सके।

4. **प्रशासन तंत्र में भागीदारी का सिद्धान्त**—पर्यावरण संरक्षण के लिए जो भी निर्णय लिए जाते हैं उनमें जन साधारण की भागीदारी का होना जरूरी है, इससे पारिस्थितिक तंत्र में स्थायित्व आता है तथा आर्थिक विकास के प्रयास सार्थक होते हैं। तृतीय विश्व के देशों में पर्यावरण अवनयन का एक मूल कारण यह भी है कि वहाँ पर्यावरण संरक्षण के लिए जो भी निर्णय लिए जाते हैं उनमें जनसाधारण की भागीदारी नहीं होती है। जन साधारण पर्यावरण संरक्षण के लिए अपनाये जाने वाले कार्यों के प्रति उदासीन रह कर पर्यावरण का शोषण करते हैं। अतः पारिस्थितिक तंत्र के रक्षा के लिए यह नितांत आवश्यक है कि लिए गये निर्णयों में जन साधारण की भागीदारी हो।

5. **आत्मनिर्भरता के दृष्ठपोष्क् अर्थ तंत्र के विकास का सिद्धान्त**—इस सिद्धान्त के अनुरूप आत्म निर्भरता परक अर्थ तंत्र का विकास करना चाहिये रक्ष्ज्ञा के लिए यह नितांत लोग स्वावालम्बी हो सकें, उनके प्राविधिक ज्ञान में बढ़ोत्तरी हो सके तथा दीर्घकाल तक उत्पादन अधिक मात्रा में होता रहे

6. **न्यायोचित सामाजिक तंत्र कायम का सिद्धान्त**—अधिक मात्रा में होता रहे में सामाजिक तंत्र में असन्तुलन के प्रसार है। उत्पादन का लाभ कुछ ही लोगों को मिल रहा है जिससे तनाव की स्थिति सदैव बनी रहती है तथा वर्ग संघर्ष होता रहता है कई बार यह संघर्ष गृहयुद्ध या युद्ध का रूप ले लेता है। इस हाल में न तो आर्थिक विकास हो पाता है और न ही पारिस्थितिक तंत्र की रक्षा ही हो पाती है। इसलिए पारिस्थितिक तंत्र का संरक्षण व आर्थिक विकास के लिए न्यायोचित सामाजिक तंत्र का विकास जरूरी है।

पर्यावरण संरक्षण और पारिस्थितिक विकास में भेद

पर्यावरण संरक्षण और पारिस्थितिक विकास में बहुत अधिक समानताएं हैं लेकिन सूक्ष्म प्रेक्षण करने पर अग्रलिखित अन्तर भी मिलते हैं—

(1) पर्यावरण संरक्षण में पर्यावरण के विदोहन और उत्पादन पर न्यूनतम बल दिया जाता है लेकिन पारिस्थितिकी विकास में उत्पादकता पर जोर दिया जाता है।

(2) पर्यावरण संरक्षण मानव निवास्य को मानवीय क्रिया कलापों के प्रभावों से मुक्त रखा जाता है लेकिन पारिस्थितिकी विकास में मानवीय क्रिया कलाप के अनुरूप निवास्म का निर्माण किया जाता है।

(3) पर्यावरण संरक्षण में पर्यावरण और आर्थिक विकास में सामंजस्य स्थापित किया जाता है लेकिन पारिस्थतिकी विकास में इनका उपयोग सामाजिक उद्देश्यों को पूर्ति में किया जाता है।

(4) पर्यावरण संरक्षण अधिकाधिक आर्थिक विकास के लिए पारिस्थितिक तंत्र से संसाधनों का प्राप्त किया जाता है लेकिन पारिस्थितिकी विकास में जन साधारण की मूल आवश्यकताओं की पूर्ति की ओर ध्यान दिया जाता है।

(5) पर्यावरण संरक्षण पर्यावरण के संघटकों में स्थिरता व कार्यशीलता बनाये रखने पर लेकिन पारिस्थितिकी विकास में मानव कल्याण को प्राथमिकता दी जाती दिया जाता है लेकिन पारिस्थितिकी विकास में मानव कल्याण को प्राथमिकता दी जाती है।

(6) पर्यावरण संरक्षण में पारिस्थितिक तंत्र के संघटकों, जैसे जल, वायु, वन आदि के संरक्षण पर पृथक रूप में ध्यान दिया जाता है लेकिन पारिस्थितिकी विकास में पारिस्थितिकी तेज के संबर्द्धन पर ध्यान दिया जाता है।

(7) पर्यावरण संरक्षण उत्पादन परक है लेकिन पारिस्थितिकी विकास वितरण पराक

(8) पर्यावरण संरक्षण में पारिस्थितिक तंत्र की संरचना व क्रियाशीलता बनाये रखने पर बल दिया जाता है लेकिन पारिस्थितिकी विकास में ऐसी प्राविधिकी अपनायी जाती है जो पारिस्थतिक तंत्र की संरचना व क्रियाशीलता को बनाये रखने के साथ-साथ आर्थिक संसाधनों का निर्मित की इच्छानुसार सामाजिक और आर्थिक विकास में बदलाव लाये।

(9) पर्यावरण संरक्षण में मानव को पारिस्थितिक तंत्र का अभिन्न अंग माना जाता है।

उक्त अन्तरों के आधार पर कहा जा सकता है कि पर्यावरण संरक्षण की तुलना में पारिस्थितिक विकास की संकल्पना विस्तृत है।

परिस्थितिक विकास के उद्देश्य

परिस्थितिक विकास के प्रमुख उद्देश्य अग्रलिखित हैं—

(1) **आदर्श जनसंख्या को सुनिश्चित करना**—जनसंख्या तीव्रगति से बढ़ रही है परिणामतः संसाधन जो सीमित मात्रा में हैं कम पड़ते जा रहे हैं। इससे

जनसंख्या अतिरेक की समस्या पैदा होने वाली है। इस स्थिति में पारिस्थितिक विकास का उद्देश्य आदर्श जनसंख्या निर्धारित करना है जिससे जनसंख्या संसाधनों के बीच संतुलन कायम रहे।

(2) **संसाधनों का संरक्षण व संवर्द्धन**—संसाधनों का सदैव दोहन होते जाने के कारण उनकी मात्रा कम होती जा रही है। उदाहरण के लिए ब्रिटेन से कोयला समाप्त हो चुका है। भारत में भी कोयला समाप्त होने वाला है। अन्य संसाधनों की भी यही स्थिति है। इस स्थिति में पारिस्थितिक विकास का उद्देश्य संसाधनों का संरक्षण व संवर्द्धन करना है।

(3) **आर्थिक विकास की गति को तेज करना**—इसका मुख्य उद्देश्य आर्थिक विकास की गति को तेज, करना है, क्योंकि विश्व की जनसंख्या तीव्र गति से बढ़ रही है। अतः आर्थिक विकास को तेज करना है ताकि मानव की आवश्यकताओं की पूर्ति के लिए यह आवश्यक है।

(4) **मूल आवश्यकताओं की पूर्ति करना**—मानव को संतुलित व स्वास्थ्यप्रद भोजन, स्वच्छ जल, शुद्ध वायु, ऊर्जा, रोजगार, शिक्षा, स्वास्थ्य मनोरंजन आदि की पूर्ति करना पारिस्थितिक विकास का मुख्य उद्देश्य है।

(5) **समुचित प्राविधिकी का विकास**—पर्यावरण का दोहन लगातार किये जाने के कारण पारिस्थितिक तंत्र में असंतुलन की दशा उत्पन्न होती जा रही है। इसलिए पारिस्थितिक विकास के उद्देश्य है कि ऐसी उचित प्राविधिकी का विकास किया जाए कि उत्पादन तो बढ़े लेकिन उत्पादन पर कोई भी कुप्रभाव न पड़े। जैसे कीटनाशक दवाओं के प्रयोग से जल, मिट्टी व अन्न प्रदूषत होता है। अतः इस स्थिति में पारिस्थितिक विकास का उद्देश्य हो जाता है कि ऐसी की ऐसी कीटनाशक दवाओं का निर्माण किया जाय जो फसल संरक्षण का कार्य जल मिट्टी व अन्य प्रदूषित न हो।

(6) **उत्पादन को सर्वसुलभ करना**—अन्तर्राष्ट्रीय स्तर पर उत्पादनों पर कुछ ही देशों का वर्चस्व है। यह स्थिति राष्ट्रीय स्तर पर भी कायम है। यहाँ भी उत्पादन पर समाज के एक छोटे वर्ग का आधिपत्य है जिससे उसका वितरण सर्व सुलभ नहीं हो रहा है। पारिस्थितिक विकास का लक्ष्य है कि उत्पादन व वितरण पर सभी का समान अधिकार हो जिससे समाज के कमजोर वर्गों की निर्धनता समाप्त हो सके। सभी की आवश्यकताओं की सुगमता से पूर्ति हो सके।

(7) **पर्यावरण और आर्थिक विकास में समायोजन**- पारिस्थितिक विकास का प्रमुख उद्देश्य पर्यावरण और आर्थिक विकास के बीच समायोजन स्थापित करना भी है।

पारिस्थितिक विकास की विधियाँ—पारिस्थितिक विकास की तीन प्रमुख विधियाँ है—

(1) पारिस्थितिकी तंत्र की स्थिरता की कार्यशीलता को बनाये रखना (2) पर्यावरणों आर्थिक विकास नीति का निर्धारण करना, (3) उन्नतशील प्राविधिकी का विकास करना। इनकी संक्षिप्त चर्चा आगे की जा रही है।

(अ) पारिस्थितिक तंत्र की स्थिरता और कार्यकुशलता को बनाए रखना

परिस्थितिक तंत्र स्थिर और कार्यशील रहता है। लेकिन जब मानव द्वारा उसमें छेड़छाड़ किया जाता है तो उसका संतुलन बिगड़ जाता है इस स्थिति में स्थिरता व कार्यशीलता भंग हो जाती है। वर्तमान समय में मानव द्वारा उसमें सदैव बदलाव किये जाने के कारण उसकी स्थिरता और कार्यशीलता के भंग हो जाने का खतरा उत्पन्न हो जाता रहा है। इसलिये निम्न उपायों द्वारा तंत्र की स्थिरता व कार्यशीलता को बनाये रखा जा सकता है।

(1) **भूमि उपयोग द्वारा संरक्षण**—इसके तहत उत्तम कृषि योग्य भूमि पर केवल कृषि उत्पादन करे कृषि योग्य भूमि के अपरदन को रोककर मिट्टी के प्राकृतिक गुणों की रक्षा कर उनका पुनचक्रण तथा जल संरक्षण कर मिट्टी में जीवाश्यों की मात्रा को बताकर उसके उपजाऊपन को बढ़ा करके, परम्परागत व नवीन कृषि प्रणाली में समन्वय स्थापित कर, जल प्रदूषण को रोक कर, आदि भूमि उपयोग क्रियाओं द्वारा पारिस्थितिक तंत्र की स्थिरता और कार्यशीलता को बनाये रखा जा सकता है।

(2) **अनुवांशिकी की विविधता का संरक्षण**-पारिस्थितिक विकास की प्रक्रिया को लम्बे समय तक कायम रखने के लिए जरूरी है जीन की विविधता को बनाये रखा जाय। जीन की रक्षा करके कृषि, जंगल, जल आदि के उत्पादनों में वांछित परिवर्तन और परिष्कार किया जा सकता है और लम्बे समय तक उत्पादन प्राप्त किया जा सकता है। मूल जीन पर्यावरण में हो रहे हानिकारक बदलाबों को रोकने में मददगार होने के साथ-साथ रोगमुक्त होते हैं। इसलिए उनसे रोगमुक्त उत्पादनों का विकास किया जा सकता है। मौलिक कृषि

उपजों, पालतू व वन्य पशुओं, जलीय जीवों आदि में वर्तमान जीन से नई किस्में पैदा की जा सकती हैं। जो स्वादिष्ट, टिकाऊ, रोगमुक्त, गुणसंपन्न तथा जलवायु से समायोजन करने आदि हो सकती हैं। उदाहरण के लिए मिसौरी के सेंट लुई में स्थित मोनसान्तो एग्रीकल्चरल कम्पनी ने जीन में अपरिवर्तन द्वारा कपास का विकास किया है जिसमें डोडी भेदक कीड़े नहीं लगते। इस किस्म के कपास में कीटनाशक दवाओं को छिड़कने की जरूरत नहीं पड़ती है। सामान्य रूप से कृषि उत्पादों और पालतू पशुओं, की गुणवत्ता कुछ वर्षों के बाद समाप्त हो जाती है अथवा उसमें कमी आ जाती है। आम, आलू, टमाटर, गेहूँ, धान आदि के मूल जीन समाप्त हो चुके हैं। इस प्रकार कृषि उपजों और पालतू पशुओं की किस्मों का परिष्कार करने के लिए उनके जीनों को कायम रखना जरूरी है। यही कारण है कि ब्राजील की राजधानी रियो दी जनेरी में 3 जून से 14 जून 1992 तक सयुक्त राष्ट्र संघ के तत्वावधान में पृथ्वी सम्मेलन हुआ जिसमें 178 देशों के प्रतिनिधियों ने भाग लिया और उसमें जैव विविधता तथा जलवायु परिवर्तन संबंधी दो महत्त्वपूर्ण संधियों पर हस्ताक्षर किये गये। मात्र संयुक्त राज्य अमेरिका ने जैव विविधता की संधि पर हस्ताक्षर नहीं किया।

(3) **विविध पारिस्थितिक तंत्रों व जातियों का लम्बे समय तक उपयोग**—जैव संसाधनों का दीर्घकालीन उपयोग करने पर उनसे अनन्त काल तक लाभ प्राप्त किया जा सकता है। वर्तमान विश्व में मिट्टी, जंगल जल और वन्य जीव जन्तुओं का आवश्यकता से अधिक दोहन किया जा रहा है। इस स्थिति में उनसे लम्बे समय तक लाभ की अपेक्षा नहीं की जा सकती है। इसलिए जरूरी है कि—

1. पारिस्थितिक तंत्र और स्पीसीज का दोहन उनकी उत्पादन क्षमता से अधिक नहीं हो।
2. विभिन्न स्पीसीज का उपयोग करते समय भोजन शृंखला के स्तर को बनाये रखा जाए।
3. किसी भी स्पीसीज के उपयोग में लाने के लिए पकड़ने का कार्य उसके प्रजनन काल तथा स्थान पर नहीं किया जाए।
4. स्पीसीज पर आधारित उद्योगों का उत्पादन स्तर इस प्रकार का हो कि उनके उत्पादन अथवा प्रजनन में कमी होने पर भी उद्योग के उत्पादन में गिरावट न आ सके।

5. स्पीसीज के निवास्य को जरूरी प्राकृतिक दशायें उपलब्ध कराई जाए।
6. वन्य पौधों और वन्य जीवों के अनियंत्रित अन्तर्राष्ट्रीय व्यापार को प्रतिबंधित किया जाए।
7. वन संरक्षण के नियमानुसार जंगलों को काटने का ठेका दिया जाए।

(ब) पर्यावरण राष्ट्रीय आर्थिक विकास नीति का निर्धारण

राष्ट्रीय आर्थिक विकास की नीति पर्यावरणोन्मुखी हो इसका सदैव ध्यान रखा जाए। जब आर्थिक विकास में परिस्थितिकी तत्वों का अधिक दोहन होने लगता है तो वह विकास अन्त्रतोगत्वा लाभदायी सिद्ध नहीं होता है। अतः राष्ट्रीय विकास की नीति निर्धारित करते समय उसमें पर्यावरणोन्मुख नियोजन की प्राथमिकता दी जानी चाहिये और उसमें जीवन की गुणवत्ता में सुधार, जनसामान्य की सहभागिता, सरकारी तंत्र, उद्योगपति व शिक्षाविद् का सहयोग, पर्यावरण संरक्षण आदि तथ्यों का समावेश किया जाना चाहिये।

आर्थिक विकास की नीति बनाते समय परिस्थितिकी तंत्र की वर्तमान स्थिति का आकलन भी किया जाना चाहिये जिससे पारिस्थितिक तंत्र की विशेषतायें समझ में आ सकें और उसके अनुरूप उनका उपयोग सुनिश्चित हो सके।

आवश्यक यह भी है कि आर्थिक विकास नीति में विकास कार्यों पर पर्यावरण पर पड़ने वाले प्रभावों का मूल्यांकन किया जाये उसके बाद ही वृहद विकास योजनाओं का कार्यान्वित किया जाय। उदाहरण के लिए अगर टिहरी बांध परियोजना को चालू करना है तो उससे भूकम्प की आवृत्ति में वृद्धि की आशंका तथा अन्य कुप्रभावों का भी मूल्यांकन किया जाए।

पर्यावरणोन्मुख आर्थिक विकास में यह जरूरी है कि ऐसा प्रशासनिक तंत्र और कानून ही जो विकास का पर्यावरण पर पड़ने वाले कुप्रभावों को रोक सके। अतः जरूरी है कि राष्ट्रीय स्तर पर साथ-साथ अन्तर्राष्ट्रीय स्तर पर भी ऐसे कानून होने चाहिये जिससे पर्यावरण का संरक्षण संभव हो सके।

(स) उन्नतशील प्राविधिकी का निरंतर विकास

आर्थिक विकास के साथ-साथ पर्यावरण में असन्तुलन पैदा होता जा रहा है। मिट्टी, जल, वायु, कृषि, उत्पादन आदि प्रदूषित होते जा रहे हैं। इसलिए जरूरी है कि उन्नतशील प्राविधिकी का विकास किया जाये जिससे पर्यावरण अवनयन को

रोका जा सके अथवा कम किया जा सके। ऐसा कर पारिस्थितिक तंत्र की स्थिरता व कार्यशीलता को कायम रखा जा सकता है। इसके लिए अग्रलिखित कार्य किये जा सकते हैं–

(1) **पर्यावरण प्रदूषण की रोकथाम**–औद्योगिक क्रान्ति के बाद उद्योगों, कारखानों आदि का बहुत अधिक विकास हुआ है। कारखानों से निःसृत धुंआँ और बहिः स्राव तथा नगरों के वाहिल मल से वायु और जल प्रदूषित हो रहे हैं। इसलिए ऐसी प्रविधि का विकास किया जाना चाहिए जिससे वायु व जल प्रदूषण रोका जा सके। कारखानों से निःसृत धुंए को छानने की प्रविधि विकसित करके वायु प्रदूषण को रोका जा सकता है ऐसे वाहनों का विकास किया जाना चाहिए उनसे अल्य मात्रा धुंआँ निकले सी एन की से चलने वालों वाहनों का उपयोग इस क्षेत्र में एक सार्थक कद हैं इसी प्रकार नगरीय व्राहित मल को शुद्ध करने की प्रविधि भी विकसित की जानी चाहिए।

(2) **अपशिष्ट निस्तारण**–अपशिष्ट पदार्थ नाना तरह के प्रदूषणों के मूल में हैं। अगर उनके पुनर्चक्रण अथवा परिष्करण का प्रविधि का विकास किया जाय तो ये अपशिष्ट पदार्थ उपयोगी हो सकते हैं। रद्दी कागज, प्लास्टिक के टुकड़े, कृषि व बन उपज, धातुएं, शीशा आदि अपशिष्ट पदार्थ हैं। अगर उन्नतशील किस्म की प्रविधि विकसित कर ली जाय तो ये चीजें पुनः उपयोग लायक हो जायेंगी और इनसे पर्याप्त ऊर्जा की बचत हो सकेगी। जापान अपशिष्ट निस्तारण में सबसे आगे है।

(3) **सुरक्षात्मक उपाय**–नाभिकीय विखण्ड रेडियोधर्मी तत्व, से उत्पन्न अपशिष्ट पदार्थ, विषैले रासायनिक कचरे आदि जीवों के लिए बहुत खतरनाक और घातक हैं। ये शरीर में पहुँच कर हानि पहुँचाते हैं। इसालेए इनके कुप्रभावों से बचाने वाली प्रविधि का विकास किया जाना चाहिए। नाभिकीय संश्लेषण विधि से अणु ऊर्जा का उत्पादन करके तथा वृहद पैमाने पर सौर्य ऊर्जा का उपयोग करके इनके कुप्रभावों से बचा जा सकता है। इनको सुरक्षित स्थानों पर रख करके भी इनके घातक प्रभावों से बचा जा सकता है।

भारत में पारिस्थितिक विकास

वर्तमान समय में भारत एक विकासशील देश है। यह विकसित देशों की श्रेणी में आने के लिए प्रयासरत है। कुछ क्षेत्रों में श्रेणी विकसित राष्ट्रों की श्रेणी में आ

भी गया है। स्वतंत्रता प्राप्ति के बाद देश का सभी क्षेत्रों में पर्याप्त आर्थिक विकास हुआ। लेकिन कई दृष्टियों से यह विकास असन्तुलित तथा संतोषजनक नहीं है। आर्थिक विकास की प्रक्रिया में पारिस्थितिक तंत्र के संसाधनों का बहुत अधिक दोहन किया गया है। हमारा वायुमंडल वाहनों और औद्योगिक कारखानों से निःसृत धूम और जहरीली गैसों के कारण प्रदूषित हो रहा है। औद्योगिक अपशिष्टों, नगरीय वाहित मल आदि से नदियों का जल प्रदूषित हो रहा है। हमारी पवित्र और अमृत सलिला गंगा नदी का जल प्रदूषित हो चुका है। वनों के कटाव के कारण वन क्षेत्र कम गये हैं और उनमें से वन्य प्राणियों का पलायन हो रहा है क्योंकि उन्हें भोजन और आवास नहीं मिल रहा है। आर्थिक विकास का लाभ समाज के कुछ लोगों को ही मिला है। लगभग एक तिहाई लोग जो गरीबी रेखा के नीचे जीवन व्यतीत कर रहे हैं। इस लाभ से वंचित रह गये हैं। भारत में जीवन का भौतिक गुणवत्ता का निर्देशांक 40 है जबकि निर्धारित मानदण्ड के अनुसार इसे 70 होना चाहिए। खाद्यान्न में आत्म निर्भर होने के बावजूद भी कुछ खाद्य पदार्थ आयात करने पड़ते हैं। भारत में प्रति व्यक्ति औसत वार्षिक आय मात्र 1741 रूपये है। जो बहुत ही कम है। इसी तरह प्रति व्यक्ति औसत उपभोग व्यय भारत में व्यय मात्र 125 रु० है जो बहुत ही कम है। हमारे देश से लगभग प्रतिवर्ष लगभग 12 अरब टन मिट्टी बहकर समुद्र में जा रही है। खाद्यान्न उत्पादन में रासायनिक उर्वरकों और कीटनाशक दवाओं के उपयोग से अन्न और जल प्रदूषित हो रहा है तथा मिट्टी में सूक्ष्म पोषक तत्वों की लगातार कमी होती जा रही है। देश की आय का अधिकांश खनिज तेल के आयात पर खर्च हो रहा है। इस प्रकार थोड़े में कहा जा सकता है कि निर्धनता व आर्थिक विकास के कारण वायु प्रदूषण, जल प्रदूषण वन कटाव, मिट्टी अपरदन, ऊर्जा संकट, आर्थिक असमानतायें आदि बढ़ती जा रही हैं जो पारिस्थितिक तंत्र के असंतुलित होते जाने का संकेत है। विकसित देशों के अनुभव से प्रतीत हो रहा है कि आर्थिक विकास के बाद परिस्थितिकी तंत्र को संरक्षण प्रदान करना अति व्यय साध्य व दुष्कर कार्य है। अतः भारत जैसे विकासशील देश के लिए जरूरी है कि वह आर्थिक विकास के साथ-साथ पारिस्थितिक विकास की ओर भी ध्यान दे जिससे आर्थिक विकास की प्रक्रिया में पुनः अतीत की ओर न देखना पड़े और विकसित देशों की गलतियों की पुनरावृत्ति भी भारत में न हो। 1972 में स्टाकहोम में संयुक्त राष्ट्र के तत्वाधान में अन्तर्राष्ट्रीय पर्यावरण सम्मेलन आयोजित हुआ जिसमें भारत सहित विश्व के कई देशों ने भाग लिया। उसके बाद से भारत सरकार का ध्यान परिस्थितिकी संरक्षण और विकास की

ओर गया है। भारत में पारिस्थितिक संरक्षण और विकास के संदर्भ में अग्रलिखित प्रमुख कार्य किये जा रहे हैं–

(1) **वन्य जन्तु संरक्षण एक्ट 1972**–इसमें में यह व्यवस्था है कि वन्य प्राणियों की रक्षा की जाय और विरल वन्य प्राणियों जैसे शेर, गेंडा आदि की संख्या को बढ़ाया जाय। इसके लिए अभयारण्यों की रचना की जाय।

(2) **जल प्रदूषण निवारण व नियंत्रण एक्ट 1974**–इसमें नदी, नाले, कुएं, जलाशय आदि में विषैले पदार्थों के उत्सर्जन पर रोक लगाने का प्रावधान है। इसका उद्देश्य जल को शुद्ध व स्वास्थ्यप्रद बनाये रखना है। इसके तहत जल प्रदूषण बोर्ड बनाया गया है।

(3) **वन संरक्षण एक्ट 1980**–यह एक्ट वनों के अन्धाधुन्ध कटाव को रोकने के लिए बनाया गया है।

(4) **वायु प्रदूषण निवारण व नियंत्रण एक्ट 1981**–इसका मूल वायु को शुद्ध रखना इसके तहत वायुमंडल में प्रदूषकों को छोड़ने पर रोक लगा दी गई है। इसके एक्ट के तहत सरकार किसी भी क्षेत्र की वायु प्रदूषण नियंत्रण क्षेत्र घोषित कर सकती है।

(5) **पर्यावरण संरक्षण एक्ट 1986**–इस एक्ट के तहत पर्यावरण में प्रदूषकों के छोड़ने पर रोक लगा दी गई है।

(6) **पर्यावरण नियोजन व संयोजन की राष्ट्रीय समिति की स्थापना**– 1972 में स्टाकहोम सम्मेलन से वापस आने के बाद तत्कालीन प्रधान मंत्री श्रीमती इन्दिरा गांधी ने इस समिति की स्थापना की। इसका प्रमुख उद्देश्य पारिस्थितिक विकास के लिए सलाह देना था।

(7) **पर्यावरण विभाग की स्थापना**–नवम्बर 1980 ई. में भारत सरकार में पर्यावरण विभाग की स्थापना का इस विभाग का कार्य पर्यावरण की गुणवत्ता में ह्रास का लेखा जोखा रखना था। लेकिन इसमें अब जल प्रदूषण निवारण और नियंत्रण एक्ट 1974, वायु प्रदूषण निवारण और नियंत्रण एक्ट 1981 ई. वोटानिकल सर्वे आफ इण्डिया जूलाजिकल सर्वे आफ इन्डिया नेशनल म्यूजियम आफ नेचुरल हिस्ट्री, जैव मण्डल आगरा इस एक्ट के तहत को भी सम्मिलित कर दिया गया है। पर्यावरण नियोजन और संयोजन की राष्ट्रीय

समिति अब पर्यावरण विभाग के अंतर्गत परामर्शदाता समिति के रूप में कार्य कर रही है। केन्द्रीय व राज्य सरकारों ने पर्यावरण संरक्षण के लिए अब तक 326 कानूनों को पारित किया है।

उक्त तथ्यों के आलोक में यह कहा जा सकता है कि स्पष्ट है कि पारिस्थितिक विकास के प्रति केन्द्रीय और राज्य सरकारें काफी सचेष्ट हैं। इसकी सुष्टि अग्रलिखित बिन्दुओं से होती है–

1. कारखानों की चिमनियों से निःस्टत धुये से फैलने वाले प्रदूषण को रोकने के लिए भी संयत्र लगाये जा रहे हैं।
2. वनों की अवैध कटाई पर रोक लगा दिया गया है एवं सामाजिक वानिकी की योजना लागू की गई है जिसका मूल उद्देश्य वन क्षेत्रों का संवर्द्धन करना और ईंधन व चारे को सुगमता से उपल्बध करना है।
3. उर्जा संकट समाप्त लिए वैकल्पिक उर्जा का विकास किया जा रहा है।
4. जनसंख्या वृद्धि रोकने के लिए परिवार कल्याण कार्यक्रम पर जोर दिया प्रयास रहा है।
5. नगरों में अवशिष्ट पदार्थों को रखने की समस्या है जिसके समाधान के लिए उनका पुनर्चक्रण कर पुनः उपयोगी बनाया जा रहा है।
6. उद्योगों को बड़े नगरों के पास नहीं लगाने दिया जा रहा है। विकेन्द्रीकरण की नीति अपनाई जा रही है।
7. भूमि उपयोग। नियोजन की ओर ध्यान दिया जा रहा है। सरकार ने बंजर भूमि विकास परिषद की स्थापना की है जिसका मूल काम बंजर भूमि को उपयोगी बनाना है।
8. **जैव मण्डल आगार की स्थापना व वन्य जन्तु संरक्षण**–इसके तहत भारत में 19 जैव मण्डल आगारों की स्थापना की गई है। इसका प्रमुख उद्देश्य है- वन्य जन्तु संरक्षण के अंतर्गत अभयारणें के वन्य जन्तुओं के शिकार पर रोक लगाना तथा विरल जन्तुओं के संवर्द्धन का प्रयत्न करना।
9. भारत में मिट्टी अपरदन समस्या है। इस समस्या पर नियंत्रण पाने के लिए वनारोपड़ किया जा रहा है। लेकिन इसमें वांच्छित सफलता नहीं मिल रही है।
10. गंगाजल शुद्धीकरण योजना लागू की गई है।

11. कारखानों से निःसृत वहिःस्राव को शुद्ध करने के लिए लगाये गये।
12. बेयर इन्डिया बम्बई ने टावर वायोजल पद्धति द्वारा कारखानों के अशुद्ध जल को शुद्ध करना शुरू कर दिया है।
13. समुद्र तट स्थित कम्पनियां अपने कारखाने के अशुद्ध जल को समुद्र में दूर तक पहुँचाने के लिए दूर तक नालियों को बिछाया है और प्रदूषित बनाने से रोकने के लिए संयंत्र लगाया है।
14. नगरों में मानव मल मूत्र से पैदा होने वाले प्रदूषण को रोकने के लिए सुलभ शौचालय बनाये जा रहे है।
15. **पृथ्वी सम्मेलन-** ब्राजील की राजधानी रियो दी जनेरो में 3 जून से 14 जून 1992 तक संयुक्त पर्यावरण एवं विकास सम्मेलन आयोजित हुआ। इस सम्मेलन की पृथ्वी सम्मेलन के रूप में जाना गया। इसमें विश्व के 178 देशों के प्रतिनिधियों तथा 1000 से अधिक देशों के राष्ट्राध्यक्षों ने भी अन्तिम तीन दिनों के शिखर सम्मेलन में भाग लिया। भारत की ओर से प्रधान मंत्री नरसिम्हा राव ने शिखर सम्मेलन में भाग लिया और पर्यावरण तथा वन मंत्री श्री कमलनाथ पूरी अवधि तक सम्मेलन में रहे। संयुक्तराष्ट्र संघ के महासचिव ने बुतरस घाली ने इसका उद्‌घाटन करते हुए कहा कि हमें विकास का वह माडल अपनाना है जिससे यह पृथ्वी भावी पीढ़ियों के रहने लायक बनी रहे। उन्होंने यह भी कहा कि विश्व के सभी राष्ट्रों को मिल बैठकर पृथ्वी की रक्षा के उपाय सोचने चाहिये और पर्यावरण के संरक्षण पर होने वाले खर्च में अमीर देशों की भागीदारी अधिक होनी चाहिए।

इस शिखर सम्मेलन के प्रथम वक्ता प्रधान मंत्री श्री नरसिम्हा राव ने कहा कि ''इस सम्मेलन में हमें इस बात के प्रयास करने होंगें और तय करना होगा कि हम हम प्रकृति से कितना लें जो हमारे गुजारे के लिए आवश्यक है। और कितना छोड़े कि पृथ्वी के भविष्य के लिए अनिवार्य हो। हमें दोनों के बीच सन्तुलन कायम करना होगा। आज यह स्पष्ट हो चला है कि हम विकास के वायदे के बिना पर्यावरण का संरक्षण नहीं कर सकते और पर्यावरण के संरक्षण के बिना हम स्थायी विकास भी नहीं कर सकते।'' उन्होंने विकसित देशों को सुझाव दिया कि वे ऐसी टेकनॉलाजी का स्थानान्तरण विकासशील देशों को न करें जिससे पर्यावरण पर प्रतिकूल प्रभाव पड़ता हो। उन्होंने पृथ्वी संरक्षण कोष की स्थापना का सुझाव भी दिया जिसका व्यापक

स्वागत हुआ। लेकिन इस कोष लिए धन के प्रश्न को लेकर कुछ कठिनाइयां उत्पन्न हो गई जिसस यह प्रस्ताव ठोस रूप ग्रहण नहीं कर सका।

इस सम्मेलन की प्रमुख उपलब्धियां अग्रलिखित है।

(स) जैव विविधता एवं जलवायु के बदलाव की दो महत्त्वपूर्ण संधियों पर हस्ताक्षर किये। केवल संयुक्त राज्य ने जैव विविधता की संधि पर हस्ताक्षर नहीं किया क्योंकि हस्ताक्षर करने पर उसे पर्याप्त राशि अन्य देशों में खर्च करनी पड़ती।

(अ) वन संरक्षण के प्रश्न पर हस्ताक्षर किये गये लेकिन इस पर अमल करना अनिवार्य नहीं बनाया गया।

(स) इस सम्मेलन की मुख्य उपलब्धि थी रियो घोषणा जिसमें पर्यावरण संरक्षण के 27 महत्त्वपूर्ण सिद्धान्त सम्मिलित है जिनमें से कुछ मुख्य अग्रलिखित है–

1. गरीबी दूर करना।
2. विकासशील देशों को विशेष अन्तर्राष्ट्रीय सहायता उपलब्ध कराना।
3. जन सहयोग प्राप्त करना।
4. गैर सरकारी संगठनों की भागीदारी।
5. सांस्कृतिक परम्पराओं का कायम रखना।
6. 800 पृष्ठों का एजेन्डा-21 स्वीकार किया गया जिसके अनुसार 21 वीं सदी में विकास की प्रक्रिया को पर्यावरण के अनुकूल बनाने के उपायों का विवरण है।
7. विकास की ऐसी प्रक्रिया अपनाई जाय जिसने पृथ्वी के संसाधन आने वाली पीढ़ियों के लिए सुरक्षित रहे।
8. विकास एवं पर्यावरण में संतुलन बनाये रखना।

पृथ्वी सम्मेलन में भारत ने सक्रिय रूप से भाग लिया जो स्पष्ट करता है कि भारत सरकार परिस्थितिकी विकास की दिशा में कृत संकल्प है तथा पर्यावरण के प्रति सही दिशा में अग्रसर है।

अक्षय कृषि और पारिस्थितिकी विकास

अक्षय कृषि का तात्पर्य ऐसी समुन्नत कृषि से है जिसके द्वारा पर्यावरण को किसी भी तरह से क्षति पहुँचाये बिना सतत् कृषि उत्पादन होता रहे। जोर

अत्याधुनिक कृषि (हरित क्रान्ति) के दोषों से बचने के लिए अक्षय कृषि पर बल दिया जा रहा है। विश्व की जनसंख्या तीव्र गति से बढ़ती जा रही है। बढ़ती हुई जनसंख्या का उदरपूर्ति के लिए खाद्यान्नों की कमी पड़ने की संभावना बढ़ती जा रही है। परिणामस्वरूप विश्व के विकसित देशों के पर्याप्त कृषि उत्पादन के लिए हरित क्रान्ति का शुभारम्भ हुआ जो धीरे-धीरे विश्व के अविकसित व विकासशील देशों में पहुँचने लगी है। भारत सहित विश्व के कई देशों ने हरित क्रान्ति द्वारा खाद्यान्न समस्याओं को सुलझा लिया है। इस तरह एक ओर हरित क्रान्ति द्वारा खाद्यान्न समस्या का हल निकल रहा है तो दूसरी ओर इस कृषि द्वारा अनेकों पर्यावरणीय समस्यायें पैदा हो रही हैं। जिनमें से प्रमुख अग्रलिखित हैः—

1. यह कृषि बाजारोन्मुख होती है और प्रत्येक कृषि सामग्री बाजार से क्रय करनी पड़ती है।
2. यह कृषि टिकाऊ नहीं है।
3. इस कृषि में मशीनीकरण के कारण खेतिहर मजदूरों की बेरोजगारी बढ़ती है।
4. इस कृषि में कुछ ही फसलों यथा गेहूँ चावल, मक्का इत्यादि के ही उत्पादन पर बल दिया जाता है और अन्य फसलों का उत्पादन उपेक्षित रहता है।
5. इसमें फसल चक्र न अपनाये जाने से मिट्टी की उर्वरता व उत्पादकता समाप्त होने लगती है।
6. यह अधिक व्यय साध्य होती है जिसका बोझ लघु व सीमान्त कृषक वहन नहीं कर पाते हैं।
7. यह कृषि केवल बड़े जोत वाले कृषकों के लिए उपयुक्त नहीं होती है।
8. इस कृषि में पशु पालन व वृक्षारोपण पर विशेष बल नही दिया जाता है।
9. इस कृषि से कृषि पारिस्थितिक तंत्र में असन्तुलन उत्पन्न होता है।
10. इस कृषि से क्षेत्रीय असन्तुलन बढ़ता है क्योंकि जहाँ पर गेहूँ, चावल, मक्का इत्यादि के उत्पादन की सुविधायें होती हैं वे क्षेत्र विकास कर जाते हैं। भारत में हरित क्रान्ति से क्षेत्रीय असन्तुलन उत्पन्न हुआ है। गांवो में भी सम्पन्न व गरीब दो कृषक वर्ग हो गये हैं।
11. हरित क्रान्ति के लिए कृषि में उन्नत किस्म के बीजों का प्रयोग किया जाता है जिससे उन बीजों में निरन्तर परिवर्तन करना पड़ता है जिससे बीजों के मौलिक गुण समाप्त हो जाते हैं।

12. इसमें सिंचाई की अत्यधिक आवश्यकता पड़ती है जिससे कृषि भूमि के बंजर होने की संभावना बढ़ जाती है। पंजाब व हरियाणा में इस प्रकार की समस्या उत्पन्न होने लगी है।
13. इसमें कीटनाशी, रोगनाशी इत्यादि जहरीले रसायनों का प्रयोग किया जाता है जिससे मिट्टी व उसमें उत्पन्न अन्न प्रदूषित हो रहे हैं। ऐसे प्रदूषित अन्न का भोजन करने से अनेकों बीमारियों का प्रकोप बढ़ता जा रहा है। ये ही रसायन वर्षा जल के साथ जलीय क्षेत्रों में पहुँचकर जल की गुणवत्ता को समाप्त कर देते हैं। ऐसे जल के सेवन से मानव व जलीय जीवों को हानि हो रही है। डी.डी.टी. के छिड़काव अंश में जल व वायु में संचित होता जाता है।
14. इस कृषि में रासायनिक उर्वरकों के प्रयोग की मात्रा उत्तरोतर बढ़ानी पड़ती है जिसकी कोई सीमा नही है। एक दिन ऐसा भी आ सकता है कि अधिक मात्रा में रासायनिक उर्वरकों के प्रयोग के बावजूद भी उत्पादन प्राप्त न हो सके क्योंकि रासायनिक उर्वरकों के निरन्तर बढ़ते प्रयोग से मिट्टी की उर्वरता व उत्पादकता समाप्त हो जाती है।
15. इस कृषि में आधुनिक कृषि उपकरणों का प्रयोग किया जाता है। इस कृषि में ऐसा माना जाता है कि ट्रैक्टर से गहरी जुताई करने से उत्पादन बढ़ेगा। फलतः ट्रैक्टरों से गहरी जुताई की जाती है जिससे ट्रैक्टर के पहिये से मिट्टी दब जाती है फलतः मिट्टी में वायु का संचार न होने से उत्पादन कुप्रभावित होता है।
16. यह कृषि में नाइट्रोजन का अधिक शोषण होता है जिससे पर्यावरण के असन्तुलित होने का खतरा बढ़ रहा है। नाइट्रोजन के शोषण से भूमि धसाव की क्रिया होती है कैलीफोर्निया में ऐसा भूमि धसाव हो चुका है।

उक्त तथ्यों के आलोक में यह कहा जा सकता है कि वर्तमान अत्याधुनिक कृषि पद्धति से पर्यावरण को दीर्घकालीन हानि होने वाली है। इसलिए उक्त पर्यावरणीय हानियों से रक्षा के लिए अक्षय कृषि पर जोर दिया जा रहा है।

अक्षय कृषि की विशेषतायें

1. इसमें खेतों की चकबन्दी कराकर फसल चक्र अपनाने पर बल दिया जाता है।

2. यह कृषि व्यय साध्य नहीं क्योंकि इसमें रासायनिक उर्वरकों, रासायनिक दवाओं सिंचाई इत्यादि का कम प्रयोग किया जाता है।
3. इसमें ट्रैक्टर द्वारा गहरी जुताई पर बल न देकर ट्रैक्टर हल कम गहरी जुताई की जाती है।
4. इस कृषि में खाद्यान्नों के साथ-साथ तिलहन व दलहन फसलों के उत्पादन पर बल दिया जाता है जिससे अनेकों प्रकार के फसल उत्पादन प्राप्त होते हैं। यदि एक फसल नष्ट भी हो जाती है तो उसमें दूसरी फसल का उत्पादन हो जाता है।
5. इसमें सनई, ढैंचा इत्यादि भी बोये जाते हैं जिससे खेतों को कृत्रिम उर्वरक प्राप्त होता है। इसमें गोबर व खरपतवार की खाद का प्रयोग किया जाता हैं जिससे मिट्टी की उर्वरता बनी रहती है।
6. खेतों की मेड़ पर नीम के वृक्ष लगाये जाये तो नीम की खली का उपयोग कीटों के नाश में किया जा सकता है। इससे कीटनाश होने पर पर्यावरण शुद्ध होगा।
7. इसमें कीटनाशकों का उपयोग न करके प्रतिरोधक क्षमता वाली फसलों को उगाया जाता है ताकि पौधे स्वयं बीमारी से रक्षा कर सकें।
8. जापान में इससे मिलती जुलती नेचुरल फार्मिंग का प्रयोग बढ़ रहा है। भारत के होशंगाबाद में राजू टाइअस ने 5 हेक्टेयर भूमि पर ऐसी कृषि करके सफल होने का दवा किया है। जापान कृंषक फुकुओका ने नेचुरल फार्मिंग पर बल दिया है जिसे 'एक अतिरिक्त क्रान्ति' की संज्ञा दी गई है।
9. पश्चिमी बंगाल में इस कृषि के अन्तर्गत खेतों में धान बोया जाता रहा है, किनारे की मेड़ों पर वृक्ष लगाये जा रहे हैं तथा जलाप्लावित धान वाले खेतों में मछलियाँ पाली जा रही हैं।
10. अक्षय कृषि से पर्यावरण का अवनयन नहीं होता है।
11. यह टिकाऊ व स्थायी कृषि पद्धति है। और इससे निरन्तर समान मात्रा में मिट्टी से उत्पादन प्राप्त किया जा सकता है।
12. इससे क्षेत्रीय असन्तुल नहीं बढ़ता है तथा बेरोजगारी भी नहीं बढ़ती है।
13. इस कृषि से लघु व सीमान्त कृषकों को लाभ मिलता है।

14. इसमें ऐसे बीजों का प्रयोग किया जाता है जिसके लिए कम रासायनिक उर्वरक कम सिचाई व कम कीट नाशक दवाओं की आवश्यकता होती है। हैदराबाद के कृषि संस्थान ने अरहर का--------- (8) में जीन परिवर्तन करके ऐसे बीज का अनुसंधान किया है जिसमें कम जल, कम उर्वरक व कम कीटनाशक दवाओं का उपयोग करना पड़ता है। यह कृषि ऐसे ही अन्य उत्पादनों की नई किस्में विकसित्त करने की आवश्यकता पर बल देती है।

15. इसमें ऐसे कीटनाशकों का प्रयोग किया जाता है जो कीड़ों व खरपतवार को नष्ट करते हैं लेकिन मृदाव अन्न को प्रदूषित नहीं करते हैं। संयुक्त राज्य अमेरिका में ऐसे बैक्टीरिया का विकास किया गया है जो जहरीले कीटनाशकों का भक्षण करते हैं लेकिन मिट्टी व उत्पादन को विषाक्त नहीं बनाते हैं।

16. इसमें पशुपालन पर बल दिया जाता है जिससे दैवी प्रकोप से फसल के नष्ट होने पर सीमान्त कृषक लम्बे समय तक पशुओं द्वारा जीविका चला सकते हैं। हल खीचने में पशुओ का उपयोग किया जा सकता है। पशुओं से प्राप्त गोबर की खाद का कृषि में प्रय़ोग होता है तथा गोबर आधारित बायोगैस संयंत्र चलाया जा सकता है। गोबर के उपले का जलावन ईंधन में उपयोग किया जा सकता है जिससे जलावन ईंधन का समस्या का हल होगा।

17. इसमें वृक्षारोपड़ पर बल दिया जाता है। यदि खेतों के पूर्वी व पश्चिमी मेड़ों पर वृक्ष लगा दिये जाये तो कृषि पौधों की हवा से रक्षा होगी तथा जलावन के लिए ईंधन प्राप्त होगा। यदि खेत के किनारे नारियल लगाये जायें तो 20 वर्षों तक फल प्राप्त होगें।

उक्त तथ्यों के आलोक में यह कहा जा सकता है कि वर्तमान अत्याधुनिक कृषि की तुलना में अक्षय कृषि से उत्पादन पर कोई कुप्रभाव नहीं पड़ता है तथा पर्यावरण की कोई क्षति भी नहीं होती है। लेकिन समुन्नत जैव प्राविधिकी विकसित करने की जरूरत है तथा अक्षय कृषि के प्रचार प्रसार पर जोर देना परम आवश्यक है।

3

पारिस्थितिक तन्त्र

नाना प्रकार के प्राणियों का लालन-पालन करने वाले वन, घास क्षेत्र, समुद्र, नदियाँ पर्वत, मरुस्थल आदि अपने स्वरूप, संरचना और कार्य में एक दूसरे से एकदम पृथक हैं। लेकिन फिर भी उनमें समानताएँ होती हैं, जैसे कि इन सभी में किसी न किसी प्रकार के हरे पौधे, सूक्ष्म जीव, शाकाहारी और मांसाहारी जीव पाये जाते हैं जो एक सुनिश्चित रूप में अपने आस-पास के पर्यावरण से ऊर्जा और पदार्थों का विनमय करते हैं। पर्यावरण के जैविक और भौतिक घटकों का आपस में गहरा संबन्ध है जो हर जीव-विशेष को प्रभावित करते हैं।

विभिन्न जीवों का उनके भौतिक एवं जैविक पर्यावरण के साथ संबंध के अध्ययन को पारिस्थितिकी कहते हैं। थोड़े में यह पर्यावरण के विभिन्न घटकों के आपस में संबंध का अध्ययन है। एरनेस्ट हैकेल ने 1869 ई. में सर्वप्रथम पारिस्थितिकी' (Ecology) शब्दों की रचना की थी।

एक ही जाति के विभिन्न जीव जो एक ही भौगोलिक पर्यावरण में रहकर वृद्धि एवं प्रजनन की क्रिया करते हैं उस प्रजाति की जनसंख्या (Population) कहलाते हैं। ये जीव अपने अस्तित्व के लिए पर्यावरण के जैविक तथा अजैविक घटकों पर आश्रित होते हैं। अतः पारिस्थितिक तंत्र (Ecosystem) जीवों के अस्तित्व के लिए जैविक और अजैविक घटकों के साथ सम्मिश्रण है। एक तरह से पारिस्थितिक-तंत्र विभिन्न इकाईयों का मेल है जो आपस में जुड़ी हैं। इन इकाईयों के बीच पदार्थ तथा उर्जा का विनियम होता रहता है।

परिभाषा

पारिस्थितिक तंत्र को और अधिक स्पष्ट करने के लिए इसके सम्बन्ध में प्रमुख पर्यावरणविदों के विचार को समझना नितांत आवश्यक है। इसलिए यहाँ कुछ

परिभाषाएँ प्रस्तुत की जा रही हैं।

(1) एफ. आर. फासबर्ग (1963) के विचार में ''पारिस्थितिक तंत्र एक क्रियाशील व अन्तर्क्रियाशील तंत्र होता है जिसका संघटन एक या अधिक जीवों तथा उनके प्रभावी पर्यावरण भौतिक एवं जैविक-दोनों से होता है।''

पारिस्थितिक तंत्र एक मूलभूत कार्यात्मक इकाई है जिसके अंतर्गत पर्यावरण के जैव और अजैव घटना जो एक दूसरे की विशेषताओं पर प्रभाव डालते हैं तथा जो एक दूसरे के जीबन निर्वाह के लिए जरूरी हैं, जैसा कि पृथ्वी पर देखने को मिलता है, आते हैं।

''जीव और पर्यावरण के बीच अन्तर्संबंधों का अध्ययन पारिस्थितिक तंत्र कहलाता है।''

''भूद्दश्य का कोई भी भाग जिसमें जैव और अजैव घटक शामिल है, पारिस्थितिक तंत्र कहलाता है।''

(2) आर. एल. लिन्डमैन के विचार में ''किसी भी आकार वाली निश्चित इकाई समय में भौतिक- रासायनिक-जैविक क्रियाओं द्वारा निर्मित तंत्र को पारिस्थितिक तंत्र कहा जाता है।''

(3) ए. जी. टांसले के मतानुसार ''पारिस्थितिक तंत्र एक गतिक व्यवस्था है जिसकी संरचना के घटक हैं। (1) जैव समुदाय जो एक इकाई के रूप में साथ साथ रहते है तथा (2) उनका निवास जो उनको पालता व संरक्षण देता है।''

(4) ई. पी. ओडम के विचार में 'पारिस्थितिक तंत्र पारिस्थितिकी की आधारभूत इकाई है जिसमें जैव अजैव पर्यावरण अन्योन्य पर अपना प्रभाव डालते हुए पारस्परिक अन्तर्प्रक्रिया से ऊर्जा और रासायनिक पदार्थो के निरन्तर प्रवाह से तंत्र की कार्यात्मक गतिशीलता कायम रखते है।'

(5) पी. ए. फ्यूरले तथा डब्ल्यू डब्ल्यू नेवे (1983) के मतानुसार 'पारिस्थितिक तंत्र परस्पर एक दूसरे से तथा अपने पर्यावरण से सम्बद्ध जीवों का सम्मेल है।''

(6) क्लार्क (1954) के अनुसार 'निवास्य के जैव व भौतिक लक्षण एक पारिस्थितिकीय सम्मिश्र की रचना करते हैं जिसे संक्षेप में पारिस्थितिक तंत्र कहते हैं।'

(7) बुडबरी (1954) के विचार में 'पारिस्थितिक तंत्र एक सम्मिश्रत हैं जिसमें निवास्य, पौधे और जन्तु एक अन्र्तसंबंधित इकाई के रूप में होते हैं तथा पदार्थों व ऊर्जा का संचरण एक दूसरे में होता रहता है।'

डॉ. सविन्द्र सिंह (1991) के अनुसार 'पारिस्थितिक तंत्र भूतल के निश्चित क्षेत्र को धारण करने वाली एक आधारभूत कार्यशील इकाई होता है जिसंके अंतर्गत जैविक समुदाय तथा अजैविक संघटकों के सकल समुच्चय तथा किसी निश्चित समय इकाई के अंतर्गत उनके आपसी अन्तर्क्रियाओं को सम्मिलित किया जाता है।'

जीव अकेले नहीं रहते हैं बल्कि उनके आसपास अन्य सम्पर्की जीव भी होते हैं जो अन्योन्य को प्रभावित करते हैं तथा अपने को समुदायों में संगठित करते हैं। किसी भी समुदाय के जीव परस्पर अर्न्तप्रक्रिया करते हुए सतत अपने पर्यावरण के संरचनात्मक और कार्यात्मक तंत्र को पारिस्थितिक तंत्र कहते हैं।

इस तरह कहा जा सकता है कि किसी भी समुदाय के जैविक सदस्यों और उनके अजैविक पर्यावरण में ऊर्जा प्रवाह और खनिज पदार्थ चक्र को पूर्ण करने के लिए सतत् संरचनात्मक और कार्यात्मक पारस्पारिक अर्न्तप्रक्रियायें होती रहती हैं इन्ही अर्न्तप्रक्रियाओं के सम्पूर्ण तंत्र को पारिस्थितिक तंत्र की संज्ञा दी जाती है।

पारिस्थितिक तंत्र की विशेषतायें

पारिस्थितिक तंत्र की प्रमुख विशेषताएं अग्रलिखित हैं।

1. इसके विकास और वृद्धि में अनुक्रम पाया जाता है।
2. इसमें स्व उत्पादकता पाई जाती है।
3. इसमें कार्यशीलता ऊर्जा प्रवाह पर निर्भर करती है।
4. प्रत्येक पारिस्थितिक तंत्र संबधित क्षेत्र के समस्त जीवों व भौतिक पर्यावरण का प्रतिनिधित्व करता है।
5. ये प्राकृतिक संसाधन तंत्र होते हैं।
6. इसमें ऊर्जा प्राप्ति का प्रमुख स्रोत सूर्य प्रकाश है।
7. पारिस्थितिक तंत्र पारिस्थितिक अध्ययन की आधारभूत इकाई होती है।
8. इसकी संरचना भौतिक व रासायनिक संघटकों से होती है।
9. पारिस्थितिक तंत्र के जैविक व अजैविक संघटकों में अर्न्तप्रक्रियायें होती हैं।
10. जैविक संघटक के जीवों में भी अर्न्तप्रक्रियायें होती हैं।
11. पारिस्थितिक तंत्र में स्वसाम्याव स्थित क्रिया विधि के कारण सन्तुलन बना रहता है।

12. प्रत्येक पारिस्थितिक तंत्र में अन्तः निर्मित स्वतः नियंत्रण क्रिया विधि- होती है जिससे तंत्र में परिवर्तन का प्रतिसंतुलन स्थापित हो जाता है।
13. प्रौढ़ पारिस्थितिक तंत्र में जीवों में विविधता अधिक होती है तथा तंत्र में मानव का अधिक हस्तक्षेप होने पर अस्थिरता उत्पन्न होती है।
14. पारिस्थितिक तंत्र में मानव का अधिक हस्तक्षेप होने पर अस्थिरता उत्पन्न होती है।
15. जीवों के प्रकार और निवास्य की दशाओं के आधार पर ये कई तरह के होते हैं। समुद्री पारिस्थितिक तंत्र वृहत्तम और समरूप जलीय पारिस्थितिक तंत्र होता है।
16. यह छोटे आकार जैसे एक वृक्ष से लेकर वृहत्तम आकार जैसे सम्पूर्ण जीवमण्डल तक का होता है। फिर भी पारिस्थितिक तंत्र परस्पर अन्तर्संबंधित होते हैं और लघु आकार वाले तंत्र मिलकर वृहद् पारिस्थितिक तंत्र की रचना करते हैं।
17. पारिस्थितिक तंत्र में पदार्थों तथा ऊर्जा का निरन्तर निवेश और बहिर्गमन होता रहता है।
18. इसके जैविक व अजैविक संघटक चक्रीकरण के माध्यम से परस्पर संबंधित व आबद्ध रहते हैं।

पारिस्थितिक तंत्र के संघटक

संरचना के आधार पर सभी पारिस्थितिकी तंत्र के दो मूल संघटक होते हैं—

1. अजैविक अथवा भौतिक संघटक
2. जैविक संघटक

अजैविक संघटक—ये समान्य रूप से दो प्रकार के होते हैं-

(क) भौतिक संघटक—भौतिक संघटक के तहत स्थल, मिट्टी, जल, खनिज, नमक, वायुमण्डलीय गैसें आदि आती हैं।

(ख) ऊर्जा संघटक—ऊर्जा संघटक के तहत सूर्य प्रकाश, सौर विकिरण, ऊष्मा आदि आते हैं।

पारिस्थितिक तंत्र में किसी निश्चित समय पर अजैव पदार्थों,जैले खनिज की वर्तमान मात्रा को वर्तमान दशा के नाम से जाना जाता है। अजैव पदार्थों/या रासायनिक घटकों का निरन्तर चक्रीकरण होता रहता है। कहने का आशय यह है कि अजैविक पदार्थों को पौधे अपनी जड़ों द्वारा ग्रहण करते हैं और उन पदार्थों को जैविक तत्वों में बदल देते हैं। ये जैविक तत्व भोजन शृंखला द्वारा जीवों में प्रवेश करते हैं। इन पौधों व जीवों के मरने पर जैविक तत्व पुनः रासायनिक तत्वों में परिवर्तित हो जाते हैं। इसे ही जैव-भू रसायन चक्र कहते हैं। इस चक्रीकरण प्रक्रिया को खनिज संचरण के नाम से भी जाना जाता है।

पारिस्थितिक तंत्र के अजैविक संघटकों को अग्र तीन वर्गों में रखा जा सकता है—

(अ) **चक्रीकरण जन्म पदार्थ**—इसके तहत जल, हाइड्रोजन, आदि आते हैं। ये पदार्थ चक्रीकरण के लिए महत्त्वपूर्ण होते हैं। शरीर-निर्माण के लिए खनिजों और रसायनों की जरूरत होती है। इन्हें दो वर्गों में विभक्त किया जा सकता है-

(क) **वृहद पोषक तत्व**—इसके अंतर्गत कार्बन, नाइट्रोजन, हाइड्रोजन, ऑक्सीजन, फॉस्फोरस, कैल्शियम, पोटाशियम आदि आते हैं। जो जीव के लिए बहुत जरूरी हैं।

(ख) **लघु पोषक तत्व**—इसके तहत लोहा, मैगनीज, मैगनीशियम, कोबाल्ट, जस्ता आदि आते हैं। यद्यपि इन तत्वों की अल्पमात्रा में जरूरत होती है फिर भी ये तत्व जीवधारियों के लिए अति महत्त्वपूर्ण होते हैं। जैसे मोलिब्डेनम के कारण ही सूक्ष्म प्राणी नाइट्रोजन को नाइट्रेट में बदलते हैं और नाइट्रेट के कारण पौधे नाइट्रोजन का उपयोग करते हैं क्योंकि पौधे वायुमंडल से प्रत्यक्ष रूप से नाइट्रोजन ग्रहण नहीं कर सकते हैं।

(अ) **जैविक पदार्थ**—इनके अंतर्गत कार्बोहाइड्रेट, प्रोटीन वसा, तरल पदार्थ आदि आते हैं। ये तत्व में प्रचुर मात्रा में उपलब्ध रहते हैं। ये विनष्ट होने पर सूक्ष्म कणों के रूप में बिखर जाते हैं। जिन्हें अपघटित पदार्थ भी कहते हैं। मिट्टी में जीवांश इसका उदाहरण है जो पौधो के उगने व बढ़ने के लिए अनुकूल परिस्थिति पैदा करता है।

(इ) **जलवायु तत्व**—इसमें तापमान, वर्षा, प्रकाश, आर्दता आदि आते हैं। ये तत्व

किसी पारिस्थितिकी तंत्र में विविध जीवों की प्रकृति और जीवन दशाओं की सीमाओं को निश्चित करते हैं।

1983 ई. में **ई. पी. ओडम** ने अजैव संघटकों को अग्रलिखित तीन श्रेणियों में विभक्त किया।

(क) **अर्काबनिक तत्व**—इसके तहत कार्बन, नाइट्रोजन, हाइड्रोजन, फॉस्फोरस, पोटैशियम, लोहा, मैगनीशिगम, जरता, आदि आते हैं।

(ख) **जैविक यौगिक**—इस श्रेणी में कार्बोहाइड्रेट, प्रोटीन, वसा, तरल पदार्थ आदि आते हैं। इन यौगिकों से जीवों की शरीर रचना होती है।

(ग) **जलवायु**—इसके तहत तापमान, वर्षा, प्रकाश इत्यादि आते हैं।

(2) **जैविक संघटक**—इसके तहत पौधे, जन्तु, सूक्ष्म जीव, और उनके मृत भाग आते हैं। इन संघटकों को चर और अचर दो वर्गों में रखा जाता है। एक स्थान पर स्थिर रहने वाले जीवों जैसे पेड़ पौधों को अचर कहते हैं। और गतिशील रहने वाले जीवों को चर कहते हैं। इसमें पौधे सबसे बड़े संघटक हैं जो खाद्य श्रृंखला का सृर्जन करते हैं। ये संघटक अपने भोजन के लिए एक दूसरे पर निर्भर करते हैं। इसलिए पोषण की दृष्टि से इन जीवों को अग्रलिखित दो समूहों में रखा जाता है—

(1) **स्वपोषी जीव संघटक**- जो जीव स्वयं भोजन तैयार करके ग्रहण करते हैं उन्हें स्वपोषी जीव संघटक कहते हैं। इसके अंतर्गत हरे पेड़ पौधे आते हैं। हर पेड़ पौधे प्रकाश संश्लेषण की क्रिया द्वारा से अकार्बनिक पदार्थों का निर्माण करके अपने भोजन की व्यवस्था करते हैं उन्हें प्रकाश स्वपोषित पौधे कहते हैं। इसका प्रमुख उदाहरण पुष्की पौधे है। जो पौधे आक्सीकरण विधि से अकार्बनिक तत्वों से ऊर्जा ग्रहण कर भोजन प्राप्त करते हैं, उन्हें रसायन पोषित पौधे कहते हैं। इसका प्रमुख उदाहरण शैवाल है ये प्रकाशरहित स्थानों में भी जीवित रह सकते हैं। स्वपोषी जीव संघटक को प्राथमिक उत्पादक संघटक भी कहते हैं।

(3) **परपोषी जैव संघटक**—स्वपोषी जीवों और पौधों पर भोजन के लिए निर्भर रहने वाले पौधों को परपोषी जैव संघटक कहते हैं। इसके तहत अहरित पौधें और सभी जीव आते हैं जो अपना भोजन अन्य पौधों और जीवों को प्राप्त करते हैं। ये जैव तत्वों का वियोजन व

पुनर्विन्यास करते हैं। इस समूह के जीवों को उपभोक्ता भी कहते हैं। इस समूह के जीव अग्रलिखित तीन रूपों में भोजन तत्वों का उपयोग करते हैं–

(क) अर्द्धवियोजित पेड़ पौधों और प्राणियों का उपयोग द्वारा।

(ख) जैविक यौगिक घोल के रूप में उपयोग द्वारा।

(ग) जीवित पेड़ पौधों और प्राणियों का उपयोग द्वारा।

उपयोग की क्रिया के आधार पर परपोषी जीवों को अग्रलिखित तीन श्रेणियों में विभक्त किया जा सकता है–

(अ) मृतोपजीवी जीव–इसके तहत वे सभी सूक्ष्म जीव आते हैं जो मृत जानवरों तथा मृत पौधों के शरीर को वियोजित करते हैं तथा वियोजित पदार्थों का आहार करते हैं। बैक्टीरिया और कवक ऐसे ही मृतोपजीवी जीव हैं। ये बैक्टीरिया मृत शरीर में वर्तमान रसायन यौगिकों को वियोजित करते हैं एवं उनमें से कुछ को खाने के बाद शेष को पर्यावरण में छोड़ देते हैं। इन्हीं खनिज एव जैव तत्वों को पौधे भोजन के रूप में ग्रहण करते हैं। मृत शरीर के कुछ घटक जैसे वसा, प्रोटीन आदि शीघ्र वियोजित हो जाते हैं जबकि हड्डी और काठ मंद गति से वियोजित होते हैं। मन्दगति से वियोजित होने वाले प्रतिरोधी जैव घटकों को जीवांश या ह्यूमस कहा जाता है।

(ब) परजीवी जीव–इस श्रेणी के जीव भोजन के लिए अन्य जीवों पर निर्भर करते हैं। उदाहरण के लिए जुए।

(स) सम भोजी जीव–इस श्रेणी के जीव पेड़ पौधों और जीवों को मुख में डालकर खाते हैं। इस श्रेणी मनुष्य तथा सभी बड़े जन्तु अग्र बिन्दुओं आते हैं।

इस तरत किसी भी पारिस्थितिक तंत्र के जैविक घटक के अंतर्गत वर्णन किया जा सकता है–

(क) उत्पादक

(ख) उपभोक्ता

(ग) वियोजक

उत्पादक–उत्पादक के तहत स्वपोषी जीव मूल रूप से हरी पत्ती वाले पौधे आते हैं। हरी पत्ती वाले पौधे सौर ऊर्जा को प्राप्त करते हैं और प्रकाश संश्लेषण विधि से अपना भोजन तैयार करते हैं। ये पौधे अपनी जड़ों द्वारा मिट्टी से अजैविक पदार्थों

जैसे–जल, खनिज लवण आदि को ग्रहण कर जन्तुओं के लिए भोजन व ऊर्जा प्रदान करते हैं।

उपभोक्ता–पारिस्थितिक तंत्र के वे जीवित जीव जो उत्पादक जीवों द्वारा उत्पादित भोज्य सामग्री का आहार करते हैं, उपभोक्ता जीव कहलाते हैं। इसके तहत मानव सहित सभी परपोषी जीव आते हैं। उपभोक्ता जीवों को अग्रलिखित श्रेणीयों में रखा जा सकता है-

(1) **प्राथमिक उपभोक्ता**–इसे प्रथम श्रेणी का उपभोक्ता भी कहा जाता है। इसके तहत शाकाहारी जानवर आते हैं जो भोजन के लिए हरे पौधों अथवा उत्पादक पर निर्भर करते हैं। स्थल पारिस्थितिक तंत्र में कीड़े, मकोड़े, चूहे, हिरण, गाय, भैस, बकरी आदि तथा जलीय पारिस्थितिक तंत्र में क्रस्टैसियन्स, मोलस्कस इत्यादि प्रथम श्रेणी के उपभोक्ता हैं।

(2) **द्वितीयक उपभोक्ता**–इसे द्वितीय श्रेणी का उपभोक्ता भी कहते हैं। इसके तहत मांसाहारी व सर्वाहारी पशुओं के मांस के साथ-साथ पौधों का भोजन के रूप में प्रयोग करते है। गौरैया, कौआ, लोमड़ी, भालू, कुत्ते, बिल्ली, साँप आदि इस श्रेणी के उपभोक्ता हैं।

(3) **तृतीयक उपभोक्ता**–इसके अंतर्गत बड़े-बड़े मांसाहारी पशु आते हैं जो सर्वाहारी व शाकाहारी पशुओं को खाते हैं। शेर, चीता, बाज, गिद्ध इत्यादि इसके उदाहरण हैं। इन पशु पक्षियों को उच्च उपभोक्ता कहा जाता है।

(4) **अन्य उपभोक्ता**–इसके अंतर्गत परोपजीवी, अपमार्जकजीवी और मृतजीवी एवं अन्य उपभोक्ता जीव अते हैं। परोपजीवी जीव और पौधों, और मृतजीवी, अन्य पौधों व जीवों के जीवित तन्तुओं का भोजन में उपयोग करते हैं। अपमार्जक जीवी मृत जीवों मृत पौधों का भोजन करते हैं।

वियोजक व रूपान्तरक–इसके तहत पारिस्थितिक तंत्र के सूक्ष्म जीव आते हैं। बैक्टीरिया और इस वर्ग के सूक्ष्म जीव हैं। ये सूक्ष्म जीव मृत पौधों, जन्तुओं और अन्य जैविक पदार्थों पर आक्रमण कर वियोजित करते हैं और जटिल जैव पदार्थों को सामान्य यौगिकों में अवक्रमित कर देते हैं। इस प्रक्रिया के क्रम में नये सूक्ष्म जीव अपना भोजन ग्रहण करते हैं तथा जैविक पदार्थों की पुर्नव्यवस्था भी करते हैं। साधारण जैव पदार्थों पर अन्य वैक्टीरिया और रूपान्तरक जीव आक्रमण करते हैं और जैविक यौगिकों का अकार्बनिक रूपों में परिवर्तित कर देते हैं जो उत्पादकों और हरी पत्ती

वाले पौधों के उपभोग के लिए उपयुक्त हो जाते हैं। वियोजक व रूपान्तरक बैक्टीरिया का पारिस्थितिक तंत्र की गायकता को बनाये रखने में बहुत में हाथ है।

पौधों और जन्तुओं में अन्तर्प्रक्रियायें

पारिस्थितिकी तंत्र के पौधों और जन्तुओं में नाना प्रकार के अंतर्संबंध पाये जाते हैं। एक जाति के जीव परस्पर अथवा दूसरी जाति के जीवों के साथ अन्तर्प्रक्रिया करते हैं। जिनमें से प्रमुख अन्तर्प्रक्रियायें अग्रलिखित हैं–

(1) **उदासीन अथवा तटस्थ अन्तर्प्रक्रिया**–जब एक जाति के जीव दूसरी जाति के जीवों के साथ अन्तर्प्रक्रिया करते हैं तो उसे उदासीन अथवा तटस्थ अन्तर्प्रक्रिया की संज्ञा दी जाती हैं।

(2) **सहभोजिता**–सहयोगिमा दो जातियों के बीच का एक तरफा संबंध होता है। इसमें एक जाति को लाभ होता है लेकिन दूसरी जाति को न तो लाभ होता है और न ही कोई हानि होती है। आर्किड पौधे इसके उदाहरण हैं जो दूसरे वृक्षों पर आश्रय व पोषक तत्वों को प्राप्त करने के लिए निर्भर करते है। लेकिन वे आश्रयदाता वृक्ष को किसी भी प्रकार से कोई लाभ या हानि नहीं पहुँचाते हैं।

(3) **सहजीवी अंतर्संबंध**–इसमें परस्पर दोनों जातियाँ लाभान्वित होती हैं। लिचेन में सहजीविता खूब देखने को मिलती है। शैवाल और कवक इसके दो संघटक हैं। कवक शैवाल को आश्रय देता है और शैवाल कवक को भोजन प्रदान करता है।

(4) **एमेन्सालिज्म**–इस तरह दोनों लाभान्वित होते हैं। इस सम्बन्ध के कारण ही दोनों का जीवन चक्र की चलता है क्योंकि कवल के पास हरित लवण नहीं होता जिसके कारण वह अपना भोजन नहीं बना सकता जबकि शैवाल को भी भोजन बनाने के लिए जल व खनीज लवण चाहिये। अन्र्तसंबंध में एक जाति को हानि होती है लेकिन दूसरी जाति को हानि और लाभ कुछ नहीं होता है।

(5) **परजीविता**–जब दो जीव एक साथ रहते हैं और उनमें से एक जीव दूसरे जीव के मूल्यों पर पोषण प्राप्त करता है तो ऐसी स्थिति को परजीविता के नाम से जाना जाता है। इस व्यवस्था में जो जीव पोषण प्रदान करता है उसे यजमान और जो जीव पोषण प्राप्त करता है उसे परजीवी कहा जाता है। इनमें यजमान

जीव बड़े आकार का तथा परजीवी छोटे आकार का होता है। लेकिन इस सम्बन्ध में बड़ा जीव परजीवी लघुजीवी को मारता नहीं है।

(6) **स्वजाति भक्षण**—इस तरह की अन्तर्प्रक्रिया उन जातियों में सीमित रहती है जहाँ बड़े जीव छोटे जीवों को मारकर भोजन प्राप्त करते हैं।

ई. पी. ओडम ने 1983 ई. में कार्यशीलता के आधार पर पारिस्थितिक तंत्र के 6 संघटकों का उल्लेख किया जिसमें तीन अजैव संघटकों और तीन जैव संघटक हैं 3 जैव संघटकों का विवरण निम्न है-

(1) **उत्पादक**—इसमें सभी स्वपोषी जैव संघटक शामिल हैं।

(2) **वृहद उपभोक्ता**—इसमें दूसरे जीवों को खाने वालों जानवरों को सम्मिलित किया जाता है।

(3) **लघु उपभोक्ता**—इसमें बैक्टीरिया और कवक (फंजाई) आते हैं जिनमें से ज्यादातर मृत जैव पदार्थों को वियोजित करते हैं। विघटित मृत जैव पदार्थ को अपघटित पदार्थ अथवा जीवांश कहते हैं।

इस तरह पारिस्थितिक तंत्र में जैव और अजैव संघटकों की व्यवस्था था क्रियाशीलता के कारण परस्पर संबंध और सन्तुलन बना रहता है।

पारिस्थितिक तंत्र की कार्यशीलता

पारिस्थितिक तंत्र को आदर्श पर्यावरण तंत्र की संज्ञा दी जा सकती है। पर्यावरण तंत्र जैव व अजैव संघटकों का बना होता है। अजैव संघटक की स्थिरता व संश्लषण के लिए गर्भाशय का कार्य करते हैं। संश्लेषण व स्थिरता प्रक्रियाओं से ऊर्जा का आदान-प्रदान होता है। यह ऊर्जा सौर्य ऊर्जा अथवा प्रकाश के रूप में सूर्य से प्राप्त होती है। इस तरह किसी भी पारिस्थितिक तंत्र में अग्रलिखित कार्यशील संघटक होते हैं जो परस्पर अन्तर्प्रक्रिया करके पारिस्थितिक तंत्र का निर्माण करते है—

(1) अजैव तत्व—वायु, जल, खनिज, नमक, आदि।

(2) जैव तत्व—पौधे, जन्तु, सूक्ष्म जीव आदि।

(3) ऊर्जा—दूसरा मूल स्त्रोत सूर्य से प्राप्त होती है।

इस अंतर्प्रक्रिया के मूल में ऊर्जा का प्रवाह, पदार्थों का विनिमय या पदार्थो का चक्रण तथा पुनर्चक्रण है जिससे पारिस्थितिक तंत्र में सदैव कार्यशीलता बनी रहती है।

ऊर्जा का प्रवाह

ऊर्जा का प्रमुख स्रोत है। सौर्यिक विकिरण को पौधे अपनी हरी पत्तियों के माध्यम से ग्रहण करके इस ऊर्जा का संश्लेषण विधि से रासायनिक ऊर्जा में बदल जाते हैं रासायनिक ऊर्जा से पौधों के शरीर के अवयवों की रचना होती है। शाकाहारी जीव इन पौधों का भोजन के रूप में उपयोग करके रासायनिक ऊर्जा प्राप्त करते हैं। इस प्रकार ऊर्जा प्रवाह पौधों से जन्तुओं व मनुष्यों में होता रहता है। ऊर्जा ग्रहण करने वाले जीवों का मरणोपरान्त कुछ ऊर्जा वायुमंडल में निर्मुक्त हो जाती है तथा कुछ ऊर्जा गुप्त रूप में संचित हो जाती है। जैसे पौधे व जीवों के नष्ट होने पर जीवाश्म ऊर्जा कोयला, खनिज तेल इत्यादि के रूप में सुरक्षित रहती है।

जब पौधे, मांसाहारी शाकाहारी एवं सर्वाहारी जीव मर जाते हैं तो उनके अवयवों का वियोजन होता हैं। वियोजित पदार्थों को बैक्टीरिया ग्रहण करते हैं और शेष भाग को पर्यावरण में निर्मुक्त कर देते हैं जो जल, वायु व मिट्टी में मिल जाते हैं। मिट्टी में मिश्रित जीवांश पौधों का आहार बनता है। इस प्रकार घास → बकरी → मनुष्य अथवा घास→ हिरन → शेर के मध्य भक्षण भक्ष श्रृंखला बनी रहती है। जिसे भोजन श्रृंखला कहते हैं।

शरीर निर्माण के लिए किसी भी जीवधारी खनिज व रसायन तत्वों की आवश्यकता होती है। जिनमें कार्बन, नाइट्रोजन, ऑक्सीजन, हाइड्रोजन, लोहा, मैगनीज, मैगनीशियम, कोबाल्ट, मालिब्डेनम इत्यादि उल्लेखनीय है। ये तत्व विभिन्न पोषण स्तर के प्राणियों में होकर जीवों की मृत्यु के पश्चात् पुनः मिट्टी में मिल जाते हैं। खनिज तत्व पौधों द्वारा बार-बार ग्रहीत होकर विभिन्न जीवों में गुजरते हुए चक्रीय रूप में भ्रमण करते रहते हैं। इसे पदार्थों का विनिमय या चक्रीकरण कहते हैं।

अतः पारिस्थितिक तंत्र में कार्यशीलता के निम्नलिखित प्रमुख चार पद होते हैं।

(1) उपभोक्ताओं द्वारा उत्पादकों का उपभोग करना और तत्तपश्चात् उपभोक्ता पदार्थों को बढ़ाना।

(2) सौर्य विकिरण ऊर्जा को प्राप्त करना।

(3) उत्पादकों द्वारा अजैवं पदार्थों से जैव पदार्थों का निर्माण।

(4) उत्पादकों व उपभोक्ताओं की मृत्यु के उपरांत मिश्रित जैव योगिकों का अवक्रमण तथा अन्ततोगत्वा वियोजकों और रूपान्तरकों द्वारा उत्पादक के पुनः उपभोग लायक रूप में परिवर्तित करना।

पारिस्थितिक तंत्र की क्रियाशीलता के उक्त प्रमुख पद पर जैव संघटकों के उत्पादन, वृद्धि और मृत्यु से सम्बद्ध रहते हैं। साथ ही निवास्य के अजैव संघटकों को प्रभावित भी करते हैं।

उपरोक्त तथ्यों से स्पष्ट है कि ऊर्जा व पोषक तत्वों का स्थानान्तरण उत्पादक से उपभोक्ता को तथा अन्त में वियोजकों और रूपान्तर को होता रहता है। इस स्थानान्तरण में ऊर्जा का निरन्तर क्षय होता जाता है, लेकिन पोषक तत्वों का क्षय नहीं होता है। इससे जैवों का अजैवों से और अजैवों का जैवों का जैवों से चक्रीकरण होता है।

अतः ऊर्जा प्रवाह, भोजन श्रृंखला तथा खनिजों के चक्रीकरण से जैव व अजैव संघटकों के बीच अंतर्प्रक्रिया होती है जिससे पारिस्थितिकी तंत्र में गत्यात्मकता या कार्यशीलता कायम रहती है।

पारिस्थितिक तंत्र का वर्गीकरण

व्यापक आधार पर सम्पूर्ण पृथ्वी एक वृहद पारिस्थितिक तंत्र है। वृहद आधार पर पारिस्थितिकी तंत्र निम्नलिखित दो प्रकार के होते हैं।

(क) पार्थिव या स्थलीय पारिस्थितिक तंत्र

(ख) जलीय पारिस्थितिक तंत्र

पार्थिव पारिस्थितिक तंत्र के प्रकार

वन पारिस्थितिक तंत्र

यह पार्थिव पारिस्थितिक तंत्र का सबसे प्रमुख उदाहरण है। वन भूतल के लगभग 40% भाग पर पाये जाते हैं। दो प्रमुख संघटक होते हैं:-

(ख) अजैविक संघटक- वन पारिस्थितिक तंत्र में आर्द्रता, मिट्टी, वायु और सूर्य प्रकाश मुख्य अजैविक संघटक हैं।

(क) जैविक संघटक- इसको निम्नलिखित तीन वर्गों में रखा जाता है।

(1) **उत्पादक**—वन के सभी पौधे इसके अंतर्गत आते हैं। ये पौधे सभी जीवों के आहार के प्रमुख स्रोत हैं। वनों में वनस्पतियों की कई मेखलायें होती हैं। सबसे ऊपर वाली मेखला में आवृतबीजीय ओर अनावृत बीजीय पौधे पाये जाते हैं।

मध्यम ऊँचाई की मेखला में झाड़ियाँ पाई जाती है जो पेड़ों से छनकर आने वाली कम तीव्रता की प्रकाश ऊर्जा का प्रयोग करती है। सबसे नीचे वाली मेखला में घासें, जड़ी बूटियाँ लाइकेन व काई मिलती हैं। ये भी अपना आहार निर्मित करते हैं लेकिन कम प्रकाश प्राप्त करते हैं।

(2) **उपभोक्ता**—इस तंत्र में विभिन्न प्रकार के उपभोक्ता जीव पाये जाते हैं। इनमें कुछ पौधों की पत्तियों को खाते हैं तो कुछ फलों से भोजन प्राप्त करते हैं। ये निम्न श्रेणी के होते हैं।

(अ) **प्राथमिक उपभोक्ता**—इनके अनर्गत पेड़ों की पत्तियों को खाने वाले जन्तु आते है। मक्खियाँ, चीटियाँ, खटमल झींगुर मकड़ी, आदि ऐसे ही प्राथमिक उपभोक्ता हैं। नील गाय, हाथी, छछून्दर गिलहरी हिरन, आदि अन्य प्राथमिक उत्पादक हैं।

(ब) **द्वितीय उपभोक्ता**—मांसभक्षी जानवर जैसे अजगर, पक्षियाँ छिपकली लोमड़ी श्रृंगाल, भेड़िया इत्यादि इसके अंतर्गत आते हैं जो शाकाहारी जीवों को अपना आहार बनाते हैं।

(स) **तृतीयक एवं उपभोक्ता**—शीर्ष मांसाहारी जीव जैसे शेर, चीता, बाघ, बाज, गिद्ध इत्यादि इसके अंतर्गत आते हैं जो द्वितीयक उपभोक्ताओं को अपना भोजन बनाते हैं। मानव शीर्ष उपभोक्ता है जो द्वितीयक और तृतीयक श्रेणी के जीवों से भोज्य सामग्री प्राप्त करता है।

(3) **वियोजक व रूपान्तरक**- इसके अंतर्गत बैक्टीरिया, फंजाई और एक्टिजोमाइसिट्स आते हैं। ये मृत उत्पादक और उपभोक्ता पौधों व जीवों को सड़ा गला कर वियोजित करते हैं। ये वियोजक जीव जटिल जैव यौगिको को एक दूसरे से अलग करके उन्हें सामान्य बनाते हैं। ये निर्मु क्त तत्व अजैव संघटकों में आ जाते हैं और स्वपोषित प्राथमिक उत्पादक पौधों के उपयोग के लिए पुनः सुलभ हो जाते हैं।

घास क्षेत्र पारिस्थितिक तंत्र

घास क्षेत्र का विस्तार पृथ्वी तल के लगभग 19% भाग पर है। उष्ण कटिबन्ध में सवाना (अफ्रीका) लानोस, कम्पास (द. अमेरिका), तथा स्टेप्स (एशिया), शीतोष्ण कटिबंध में प्रेयरी (उ. अमेरिका), पम्पास (द. अमेरिका), डाउन्स (द. पू. आस्ट्रेलिया)

और वेल्ड्स (द. अफ्रीका) घास क्षेत्र पारिस्थितिक तंत्र प्रमुख उदाहरण हैं। इस तंत्र में दो प्रमुख संघटक होते है।

(क) अजैविक संघटक—इसमें आर्द्रता, मिट्टी, वायु तथा सौर्य विकिरण ऊर्जा प्रमुख अजैविक संघटक हैं। मिट्टी एवं वायु में विद्यमान जल, नाइट्रेट, फासफेट, सलफेट, कार्बन-डाई-आक्साइड आदि द्वारा अजैविक संघट कों की आपूर्ति होती है।

(ख) जैविक संघटक- इस तंत्र के जैविक संघटकों के निम्नलिखित तीन वर्ग हैं।

1. **उत्पादक**—इसके अंतर्गत उष्ण कटिबन्ध में लम्बी कड़ी घासें, यत्र तत्र बिखरे वृक्ष तथा शीतोष्ण कटिबन्धीय घास के मैदानों में कोमल, अच्छी व गुच्छेदार छोटी-छोटी घासें, आती हैं। इसके अतिरिक्त कुछ फार्ब्स और कटीली झाड़ियाँ भी प्राथमिक उत्पादक हैं। ये उत्पादक सौर्य विकिरण से ऊर्जा प्राप्त करते हैं। शुष्क ऋतु में घासें निकल जाते हैं लेकिन वर्षा काल में नमी पाकर पुनः हरी भरी हो जाती है। ये घासें अपना आहार स्वयं तैयार करती है।

2. **उपभोक्ता**—इस तंत्र में विभिन्न प्रकार के उपभोक्ता जीव पाये जाते हैं जिन्हें निम्नलिखित तीन श्रेणियों में रखा जा सकता है—

(1) **प्राथमिक उपभोक्ता**- उष्ण कटिबन्धीय घास तंत्र में शाकाहारी जीव यथा हिरन, जिर्राफ, शुतुर्मुर्ग, नील गाय, बकरी, भेड़, भैस, गाय, खरगोश, घोड़ा आदि तथा शीतोष्ण कटिबन्धीय घास तंत्र में गाय, बैल, घोड़ा, भेड़, बकरी, कंगारू इत्यादि और घास की पत्ती खाने ताले कीड़े, दीमक इत्यादि प्रथम श्रेणी के उपभोक्ता है।

(2) **द्वितीयक उपभोक्ता**—उपरोक्त प्रथम श्रेणी के शाकाहारी जीवों पर निर्भर रहने वाले मांसाहारी जीवों को द्वितीयक उपभोक्ता कहते हैं। सांप, मेढक, श्रृगाल, तेन्दुआ, छिपकली, भेड़िया लकड़बग्घा, लोमड़ी आदि इसके अंतर्गत आते हैं।

(3) **तृतीयक उपभोक्ता**—शाकाहारी, मांसाहारी व सर्वाहारी जीवों का भक्षण करने वाले जीव इसके अंतर्गत आते हैं जिनमें शेर, बाज, मानव चीता, आदि मुख्य हैं। मनुष्य सर्वाहारी है। वह शाकाहारी व मांसाहारी जीवों को आहार बनाता है तथा दुधारू जानवरों को पालतू बनाकर विभिन्न खाद्य पदार्थों को प्राप्त करता है। वर्तमान समय में मानव घास को साफ कर कृषि

करने में अग्रसर है जिससे इस वर्तमान समय में मानव घास क्षेत्रों को साफ कर कृषि करने में अग्रसर है जिससे इस तंत्र में असन्तुलन उत्पन्न होने का खतरा मँडराता जा रहा है।

3. **वियोजक तथा रूपान्तरक**- इस तंत्र में वियोजक व रूपान्तरक जीव यथा बैक्टीरिया, फंजाई आदि भी पाये जाते हैं जो सूखी घास तथा मृत जीवों पर आक्रमण कर उसे वियोजित करते हैं और यौगिकों को अजैविक यौगिकों और तत्वों में बदल देते हैं। ये अजैविक यौगिक मिट्टी में मिल जाते हैं जिन्हें उत्पादक यथा घासे अपने पोषण के लिए पुनः उपयोग करती हैं।

मरुस्थलीय पारिस्थितिक तंत्र

पृथ्वी के लगभग 17 प्रतिशत भाग पर मरुस्थलीर्य का विस्तार है। 25 से. मी. से कम वार्षिक वर्षा वाले क्षेत्रों में उष्ण मरुस्थल पाये जाते हैं। इनमें तापमान तथा जल संबंधी अतिशयतायें पाई जाती हैं। वर्षा व नमी का अभाव, उच्चतापमान व शुष्क मौसम के कारण उष्ण मरुस्थलों में कटीली झाड़ियाँ उगती हैं। सहारा, थार का मरुस्थल, पश्चिमी आस्ट्रेलिया, पश्चिमी एशिया आदि उष्ण मरुस्थल पारिस्थितिक तंत्र के उदाहरण हैं। तापमान की न्यूनता के कारण टुंड्रा तथा पर्वतों के उच्च भागों पर हमेशा वर्फ जमी रहती है। इस तंत्र की काई और लाइकेन मुख्य वनस्पतियाँ हैं। इस तंत्र कें मुख्य दो संघटक हैं–

(क) अजैविक संघटक–उष्ण मरुस्थलों में सूर्य प्रकाश व वालू तथा शीतमरुस्थलों में बर्फ मुख्य अजैविक संघटक हैं।

(ख) जैविक संघटक–इसमें निम्नलिखित तीन वर्ग सम्मिलित हैं-

(1) **उत्पादक**–उष्ण मरुस्थलों में झाड़ियाँ कटीली झाड़ियाँ, बबूल, यकेलिप्टस खजूर कुछ घासें व वृक्ष तथा गीत मरुस्थलों में कोई व लाइकेन महत्त्वपूर्ण उत्पादक जैविक संघटक है।

(2) **उपभोक्ता**–उष्ण मरुस्थल तंत्र में रेंगकर चलने वाले जीव, कीड़े, भेड़, मृग, पक्षियाँ, बकरी, ऊँट आदि मुख्य उपभोक्ता है। मरुस्थल का जहाज ऊँट पौधों की मुलायम प्ररोहों को भोजन बनाता है। शीत मरुस्थल तंत्र में याक, रेन्डियर, अलपाका, कैरीबाऊ, सफेद रीछ, विविध पक्षियाँ आदि उपभोक्ता जानवर है। इस तंत्र के निवासी लोमड़ी, गिलहरी कैरीबाऊ, विविध पक्षियों इत्यादि का शिकार करते हैं।

(3) **वियोजक**–इस तंत्र में वनस्पतियों का अभाव होता है। तथा मृत जैव पदार्थों की कमी होती है। फलतः इस तंत्र में वियोजकों की भी कमी रहती है। कुछ फंजाई व बैक्टीरिया मुख्य वियोजक है जो मृत वनस्पतियों के प्रयोग में पुनः आ जाते हैं।

मानव निर्मित पारिस्थितिक तंत्र

इसे कृत्रिम या मानव अभियंत्रित पारिस्थितिक तंत्र कहते है। प्रकृति से भिन्न इस तंत्र को मानव कार्यान्वित करता है। बागान, कृषि क्षेत्र, वनस्पति उद्यान, पार्क, लम्बी यात्रा वाले वायुयान इत्यादि इस तंत्र के प्रकार है। यह तंत्र स्वर्निमित न होकर मानव द्वारा नियमित होती है। कृषि क्षेत्र तंत्र में मानव अधिक खाद्यान्न, वस्त्र लकड़ी, दवा एवं उपयोगी उत्पादों को प्राप्त करने के लिए मिट्टी में उर्वरकों कीट नाशक दवाओं, सिचाई इत्यादि की व्यवस्था करता है। कृषि क्षेत्र पारिस्थितिक तंत्र को प्रमुख फसलों के आधार पर कई उप प्रकारों यथा गेहूँ क्षेत्र पारिस्थितिक तंत्र, चावल क्षेत्र पारिस्थितिक तंत्र, गन्ना क्षेत्र पारिस्थितिक तंत्र मक्का क्षेत्र पारिस्थितिक तंत्र आदि में विभाजित किया जा सकता है। मक्का क्षेत्र पारिस्थितिक तंत्र का उदाहरण लेकर कृषि क्षेत्र पारिस्थितिक तंत्र को समझा जा सकता है। मक्का क्षेत्र पारिस्थितिक तंत्र के प्रमुख दो संघटक होते है।

(क) अजैविक संघटक--इसके अंतर्गत अनुकूल जलवायु दशायें आती हैं ताकि फसलो से ज्यादा-से-ज्यादा उत्पादन प्राप्त हो सके। वायु मंडल तथा मिट्टी में C,H,O,N,P,K इत्यादि खनिज भी जरूरी है। मनुष्य मिट्टी में उर्वरक मिलाकर उत्पादन बढ़ाता है। हल्की क्षारीय मिट्टी मक्के लिए उपयुक्त होती है।

(ख) जैविक संघटक–भोजन श्रृंखला में निम्नलिखित जीवित जीव मक्का क्षेत्र पारिस्थितिक तंत्र में होते हैं–

(1) **उत्पादक**–मक्का क्षेत्र पारिस्थितिकी तंत्र में मक्का तथा अन्य विविध फसलें उत्पादक होती हैं।

(2) **उपभोक्ता**–इसमें निम्नलिखित श्रेणी के उपभोक्ता जीव आते हैं–

(क) **प्राथमिक उपभोक्ता**–इसके अंतर्गत कई छोटे बड़े शाकाहारी जीव आते हैं। छोटे जीवों में कीड़े मकोड़े आते हैं जो मक्के की पत्तियों को खाते हैं तथा पत्तियों पर ही अण्डा देते हैं। पक्षियाँ, चूहे खरगोश, एवं मानव बड़े जीव है जो पत्तों, फूलों और फलों को आहार बनाते हैं।

(ख) **द्वितीयक उपभोक्ता**-इसके अंतर्गत कुछ मांसाहारी जीव जैसे मेढक तथा पक्षियाँ आती हैं जो कीड़ों को खाती हैं।

(ग) **तृतीयक उपभोक्ता**—बाज, सांप, श्रगाल इत्यादि इसके अंतर्गत मांसाहारी जीव आते हैं जो द्वितीयक उपभोक्ताओं यथा मेंढक, छोटी चिड़ियाँ आदि का भक्षण करते हैं।

(3) **वियोजक**—वायु तथा मिट्टी में वर्तमान सूक्ष्म जीव इसके अंतर्गत आते हैं जो पौधों व जीवों के मृत शरीर को वियोजित करते हैं। इनमें फंजाई बैक्टीरिया, तथा एक्टिनोमाईसिट्स मुख्य रूप से आते हैं जो मृत पौधों व जन्तुओं को विनष्ट व वियोजित कर मिट्टी का जीवांश प्रदान करते हैं जो उत्पादक के पुनः उपभोग के लिए उपलब्ध हो जाता है।

स्वच्छ जल पारिस्थितिक तंत्र

यह स्वनियामक पर आत्मनिर्भर तंत्र होता है। तालाब, झीले, नदियाँ झरने इत्यादि इसके अंतर्गत आते हैं। इनमें तालाब व झीले प्रमुख हैं। जल की गहराई एवं वनस्पतियों व प्राणियों के प्रकारों के आधार पर तालाब व झीलों में निम्नलिखित तीन पेटियाँ होती है-

(1) **नितल**—इसके अंतर्गत गहरे जलीय क्षेत्र आते हैं जहाँ सूर्य प्रकाश नहीं पहुँच पाता है। इसमें घोघा, सीपी, केंकड़ रेगने वाले जीव इत्यादि पाये जाते हैं।

(2) **सरोवरी जीव प्रदेश**—इसका विस्तार उथले जलीय क्षेत्र से सूर्य प्रकाश पहुँचने वाली गहराई तक मिलता है। इसमें मुख्य रूप से लघु क्रेस्टेसियन्स रोटिफेरा, एलगी कीड़े मकोड़े, आदि जीव मिलते है।

(3) **तटीय पेटी**—यह छिछला जल वाला क्षेत्र होता है जिसमें जड़ वाले पौधे पाये जाते हैं। इसमें पर्याप्त सूर्य प्रकाश पहुँचता है।

स्वच्छ जल पारिस्थितिकी तंत्र में निम्नलिखित दो संघटक पाये जाते हैं-

अजैव संघटक—इसमें उष्मा, जल कैल्शियम, प्रकाश, फासफेट एमिनो एसिड, नाइट्रोजन, ऑक्सीजन, कार्बन-डाई-आक्साइड प्रमुख संघटक है। इसमें सौर्य विकिरण से ऊर्जा की प्राप्ति होती है।

जैव संघटक—निम्नलिखित तीन संघटक इसके अंतर्गत आते हैं—

(1) **उत्पादक**—इस तंत्र में एलगी तथा अन्य जलीय पौधे, जैसे—हाइड्रिला, आजोला, पिस्टिया, पोटामोगेन, बुल्फिया, लेमना आदि मुख्य उत्पादक है। इनमें कुछ जल में तैरते रहते हैं, कुछ निलम्बन की दिशा में रहते हैं तथा कुछ की जड़ें तली में होती हैं। प्रकाश संश्लेषण द्वारा हरे पौधे विकिरण ऊर्जा को रासायनिक ऊर्जा में परिवर्तित करते हैं। प्रकाश संश्लेषण में उत्पादक द्वारा उत्पन्न ऑक्सीजन का उपयोग सभी जीवित जीव श्वसन क्रिया में करते हैं।

उत्पादक विकिरण ऊर्जा रिथर करते हैं और पानी तथा पंक से प्राप्त खनिजों की सहायता से मिश्रित कार्बनिक पदार्थों, यथा—कार्बोहाइड्रेट, प्रोटीन, लाइपिड्स आदि का निर्माण करते हैं।

(2) **उपभोक्ता**—इस तंत्र में परपोषी जीव प्रमुख उपभोक्ता है जो उत्पादकों (हरे पौधे) द्वारा उत्पन्न जैविक भोजन पर पोषण के लिए निर्भर करते हैं। इसमें अधिकांश उपभोक्ता शाकाहारी हैं तथा कुछ कीड़े व बड़ी मछलियाँ छोटी मछलियों को अपना आहार बनाती हैं। इस तंत्र में उपभोक्ताओं के निम्नलिखित वर्ग होते हैं-

(अ) प्राथमिक उपभोक्ता- जीवित पौधों या पौधों के अवशेष पर आधारित रहने वाले शाकाहारी जीव इस तंत्र के प्राथमिक उपभोक्ता हैं। ये आकार में सूक्ष्म या बड़े दोनों हो सकते हैं। ये जीवित पौधों पर निर्भर करते हैं या झील की तली स्थित पौधों के अवशेषों का भोजन करते हैं। अण्डे से प्रथम अवस्था में बाहर आये मेंढकों के बच्चे, मछलियाँ एवं अन्य जलीय जीव प्राथमिक उपभोक्ता हैं जो पौधों और एलगी को भोजन के रूप में ग्रहण हैं।

झीलों में कभी कभार गायें और भैसें भी आ जाती हैं जो पानी में उत्पन्न मेक्रोफाइट्स को आहार बनाते हैं। कुछ जल पक्षियो भी तालाबों में जाकर हाइड्रोफाइट्स का भोजन करती हैं।

(ब) द्वितीयक उपभोक्ता—शाकाहारी जलीय जीवों का आहार करने वाले मांसाहारी जलीय जीव इसके अंतर्गत आते हैं। बड़ी मछलियाँ, मेंढक, जलीय सर्प, केकड़े इत्यादि प्रमुख द्वितीयक उपभोक्ता हैं। अधिकांश कीड़े यथा जलभ्रमर जन्तुप्लवक को आहार बनाते हैं।

(स) तृतीयक उपभोक्ता—जलपक्षियाँ, बड़ी मछलियाँ, कछुवा ज्यादा तृतीयक उपभोक्ता हैं जो द्वितीयक उपभोक्ताओं को आहार बनाते हैं। मानव शीर्ष उपभोक्ता है जो मछलियों को भोजन बनाता है।

झील तंत्र में मछलियों में एक से अधिक पोषण स्तर होते हैं। छोटी मछलियाँ शाकाहारी होती हैं जो पादप प्लवक और जीवित पौधों को खाती हैं जो प्रथम उपभोक्ता है। कुछ मछलियाँ जन्तु प्लवक को भोजन बनाती हैं जो द्वितीयक उपभोक्ता हैं। बड़ी मछलियों को खाकर तृतीयक उपभोक्ता स्तर प्रस्तुत करती हैं।

3. **वियोजक तथा रूपान्तरक**—जब जलीय पौधे एवं प्राणी मरते हैं तो बैक्टीरिया और फंजाई उनके मृत शरीर पर आक्रमण करते हैं और मृत जैव पदार्थों को अकार्बनिक यौगिकों और तत्वों में बदल देते हैं। इन सूक्ष्म कीटाणुओं को वियोजक कहा जाता है। वियोजकों द्वारा मुक्त रासायनिक तत्त्व जल में पहुँचते हैं तथा हरे पौधों द्वारा पोषण के लिए प्रयुक्त होते हैं।

समुद्री पारिस्थितिक तंत्र

परिचय—पृथ्वी की सतह के लगभग 70% भाग पर समुद्रों का विस्तार है। अटलांटिक, प्रशान्त, आर्कटिक हिन्द, तथा अन्टार्कटिक महासागर इस तंत्र के उदाहरण हैं। इनमें प्रत्येक महासागर वृहद व स्थिर पारिस्थितिक तंत्र हैं। स्वच्छ जल पारिस्थितिक तंत्र की तुलना में ये तंत्र रासायनिक संरचना में अधिक स्थिर हैं तथा घुले हुए ऑक्सीजन की मात्रा, तापमान, प्रकाश, आदि में विभिन्नता पाई जाती है। इस तंत्र के दो प्रमुख संघटक हैं—

1. **अजैविक संघटक**—इस तंत्र में जल, ऊष्मा, प्रकाश लवण कैल्शियम, फॉस्फेट इत्यादि अजैव संघटक हैं।

2. **जैविक संघटक**—समुद्री पारिस्थितिक तंत्र के जैविक संघटक निम्नांकित हैं-

(1) **उत्पादक**—इस तंत्र में स्वपोषी जीव प्राथमिक उत्पादक हैं। ये विकिरण ऊर्जा स्वयं प्राप्त करते हैं। डायटम, सूक्ष्म, एलगी, समुद्री मोथा, समुद्री खरपतवार इत्यादि प्रमुख उत्पादक हैं।

(2) **उपभोक्ता**—परपोषी जीव प्राथमिक उत्पादकों पर अपने पोषण के लिए निर्भर करते हैं जो निम्नलिखित हैं—

(क) **प्राथमिक उपभोक्ता**—क्रेस्टेशियन्स मोलस्क मछलियाँ इत्यादि प्राथमिक उपभोक्ता है जो सीधे उत्पादकों से भोजन प्राप्त करते हैं।

(ख) **द्वितीयक उपभोक्ता**—मांसाहारी मछलियों जैसे हेरिंग, शाड, मैकरेल इत्यादि इस अंतर्गत आती हैं जो प्राथमिक उपभोक्ताओं का भक्षण करती हैं।

(ग) **तृतीयक उपभोक्ता**—शीर्ष मांसाहारी मछलियों, जैसे काड हैडाक, हैलीबुट इत्यादि इसके अंतर्गत आती हैं जो द्वितीयक उपभोक्ताओं का भोजन करती हैं। भोजन श्रृंखला में ये ही शीर्ष मांसाहारी जीव हैं।

(3) **वियोजक**—इस तंत्र में बैक्टीरिया व कुछ फंजाई प्रमुख वियोजक हैं जो उत्पादकों और उपभोक्ताओं के मृत जैव पदार्थों को नष्ट करते हैं और उन्हें समुद्री जल को प्रदान करती है। जहाँ प्राथमिक उत्पादक उन्हें पुनः ग्रहण करते हैं।

ऊर्जा के स्रोत व मात्रा के आधार पर पारिस्थितिक तंत्र के प्रकार

समस्त पारिस्थितिक तंत्रों की कार्यशीलता को बनाये रखने के मूल में ऊर्जा विद्यमान हैं। इसलिए ई. पी. ओडम महोदय ने ऊर्जा के स्रोत व मात्रा के आधार पर पारिस्थितिक तंत्र को निम्नलिखित चार वर्गों में विभक्त किया है—

(क) स्वतंत्र सौर्य ऊर्जा प्रेरित पारिस्थितिक तंत्र

विशेषताएँ—इसकी प्रमुख विशेषताएँ निम्नलिखित हैं—

1. इसमें प्रति इकाई क्षेत्र में ऊर्जा की मात्रा कम रहती है।
2. इसमें ऊर्जा की मात्रा 1,000 से 10,000 किलो कैलोरी के मध्य घटती-बढ़ती रहती है।
3. इसमें औसत वार्षिक ऊर्जा 2000 किलो कैलोरी/ वर्ग मीटर/ प्रतिवर्ष होती है।
4. इस तंत्र में प्राथमिकता उत्पादकता की मात्रा अल्प होती है।
5. इनका विस्तार क्षेत्रों पर होता है। फलतः सकल उत्पादन अधिक हो जाता है।
6. ये विशुद्ध प्राकृतिक पारिस्थितिक तंत्र होते हैं, क्योंकि—
7. इस तंत्र में सौर्यिक विकिरण ऊर्जा का पौधों द्वारा प्रयोग प्रकाश संश्लेषण विधि से रासायनिक ऊर्जा/आहार ऊर्जा के स्थिरीकरण में किया जाता है।
8. इसका संचालन केवल सौर्य ऊर्जा द्वारा होता है—

(क) ये जैविक समुदायों (पौधे व जन्तु) के जीवन निर्वाह के लिए वांछित मौलिक दशायें प्रदान करती हैं।

(ख) इसमें स्थिरता बनी रहती है।

(ग) इसमें वायु शुद्ध होती है तथा जल का पुनचक्रण होता है।

(घ) इसमें जलवायु का नियंत्रण तथा मौसम का अनुकूलन होता है।

(ङ) इस तंत्र में मानव मन को सौन्दर्य का बोध होता है।

(ख) प्रकृति अनुपूरित सौर्य ऊर्जा प्रेरित पारिस्थितिक तंत्र

विशेषताएँ—इसकी प्रमुख विशेषताएँ निम्नलिखित हैं—

1. इसमें प्राथमिक उत्पादकता अधिक होती है।
2. नदी मुहानों वाले समुद्र तटों में ज्वारीय ऊर्जा और बाही जल द्वारा लाये गये पोषक तत्वों के कारण जैव तत्व जैसे मछलियाँ, प्लैंकटन अधिक उत्पन्न होते हैं।
3. उष्ण कटिबंधीय सदाबहार वन प्रदेशों में कार्बन चक्र तथा अत्यधिक वर्षा से प्राप्त ऊर्जा के कारण जैव पदार्थों का उत्पादन अधिक होता है।
4. नदी मुहाने वाले समुद्र तट तथा उष्ण कटिबंधीय सदाबहार वन क्षेत्र इस पारिस्थितिक तंत्र के उदाहरण हैं।
5. इसमें ऊर्जा की प्राप्ति सौर्य विकिरण के साथ-साथ प्राकृतिक स्रोतों तथा ज्वार, वायु, बहता जल इत्यादि से भी होती है।
6. इसमें ऊर्जा की औसत सघनता 20,000 किलो कैलोरी/ प्रति वर्ग मीटर/ प्रतिवर्ष के मध्य होती है।

(ग) मानव अनुपूरित सौर्य ऊर्जा प्रेरित पारिस्थितिक तंत्र

विशेषताएँ—इसकी प्रमुख विशेषताएँ निम्नलिखित हैं।

1. इसमें औसत ऊर्जा की मात्रा 20,000 किलो कैलोरी/ प्रति वर्ग मीटर/ प्रति वर्ष है।
2. मानव अनुपूरित ऊर्जा के कारण हरित क्रान्ति सफल हो पायी है।
3. इसमें सिचाई द्वारा अधिक जल की आपूर्ति के कारण पोषक तत्वों का चक्रण व पुनर्चक्रण क्रियाएँ तथा जैव-भू-रसायन चक्र की गति तीव्र हो जाती है जिससे पौधों को पोषक तत्व अधिक मात्रा में सुलभ होते हैं।
4. इस तंत्र में वार्षिक ऊर्जा का प्रवाह 10,000 से 50,000 किलो कैलोरी/वर्ग मीटर/ प्रतिवर्ष के मध्य होता है।

5. कृषि क्षेत्र, जल कृषि यथा मत्स्य पालन ऐसे पारिस्थितिक तंत्र के उदाहरण हैं।
6. इस पारिस्थितिक तंत्र में ऊर्जा की आपूर्ति सौर्य विकिरण के साथ-साथ मानव के विविध क्रियाकलापों से होती है।
7. ऐसे तंत्रों में मानव कृषि क्षेत्रों में सिंचाई, उर्वरक, उत्तम बीज, कीटनाशक दवाओं, कृषि यंत्रों इत्यादि का प्रयोग कर उत्पादकता बढ़ाता है।

(घ) ईंधन प्रेरित नगरीय तथा औद्योगिक पारिस्थितिक तंत्र

विशेषतायँ—इसकी प्रमुख विशेषताएँ निम्नलिखित है—

1. इसमें प्रदूषण अधिक उत्पन्न होता है।
2. ये मूल रूप से धनोपार्जन तंत्र होते हैं।
3. इसमें ऊर्जा का निवेश 10,000 से 30,000 किलो कैलोरी/ प्रतिवर्ग मीटर प्रति प्रतिवर्ष के बीच होता है।
4. इसमें औसत वार्षिक ऊर्जा की मात्रा 20,000 किलो कैलोरी प्रति वर्ग मीटर होती है।
5. इसमें जैव-भू-रसायन चक्रण नहीं होता है।
6. इसमें आहार उत्पादन की क्षमता नहीं होती है।
7. इसमें अपशिष्टों का उपयोग नहीं हो पाता है।
8. इस तंत्र के उदाहरण नगरीय और औद्योगिक क्षेत्र ऐसे तंत्र के उदाहरण हैं।
9. ये मानव निर्मित पारिस्थितिक तंत्र होते हैं।
10. इसमें ऊर्जा की प्राप्ति जीवाश्म ईंधन जैसे कोयला, पेट्रोलियम, एल.पी.जी. से होती है।
11. इसमें अणुशक्ति जल विद्युत शक्ति से भी ऊर्जा की प्राप्ति होती है।

पारिस्थितिक तंत्र में मनुष्य

मनुष्य एक पारिस्थितिक कारक हैं पारिस्थितिक पिरामिड में उसकी स्थिति शीर्ष पर होती है। वह पारिस्थितिक तंत्र में कहीं समायोजन करता है तो उसमें कहीं परिवर्तन करता है। वह स्वयं भी अति परिवर्तनशील है। गिरगिट की भांति वह अपना रंग बदलता रहता है। प्रतिक्षण उसके वस्त्र, भाषा, धर्म, भोजन, दर्शन व्यवहार,

संस्कृति, संबंध, आर्थिक तथा सामाजिक क्रियाकलाप आदि बदलते रहते हैं। मानव प्रकृति का केवल दास ही नहीं है, बल्कि वह प्रकृति का सृजनकर्त्ता तथा निरन्तर क्रियाशील भौगोलिक कारक भी है। जंगलों को काटना, कृषि करना, यातायात के साधनों का विकास करना, सिंचाई करना, भूदृश्यों का परिवर्तित करना इत्यादि मानव की दिनचर्या बन गई है। उसकी सभ्यता व संस्कृति का विकास उसकी परिवर्तनशीलता का परिचायक है।

प्राथमिक उत्पादकों और उपभोक्ताओं की भाँति मानव शारीरिक आवश्यकताओं, जैसे—श्वेदन, भोजन, श्वसन, आदि पूर्ति के लिए पारिस्थितिक तंत्र का केवल उपयोग ही नहीं करता, बल्कि वह सांस्कृतिक आवश्यकताओं, यथा—भोजन, वस्त्र, मकान सौन्दर्य प्रसाधन, विलासिता के सामान इत्यादि की प्राप्ति के लिए पारिस्थितिक तंत्र का उपयोग भी करता है और कृषि, उद्योग, खनन, नगरीकरण, परिवहन, प्राविधिकी विकास आदि द्वारा अपनी जरूरतों को पूरा करता है।

स्वतंत्र प्राकृतिक सौर्य ऊर्जा प्रेरित पारिस्थितिक तंत्र जिसका उदाहरण ऊँचाई पर स्थित प्राकृतिक घास के मैदान, वन, खुले समुद्र तथा गहरी झीलें हैं, में जीवन धारणा के लिए आवश्यक मौलिक दशाएँ विद्यमान रहती हैं, तंत्र में स्थिरता बनी रहती है, वायु शुद्ध होती है, जल का पुनर्चक्रण होता रहता है, जलवायु नियंत्रित होती है, मौसम का अनुकूलन होता है आदि। लेकिन मानव इस तंत्र में निरंतर छेड़छाड़ कर रहा है। मानव द्वारा पर्वतीय वनों के निरन्तर काटे जाने के कारण वहाँ का पारिस्थितिक तंत्र असन्तुलित होने लगा है जिसका कुपरिणाम वनों का अभाव, बाढ़ प्रकोप, मिट्टी अपरदन, भूस्खिलन वन्य जीवों का पलायन वर्षा की कमी, आदि रूपों में देखा जा रहा है। इसी प्रकार वृहद घास क्षेत्र जो पारिस्थितिक संतुलन बनाये रखने में सहयोग करते हैं उन पर मानव द्वारा अनियंत्रित पशुचारण किया जा रहा जिससे घास का आवरण हटते जाने के कारण भूमि निरन्तर नग्न होती जा रही है तथा मिट्टी अपरदन बढ़ता जा रहा है। इन घास क्षेत्रों में कृषि विकास के कारण घास क्षेत्र संकुचित होता जा रहा है जिससे वहाँ से जानवरों का लोप होते जाने के कारण जीवनोपयोगी वस्तुओं की प्राप्ति में कमी आ रही है।

प्रकृति अनुपूरित सौर्य ऊर्जा प्रेरित पारिस्थितिक तंत्र जिसके उदाहरण नदी मुहाने वाले समुद्र तट तथा उष्ण कटिबंधीय सदाबहार वन हैं, भी मानव क्रियाकलापों से अछूत नहीं हैं। उष्ण कटिबंधीय सदाबहार वन, जो ज्यादा जैव पदार्थों का उत्पादन करते हैं को मानव नष्ट करने में लगा है। कम विकसित देशों में निर्धनता के कारण

वन कटाव तथा वन्य जीवों का शिकार अधिकाधिक हो रहा है जिसे वे विकसित देशों को निर्यात कर अपनी आवश्यकताओं की पूर्ति कर रहे हैं। मानव के क्रियाकलापों से वहाँ के पारिस्थितिक तंत्र के असंतुलित होने की आशंका बलवती होती जा रही है जिसके अनेकों प्रत्यक्ष व अप्रत्यक्ष कुप्रभाव बढ़ते जा रहे हैं। इन क्षेत्रों में वन विनाश के कारण लकड़ी तथा वन्य पदार्थों की आपूर्ति भविष्य में नहीं हो पायेगी तथा वायुमंडल में कार्बन-डाई-ऑक्साइड के बढ़ते जाने से अनेकों दूरगामी कुपरिणाम हो सकते हैं। नदी मुहानों को मानव औद्योगिक अपशिष्ट पदार्थों द्वारा प्रदूषित करने में संलग्न हैं जिससे मछलियों की प्राप्ति में कमी आयेगी। फलतः खाद्यान्नों पर क्षतिपूर्ति के लिए निर्भर रहना पड़ेगा जो बढ़ती हुई विश्व की जनसंख्या के लिए अशुभ है।

मनुष्य अनुपूरित सौर्य ऊर्जा प्रेरित पारिस्थितिक तंत्र उसके अंतर्गत कृषि वनस्पति उद्यान, क्षेत्र, बगीचे बागान, आदि आते हैं, को भी मानव अपने स्वार्थों की पूर्ति के लिए कुप्रभावित कर रहा है। ऐसे क्षेत्रों में ज्यादा-से-ज्यादा उत्पादन प्राप्त करने तथा हरित क्रान्ति को सफल बनाने के लिए रासायनिक उर्वरकों, कीटनाशक दवाओं, मशीनों आदि का प्रयोग कर रहा है जिससे मिट्टी और उसमें उत्पन्न अन्न, साग सब्जियाँ, फल-फूल इत्यादि प्रदूषित हो रहे हैं। अत्यधिक सिंचाई के कारण उपजाऊ मिट्टी के ऊसर में बदलने की संभावना बढ़ती जा रही है। कीटनाशक दवाओं, रोग निवारण दवाओं, डी.डी.टी. का छिड़काव आदि से भी विविध उत्पादन विषाक्त होते जा रहे हैं। इन जहरीले पदार्थों का संचयन भोजन शृंखला के प्रत्येक पोषण स्तरों पर होता जा रहा है जिससे इनका कुप्रभाव उत्पादकों, उपभोक्ताओं, वियोजकों व रूपान्तरकों के ऊपर पड़ रहा है जिससे पारिस्थितिकी तंत्र में असन्तुलन की संभावना बढ़ती जा रही है।

ईंधन प्रेरित नगरीय ज्यादा औद्योगिक पारिस्थितिक तंत्र में मानव क्रियाकलापों के कारण स्थिति अत्यधिक भयावह होती जा रही है। विकसित देशों में औद्योगिक के कारण जैव-भू-रसायन चक्रों में छेड़छाड़ बढ़ता जा रहा है जिससे पारिस्थितिक तंत्र में अस्थिरता उत्पन्न होती जा रही है। पूरा जैव ईंधन का ज्यादा उपयोग होने के कारण वायुमंडल में कार्बन-डाई-ऑक्साइड की मात्रा बढ़ती जा रही है जिससे तापमान में वृद्धि के कारण जलवायु संबंधी अनेक दूरगामी कुपरिणाम हो सकते हैं। औद्योगिक अपशिष्टों और कचरों के नदियों में बहाये जाने के कारण नदी व भूमिगत जल प्रदूषित होता जा रहा है। औद्योगीकरण के कारण संसाधनों का अधिकाधिक दोहन हो रहा है जिससे भविष्य में कच्चे माल की आपूर्ति में कमी आ सकती है।

उक्त तथ्यों के आलोक में कहा जा सकता है कि मानव अपने क्रियाकलापों से अपनी जरूरतों की पूर्ति के लिए पारिस्थितिक तंत्र का दोहन कर रहा है जिससे पारिस्थितिक तंत्र में असन्तुलन बढ़ता जा रहा है। फलस्वरूप धरातल पर मानव का अस्तित्व ही संकट में आता जा रहा है।

4

जैव भू-रसायन चक्र

किसी जीवों की विकास तथा वृद्धि के लिए करीब 30 से 40 तत्वों की आवश्यकता होती है। इनमें भी सर्वाधिक महत्त्वपूर्ण 17 तत्व हैं। ये तत्व अजैव संघटकों से जैव संघटकों में प्रवाहित होते हैं और चक्रीय रूप में पुनः जैव संघटकों से जैव संघटकों में वापस चले जाते हैं। इसे हर जैव भू-रसायन चक्र कहते हैं। जैव विविध पोषण स्तर व प्रकार के प्राणियों के बीच विभिन्न पदार्थों के आपसी आदान-प्रदान का द्योतक है जबकि भू शब्द शैल, मिट्टी, वायु व जल में तत्वों के विनिमय का सूचक है। चूँकि जैव व भू तत्वों का विनिमय भौतिक रासायनिक विधि से होता है, इसलिये इसे जैव-भू-रसायन चक्र कहते हैं।

ई. ए. केलर तथा डी. वी. बोटकिन के शब्दों में "पृथ्वी के वायुमण्डल, समुद्रों एवं अवसादों से होकर रासायनिक तत्वों के चक्रन को जैव-भू-रसायन चक्र कहते हैं।"

जैव-भू-रसायन चक्रों के प्रकार

जल चक्र

जल का निर्माण हाइड्रोजन के दो एटम और ऑक्सीजन के एक एटम मिश्रण से होता है। जीवमण्डल में जल ज्यादाधिक प्रमुख रासायनिक तत्व है क्योंकि–

(1) जल द्वारा ही पोषक तत्वों का विभिन्न पोषण स्तरों पर विनिमय होता है।

(2) विभिन्न तत्वों को घुलाने की क्षमता इनमें होती है।

(3) आवश्यक हाइड्रोजन की प्राप्ति प्राणियों में जल से होती है।

(4) ऊष्मा भण्डारण की क्षमता इसमें होती है।

(5) इससे जीव मण्डल में तत्वों का संचरण होता है।

जल ठोस तरल व गैसीय तीनों रूपों में पाया जाता है। पृथ्वी पर जल की संपूर्ण वर्तमान मात्रा 150 करोड़ घन कि.मी. है जिसका 97.2% समुद्रों तथा 2.15% हिमनदियों में विद्यमान है। निम्नलिखित सारणी से स्पष्ट है–

भूमण्डलीय जल चक्र के संघटक

संघटक	*जल की मात्रा (%) में*
समुद्र	97.200
हिमनदियाँ	2.150
भूमिगत जल	0.620
मृदा की आर्द्रता	0.005
स्थलीय जल	0.017
वायुमण्डलीय आर्द्रता	0.001

जीवों तथा उनके पर्यावरण के मध्य तथा स्थल, समुद्र एवं वायुमंडल के बीच जल का परस्पर आदान-प्रदान जल चक्र द्वारा सम्पन्न होता है। इस चक्र में जल का वाष्पीकरण, वाष्पोत्सर्जन, बादलों का निर्माण, वायु संचार द्वारा बादलों का समुद्रों तथा स्थलीय भागों के ऊपर परिवहन, संघटन, वर्षण आदि क्रियाएँ सम्पन्न होती हैं। सबसे पहले समुद्री का जल सूर्याताप के कारण गरम होता है। जिससे समुद्री जल का वाष्पीकरण होता है। वाष्पीकरण के कारण जल वाष्प के रूप में वायुमण्डल में पहुँचता है। जल वाष्प का परिवहन पवनों द्वारा समुद्री व स्थानीय भागों में होता है। जल वाष्प से लदे बादलों के पवन के साथ ऊपर उठने से नमी का संघटन होता है तथा वर्षण होने लगता है। यह वर्षण, यथा–जल वर्षा, ठोस जैसे ओला और ओस, कुहरा इत्यादि तीन रूपों में होता है। धरातल का वर्षा जल नदियों द्वारा समुद्र में पहुँचता है जहाँ वाष्पीकरण द्वारा आगे की क्रियाएँ सम्पन्न होने लगती हैं तथा जल का पुनःचक्रण शुरू हो जाता है। इसी क्रिया को जल चक्र कहते हैं।

अतः समुद्र, वायुमण्डल, स्थल मण्डल तथा प्राणियों के मध्य जल का परिभ्रमण ही जल चक्र है।

मालूम हो कि वर्षा का कुछ जल अंतः संचरण द्वारा भू-सतह के नीचे चला जाता है जिसे भूमिगत जल कहते हैं, वर्षा का कुछ जल मिट्टी में अवशोषित होता है जिसे मृदाजल कहते हैं तथा वर्षा का कुछ जल वाष्पीकरण द्वारा वायुमण्डल में चला

जाता है और वर्षा का कुछ जल पौधों द्वारा ग्रहण किया जाता है। इस प्रकार वर्षा का शेष जल ही नदियों द्वारा समुद्र में पहुँच जाता है।

इस व्यापक जल चक्र में कई जल चक्र में कई लघु चलते रहते हैं। भूमिगत जल समुद्र में पहुँचकर चक्र में शामिल होता है। सागरों, झीलों तथा तालाबों का जल भी वाष्पीकरण वायुमण्डल में जल वाष्प के रूप में पहुँचकर जल चक्र में शामिल हो जाता है। पौधों की जड़ों द्वारा अवशोषित जल वाष्पोत्सर्जन द्वारा वायु मण्डल में पहुँचकर जल चक्र में मिल जाता है। समुद्री सतह पर लहरों, ज्वरों व धाराओं द्वारा भी जल चक्र का प्रवाह होता है जिससे समुद्री जीवों के लिए पोषण पदार्थ उपलब्ध होते हैं। समुद्र के काफी गहरे भागों में जल का आवर्तन एक हजार वर्षों से होता है। मानव अपने आर्थिक क्रियाकलापों द्वारा जल चक्र को कुप्रभावित करने में लगा हुआ है जो जीवमण्डल के लिए खतरे का सूचक है।

ऑक्सीजन चक्र

महत्त्व—ऑक्सीजन का जीवमण्डलीय पारिस्थितिक तंत्र में काफी महत्त्व है क्योंकि

1. मानव, पशु तथा पौधे श्वसन में इसी का प्रयोग करते हैं।
2. यह स्वस्थ जीवन के लिए जरूरी होता है।
3. मानव शरीर में रुधिर का संचार इसी से होता है।
4. इससे कार्बोहाइड्रेट, प्रोटीन तथा चर्बी के निर्माण में मदद मिलती है।
5. इससे जीवमण्डल में विभिन्न तत्वों का संचरण होता है।

उत्पत्ति—वायुमंडल के विकास की प्राथमिक अवस्था में ऑक्सीजन नहीं थी। वैज्ञानिकों के अनुसार जीवों के विकास क्रम में प्रकाश संश्लेषण क्रिया के दौरान पौधों की कोशिकाओं द्वारा जलीय अणुओं के विखण्डन के कारण ऑक्सीजन की उत्पत्ति हुई। इस प्रकार प्रकाश संश्लेषी पौधों के उद्‌भव के पश्चात् ही ऑक्सीजन का निर्माण हुआ। वायुमंडल में तब से अब तक ऑक्सीजन की मात्रा 21% ही हो पाई है। पौधों की इस गुणवत्ता के कारण ही ऑक्सीजन की इस मात्रा को बनाये रखने के लिए विश्व स्तर पर वन बचाओ और वृक्षारोपण का अभियान चलाया जा रहा है।

खनिज आक्साइड्स के न्यूनीकरण एवं ज्वालामुखी उद्‌गार के समय जल और कार्बन-डाई-आक्साइड के निकलने से भी कुछ ऑक्सीजन की उत्पत्ति होती है जो वायुमण्डल में चला जाता है।

ऑक्सीजन वायुमण्डल में हमेशा विद्यमान रहती है। लेकिन ऊँचाई के साथ-साथ इसकी मात्रा कम होती जाती है। इसी कारण ऊँचे पहाड़ों पर जाने पर श्वांस लेने में कष्ट होता है। जलीय सतह पर तापमान में वृद्धि होने पर जल में ऑक्सीजन की मात्रा कम हो जाती है। ज्यादा आर्द्रतायुक्त मिट्टी में इसकी मात्रा कम होती है।

कई ऑक्सीजन रासायनिक रूप होते हैं, जैसे—आणविक ऑक्सीजन आदि।

ऑक्सीजन चक्र—वायुमण्डल में ऑक्सीजन दो दशाओं (1) उन्मुक्त और (2) जल में मिश्रित रूप विद्यमान रहता है हरे पौधे प्रकाश संश्लेषण क्रिया के अंतर्गत उप उत्पाद के रूप में ऑक्सीजन छोड़ते हैं जिसको सभी पौधे व मनुष्य सहित समस्त जन्तु श्वसन में उपयोग करते हैं। जब जीव श्वांस छोड़ता है तो कार्बन-डाई-आक्साइड निकलता है। पौधे कार्बोहाइड्रेट संश्लेषण के लिए आवश्यक कच्चे पदार्थ के रूप में ग्रहण करते हैं। इस प्रकार पारिस्थितिकी तंत्र में आणविक ऑक्सीजन चक्र व्यवस्थित रहता है। साधारण भाषा में कहा जाता है कि हरे पौधे ऑक्सीजन का निर्माण करते हैं। इसका वायुमण्डल में सान्द्रण होता रहता है और इसे ग्रहण करते हैं तथा जीव इसे कई रूपों में वायुमण्डल को लौटा देते हैं। इस प्रकार ऑक्सीजन चक्र चलता रहता है।

भौतिक क्रिया में आणविक ऑक्सीजन अन्य तत्वों के साथ साथ जल तथा खनिज मिश्रित रूप में जीवों तक पहुँचता है और पुनः चक्कर काटता वायुमण्डल में चला जाता है। यह अति जटिल प्रक्रिया है तथा एक ऑक्सीजन चक्र के पूरा होने में लगभग दो हजार वर्ष लग जाते हैं।

क्र.सं.	*क्षति की श्रेणी*	*1953 से 75 का औसत*	*अधिकतम वार्षिक क्षति*
1.	बाढ़ प्रभावित क्षेत्र	7.4 विलियन हेक्टेयर	1372 मिलियन हेक्टेयर
2.	प्रभावित फसल क्षेत्र	3. मिलियन हेक्टेयर	7.6 मिलियन हेक्टेयर
3.	क्षतिग्रस्त मकान	8,00,000, हेक्टेयर	23,10,000, हेक्टेयर
4.	पशु क्षति	5,0,33, हेक्टेयर	270, 000 हेक्टेयर
5.	मृत व्यक्ति	742 हेक्टेयर	3,498 हेक्टेयर
	कुल प्रत्यक्ष आय		मिलियन, 2,1048, मिलियन हेक्टेयर

ऑक्सीजन चक्र एवं मनुष्य

एक तरफ औद्योगिक क्रांति के बाद से विश्व के देशों में ऑक्सीजन का उपभोग बढ़ता जा रहा है वहाँ दूसरी तरफ वन विनाश के कारण ऑक्सीजन का जनन कम होता जा रहा है। इस प्रकार ऑक्सीजन के जनन व उपभोग में असन्तुलन बढ़ता जा रहा है जिसका भविष्य में मानव पर कुप्रभाव पड़ना जरूरी है। इसलिए आवश्यक है कि वन क्षेत्रों का विस्तार किया जाय और पुराजैव ईंधनों को कम जलाया जाय अन्यथा ऑवसीजन की मात्रा इतनी कम हो जाएगी और कार्बन-डाई-आक्साइड की मात्रा इतनी ज्यादा हो जाएगी कि मानव को ऑक्सीजन का सिलिण्डर लेकर चलना जरूरी हो जाएगा।

कार्बन चक्र

उत्पत्ति—कार्बन का वायुमण्डल भण्डार है। पौधे वायु की कार्बन डाई-आक्साइड का प्रयोग प्रकाश संश्लेषण में करके कार्बोहाइड्रेट बनाते हैं। इस क्रिया में प्रतिवर्ष पौधे वायुमंडल की कार्बन-डाई-आक्साइड से 2000 खरब टन कार्बन प्राप्त करते हैं। लेकिन वायुमंडल कार्बन-डाई-आक्साइड की कमी नहीं होने पाती चूँकि कोयला, पेट्रोलियम व लकड़ी के जलने से, जीवों के श्वसन से, मिट्टी में कार्बनिक पदार्थों के सड़ने—गलने से तथा ज्वालामुखी उद्भेदन से कार्बन-डाई-आक्साइड का निर्माण होता रहता है जो वायुमंडल में पहुँचकर इस कमी को पूरा कर देता है।

महत्त्व—कार्बन-डाई-आक्साइड वायुमंडल में एक अत्यंत महत्त्वपूर्ण संघटक है। यह तीन रूपों (1) ठोस अवस्था में पाई जाती है। कार्बन-डाई-आक्साइड समस्त जैविक यौगिकों का आधारभूत संघटक है चूँकि हरे पौधे प्रकाश संश्लेषण क्रिया द्वारा कार्बन-डाई-आक्साइड, हाइड्रोजन व ऑक्सीजन को मिश्रित करके जैविक यौगिकों का निर्माण करते हैं जिसे रासायनिक ऊर्जा या आहार ऊर्जा कहते हैं। इससे भोजन श्रृंखला कायम होती है। कार्बन पौधों के संवर्द्धन व विकास के लिए आवश्यक होती है कार्बन के कारण ही वायुमण्डल में ताप का अवशोषण व नियमन होता है। वरना पृथ्वी पर तापमान इतना ज्यादा हो जाता कि सारी वस्तुयें झुलस जातीं। कार्बन से प्राप्त ऊर्जा मानव जीवन का आधार होती है। वायुमण्डल की संघटक गैसों में कार्बन-डाई-ऑक्साइड गैस की मात्रा मात्र 0.03% है। (2) तरल अवस्था तथा (3) गैस अवस्था।

कार्बन चक्र—गैसीय व अगैसीय दोनों रूपों में कार्बन चक्र होता है। पौधे प्रकाश संश्लेषण क्रिया के अंतर्गत वायुमण्डलीय कार्बन को प्राप्त करते हैं और उसे श्वेदन द्वारा पुनः वायुमण्डल को वापस कर देते हैं और कार्बन चक्र पूरा हो जाता है।

पौधों द्वारा कार्बन ग्रहण किया जाता है। भोजन शृंखला के द्वारा ये पौधे कार्बन को शाकाहारी मांसाहारी व सर्वाहारी जीवों को प्रदान करते हैं। ये जीव श्वेदन द्वारा कुछ कार्बन वायुमण्डल को प्रदान करते हैं तथा मल मूत्र के रूप में शेष भाग मिट्टी में मिल जाता है। पौधों की जड़ों के सड़ने-गलने तथा सूखी पत्तियों व अपशिष्ट पदार्थों से मिट्टी में कार्बन की आपूर्ति होती है। कार्बन मृत जीवों के वियोजन से भी मिट्टी में चला जाता है। वियोजन की प्रक्रिया में कार्बन वायुमण्डल, जल तथा मिट्टी में चला जाता है जिसे पौधे प्राप्त करते हैं। इस प्रकार वायुमण्डलीय व जैविक कार्बन का आदान-प्रदान होता रहता है और कार्बन चक्र चलता रहता है।

कार्बन तथा मनुष्य

वायुमण्डल में औद्योगिक क्रान्ति से पहले कार्बन-डाई-आक्साइड की मात्रा 0. 029 % या 290 थी लेकिन वन विनाश, यंत्रीकृत कृषि, पुरा जैव ईंधनों के जलाने, बढ़ते औद्योगीकरण आदि के कारण आज के समय में वायुमण्डल में कार्बन-डाई-आक्साइड की मात्रा बढ़कर 0.033 प्रतिशत या 330 हो गई है। इस प्रकार वायुमण्डल में बढ़ते जाने के कारण जलवायु की विश्वव्यापी परिवर्तन होगे, तापमान में वृद्धि होगी जिससे हिम टोपियाँ पिघलने लगेगी जिससे समुद्रों का जल स्तर ऊपर उठेगा और समुद्र तट स्थित नगर जलमग्न हो जायेंगे। वायुमंडल में कार्बन के सान्द्रण से हरितगृह प्रभाव में वृद्धि होगी। इस सबका कुप्रभाव जीवमण्डल पर अवश्य ही पड़ेगा। इसलिए वायुमण्डल में के बढ़ते सान्द्रण को रोकना जरूरी है।

नाइट्रोजन चक्र

जीवमण्डल के सभी पौधों, मनुष्य सहित जन्तुओं, वियोजक सूक्ष्म जीवों इत्यादि के लिए नाइट्रोजन ज्यादा प्रमुख है। इससे पौधों की वृद्धि होती है। अमीनो अम्ल, प्रोटीन, एन्जाइम्स, पर्ण हरित, न्यूक्लीक अम्ल आदि के संश्लेषण के लिए नाइट्रोजन जरूरी होता है। वायुमंडल की गैसों में इस गैस का अंश 78% है। लेकिन पौधे या स्वपोषी प्राणी इसको वाय़ुमंडल से सीधे प्राप्त नहीं कर सकते हैं इसके अपवादस्वरूप

नील हरित पौधे तथा नाइट्रोजन स्थिरीकरण बैक्टीरिया इसे वायुमण्डल से सीधे प्राप्त करते हैं। हर पौधे मिट्टी घोल से अमोनिया, नाइट्रेट, नाइट्राइट आयन्स आदि के रूप में नाइट्रोजन प्राप्त करते हैं। इनको अन्य जीव पौधों और प्राणियों को आहार बनाकर प्राप्त करते हैं। मृत पौधों व प्राणियों के वियोजन के बाद नाइट्रोजन वायुमण्डल में चली जाती है और पुनः वायुमण्डलीय नाइट्रोजन मिट्टी में वापस आ जाती है इसे ही नाइट्रोजन चक्र कहते हैं। निम्नलिखित चरणों में यह चक्र सम्पन्न होता है–

1. नाइट्रोजन का स्थिरीकरण–नाइट्रोजन स्थिरीकरण वायुमण्डलीय नाइट्रोजन को नाइट्रोजन यौगिकों या जीवों द्वारा गाह्य रूप में बदलने की प्रक्रिया को कहते हैं। जीवों में नीली-हरी शैवाल, प्रकाश पोषित बैक्टीरिया, दलहनी पौधे आदि इस प्रक्रिया में सहायता करते हैं। मानव भी अनेक प्रकार की रासायनिक नाइट्रोजन उर्वरकों को मिट्टी में मिलाकर कृत्रिम रूप से नाइट्रोजन का स्थिरीकरण करता है। प्रक्रिया निम्नलिखित दो प्रकार की नाइट्रोजन स्थिरीकरण होती है–

(क) **भौतिक रासायनिक नाइट्रोजन स्थिरीकरण**–इसके अंतर्गत वायुमण्डलीय नाइट्रोजन बादलों में विद्युत चमक के समय ऑक्सीजन से मिल जाती है जिससे अनेक प्रकार के नाइट्रोजन आक्साइड्स उत्पन्न होते हैं जो वर्षा जल में घुल जाते हैं और भूतल पर पहुँचकर खनिज यौगिकों साथ अभिक्रिया करते हैं और नाइट्रेट तथा नाइट्रोजन यौगिकों का निर्माण करते हैं।

(ख) **जैविक नाइट्रोजन स्थिरीकरण**–कुछ प्रकार के प्रोकारियोट्स यथा नीली हरित एलगी समुद्रों, झीलों व मिट्टी में नाइट्रोजन का स्थिरीकरण करते हैं। मिट्टी में विकसित होने वाले सूक्ष्म जीवाणु तथा फलीदार पौधों की जड़ में विकसित होने वाले सूक्ष्म जीवाणु भी नाइट्रोजन स्थिरीकरण करते हैं।

(3) **अमोनीकरण**- मृत पौधों और मृत जीवों के शरीरविशेष तथा पशुओं के मल मूत्र पर अनेकों सूक्ष्म जीव क्रिया करते हैं और ये सूक्ष्म जीव उपापचय में जैव यौगिकों का उपयोग करते हैं और अमोनिया निर्मुक्त करते हैं।

(4) **अनाइट्रीकरण**–बगैर ऑक्सीजन के जीवित रहने वाले कुछ बैक्टीरिया और कवकों द्वारा नाइट्रेट्स को नाइट्रोजन गैस में परिवर्तित होने की प्रक्रिया को अनाइट्रीकरण कहते हैं। इस प्रकार निर्मुक्त नाइट्रोजन गैस रूप में वायुमंडल में चली जाती है।

(5) **नाइट्रोजन स्वांगीकरण**–नाइट्रेट, नाइट्राइट्स और अमोनिया के रूप में हरे पौधे अजैविक नाइट्रोजन ग्रहण करते हैं और उसे नाइट्रोजन जैविक यौगिकों में परिवर्तित करते हैं। नाइट्रेट पहले अमोनिया में बदलता है और जैविक अम्ल से मिल

कर अमोनिया अम्ल की रचना होती है। अम्ल, प्रोटीन, अमीनो एन्जाइम्स तथा पर्ण हरित के संश्लेषण में उपयोग में लाया जाता होता है। जन्तु प्रोटीनयुक्त पौधे का उपयोग कर नाइट्रोजन प्राप्त करते हैं। लेकिन जन्तुओं का पौधे वाली प्रोटीन प्रत्यक्ष नहीं मिलती है। पाचन क्रिया की अवधि में पौधा प्रोटीन पहले टूटता-फूटता है। तत्पश्चात् जन्तु अमोनिया अम्ल अवशोषित करते हैं।

(6) **नाइट्रीकरण**—कुछ बैक्टीरिया यथा नाइट्रोगोलाणु को नाइट्राइट्स की नाइट्रेट में रूपान्तरण की प्रक्रिया को नाइट्रीकरण कहते हैं। ये बैक्टीरिया अपने उपापचय में मृत जैव पदार्थों की ऊर्जा को मुख्य रूप से प्रयोग करते हैं। नाइट्रेटयुक्त शैलों के अपक्षय से भी कुछ नाइट्रेट प्राप्त होता है।

(7) **अवसादीकरण**—नाइट्रेट परिवहन के साधनों द्वारा या रिसकर नीचे जाते हुए मृदा जल के साथ पृथ्वी के गहरे भागों में पहुँचता है। यह नाइट्रेट शैलों में सुरक्षित रहता है। इसे नाइट्रोजन का अवसादीकरण कहा जाता है जब ये शैलें उमड़ आती हैं या उनका अपरदन हो जाता है तो शैल से निर्मुक्त नाइट्रोजन वायुमंडल में मिल जाता है।

अतः वायुमंडलीय नाइट्रोजन गैस के हरे पौधे और जन्तुओं के उपभोग के लिए नाइट्रोजन यौगिकों में परिवर्तन और उन यौगिकों के विघटन के उपरांत नाइट्रोजन गैस के वायुमंडल में दुबारा वापसी की क्रिया को नाइट्रोजन चक्र कहते हैं। सूक्ष्म जीव ही एक चक्र के नियंत्रक व नियामक होते हैं चूँकि ये ही वायुमंडल से नाइट्रोजन गैस के निष्कासन व दुबारा उसे वायुमंडल को वापस पहुँचाने में मददगार होते हैं।

अवसादी चक्र

अवसादी चक्र मध्यपूर्ण शैलों के निर्माण, उनके अपक्षय और अपरदन से उत्पन्न अवसादों के परिवहन व निक्षेपण तथा निक्षेपित अवसादों से दुबारा शैलों के निर्माण की सम्पूर्ण क्रिया विधि को कहते हैं। इस चक्र के संचालन में अन्तर्जात व बहिर्जात प्रक्रमों की महत्त्वपूर्ण भूमिका होती है। यह चक्र काफी धीमी गति से संचालित होता है।

फॉस्फोरस चक्र

फॉस्फोरस न्युक्लिक अम्ल का मुख्य घटक है। यह मिट्टी में शैल फास्फेट, एपेटाइट तथा कैल्शियम फास्फेट, लौह फास्फेट एल्युमीनियम फास्फेट आदि रूप में मिलता है। शैल फास्फेट से निर्मित मिट्टी में फॉस्फोरस ज्यादा पाया जाता है।

फॉस्फोरस के पाँच रूप (1) स्थिर जैविक (2) अस्थिर जैविक (3) अस्थिर अजैविक (4) घोल और (5) खनिज होते हैं।

फॉस्फोरस की पौधों के लिए ज्यादा जरूरत होती है। कोशिका विभाजन, श्वसन क्रिया, कार्बोहाइड्रेट्स के अपघटन में, फलों के पकने इत्यादि में यह तत्व सहायता करता है। फास्फेट शैलों में फॉस्फोरस अधिक पाया जाता है लेकिन वायुमण्डल में इसकी मात्रा काफी कम तथा अस्थिर होती है। वायुमण्डल को फॉस्फोरस की प्राप्ति जलीय भागों में नमक बौछारों से, स्थलीय फास्फेट क्षेत्रों में तथा फास्फेट की खानों में पवन द्वारा उड़ाने से होती है। फॉस्फोरस चक्र निम्नलिखित रूपों में सम्पादित होता है–

फॉस्फोरस अंश फास्फेट युक्त शैलों के अपक्षय से अवसादी मिट्टी में मिलता है। इस मिट्टी से पौधे फॉस्फोरस अंश ग्रहण करते हैं। यह फॉस्फोरस अंश भोजन शृंखला में शाकाहारी व मांसाहारी जीवों से होकर सर्वाहारी जीवों तक पहुँचता है। पौधों से गिरी पत्तियों, पौधों की जड़ों के सड़ने-गलने तथा जन्तुओं के मल-मूत्र व मृत जीवों के वियोजक से फॉस्फोरस अंश मिट्टी में पहुँचता है। जिन्हें पौधे ग्रहण करते हैं और फॉस्फोरस चक्र दुबारा चालू हो जाता है।

जब फास्फेट युक्त शैलों का अपक्षय होता है तथा अपक्षय से उत्पन्न फॉस्फोरस बहते जल के साथ जलीय भागों में पहुँचता है और तली में निक्षेपित हो जाता है। लेकिन कुछ फॉस्फोरस जल में तैरता रहता है जिसे मछलियाँ तथा अन्य जलीय जीव ग्रहण करते हैं। मछलियों को भोजन बनाने के उपरांत फॉस्फोरस मानव के शरीर में पहुँचता है जो मानव मल-मूत्र या मृत शरीर को वियोजकों द्वारा वियोजित कर मिट्टी में मिला दिया जाता है जिसे पौधे ग्रहण करते हैं। इस प्रकार फॉस्फोरस चक्र दुबारा प्रारम्भ हो जाता है।

भौतिक प्रक्रियाओं जैसे अवसादीकरण तथा अपक्षालन के कारण फॉस्फोरस का ज्यादा भाग विनष्ट हो जाता है। लेकिन जैविक प्रक्रियाओं यथा दाँतों व हड्डी निर्माण में होने के कारण फॉस्फोरस कुछ समय तक चक्र के लिए उपलब्ध नहीं हो पाता है। लेकिन दाँतों व हड्डियों के वियोजन के पश्चात् फॉस्फोरस मिट्टी में मिलकर चक्र में सम्मिलित हो जाता है।

सल्फर चक्र

सल्फाइड सल्फर मिट्टी व शैलों में दानेदार सल्फेट के रूप में पाया जाता है। इसका कुछ हिस्सा वर्षा जल में घोल रूप में होता है जो वर्षा के साथ भूतल पर पहुँचता

है। जैविक सल्फर बैक्टीरिया व फंजाई द्वारा प्रोटीन के वातजीवी विघटन से मिट्टी से प्राप्त करते हैं। सल्फर मिट्टी को प्राप्त होता है। स्वपोषी जन्तु हाइड्रोजन सल्फर पानी में घुले सल्फेट से प्राप्त करते हैं। सल्फर पंक में सल्फाइड के रूप में मिलता है। वायुमंडल में आक्सीकरण से भी जैव व अजैव सल्फर निर्मित होते हैं। बहुत ही कम जीव सल्फर को जैविक रूप में जैसे एमिलो अम्ल तथा क्राइस्टीन के रूप में लेते हैं जबकि ज्यादा जीव अकार्बनिक सल्फेट के रूप में सल्फर को ग्रहण करते हैं।

सल्फर चक्र मिट्टी, जल तथा वायु को अन्तर्संबंधित करता है। दो रूपों में सल्फर का चक्रण होता है–

(1) पृथ्वी पर इसका चक्रण तीव्र गति से होता है।

(2) निक्षेपित सल्फर का चक्रण जलीय गहरे भागों में काफी गति से होता है। सल्फर चक्र में स्वपोषी जीव मिट्टी व शैलों से विभिन्न प्रकार के सल्फरों को प्राप्त करते हैं और परपोषी जीव सल्फर स्वपोषी जीवों से ग्रहण करते हैं। परपोषी जीवों का मृत्यु के बाद वियोजन होता है जिससे उनमें वर्तमान विविध प्रकार सल्फर मिट्टी में मिल जाते हैं और वहाँ से शुरू सल्फर चक्र प्रारम्भ हो जाता है। वर्तमान समय में औद्योगिक कारखानों की चिमनियों से निःसत तथा ताप. विद्युत गृहों में जलाये जाने वाले कोयले से उत्पन्न सल्फर डाई-आक्साइड वायुमंडल में प्रवेश कर रहा है। जिससे तेज़ाबी वर्षा, पत्थरों व धातुओं का क्षरण तथा अनेक बीमारियों के होने की आशंका बढ़ती जा रही है। सल्फर डाई-आक्साइड के कारण प्रकाश संश्लेषण में बाधा आती है।

निम्न तथ्य जैव-भू-रसायन चक्र के अध्ययन से स्पष्ट होते हैं–

(1) कोमल तन्तु वाले पौधों में बड़े पौधों और जीवों की तुलना में परिवर्तन की दर तेज होती है।

(2) पारिस्थितिक तंत्र के अजैव संघटक उपापचय प्रक्रियाओं द्वारा जैव संरचनाओं में बदल दिये जाते हैं।

(3) तत्वों का प्रकृति में सन्तुलन है। किसी तत्व के कम होने या समाप्त होने का भय नहीं है।

(4) सूक्ष्म जीवाणु अत्यंत महत्त्वपूर्ण कार्य करते हैं। ये ही मृत जीवों का वियोजन करते हैं जिससे प्रमुख तत्व दुबारा जल व वायु को वापस मिल जाते हैं।

(5) पदार्थ वियोजन प्रक्रियाओं द्वारा जैव भार में संचित पर्यावरण में चले जाते हैं।

(6) कुछ समय के लिए अजैव संघटक जैव भार में अगले चक्र की प्रतीक्षा में बन्द रहते हैं।

पारिस्थितिक

ग्रीनेल ने सर्वप्रथम 1917 में लघु निवास्यों की व्याख्या करने के लिए नीचे शब्दों का प्रयोग किया था। उनके अनुसार नीचे अन्तिम वितरण इकाई है जिसके अंतर्गत प्रत्येक जातियाँ अपनी संरचनात्मक और अन्तःप्रवृत्ति जन्य सीमाओं द्वारा बना रहता है। नीचे का शाब्दिक अर्थ है—एक स्थान, रोजगार या क्रियाकलाप जिसके लिए कोई व्यक्ति सबसे ज्यादा उचित होता है।

सबसे ज्यादा से वर्तमान जीवों और पौधों की जातियाँ विभिन्न प्रकार के कार्यों को सम्पन्न करती हैं। प्रत्येक जाति के भूमिका को उसका नीचे कहते हैं। दूसरे शब्दों में समुदाय के किसी जाति को सम्पूर्ण भूमिका को पारिस्थितिक नीचे कहा जाता इसमें कई तथ्य समहित होते हैं, जैसे—जीवों की जातियाँ, पर्यावरण कारक, जातियों का निवास्य, किसी समुदाय के अंतर्ग़त जातीय जनसंख्या का विशिष्टीकरण, समुदाय में इसकी कार्यात्मक भूमिका आदि प्रत्येक जनसंख्या की एक पारिस्थितिक नीचे होती है जो उस जनसंख्या की संरचना और समायोजन को निर्धारित करती है, जबकि नीचे से उसके व्यवसाय की जानकारी होती है। किसी पारिस्थितिक तंत्र में निवास्य व प्राणी विशेष की रूस भूमिका (नीचे) के परस्पर संबंधों से ही उसमें क्रियाशीलता बनी रहती है।

ओडम द्वारा पारिस्थितिक नीचे को निम्न प्रकारों से विभाजित किया है

(क) भौगोलिक नीचे—इसका संबंध भौगोलिक संशोधनों से होता है।

(ख) बहुआयामी नीचे—इसका संबंध पर्यावरणीय प्रवणता में जीव की स्थिति से है।

(ग) निवास्य नीचे—यह जीवों के निवास्य से संबंधित होता है।

(घ) पोषण नीचे—इसका संबंध शरीर रचना संशोधनों से होता है।

5

पारिस्थितिक तंत्र एवं पोषण स्तर

पोषण स्तर भोजन श्रृंखला में, उस बिन्दु या स्तर को कहते हैं जहाँ भोजन ऊर्जा का एक् वर्ग के जीवों (शाकाहारी जीव) में स्थानान्तरण या गमन होता है। उदाहरणार्थ हरे पौधे भोजन ऊर्जा तैयार करते हैं—शाकाहारी जन्तु, जैसे—गाय, बकरी, खरगोश आदि घास को चरकर पौधों से ऊर्जा प्राप्त करते हैं। इस प्रकार पौधों से भोजन ऊर्जा का स्थानान्तरण शाकाहारी जीवों में होता है। शाकाहारी जीवों को मांसाहारी जीव, जैसे—चीता, शेर, मेंढक, आदि आहार बनाते हैं। इस प्रकार शाकाहारी जीवों से मांसाहारी जीवों में भोजन ऊर्जा का गमन होता है।

मनुष्य सर्वाहारी होता है तथा सर्वाहारी होने के कारण हरे पौधों, जैसे—भाजी, शाक, खाद्यान्न तथा शाकाहारी, मांसाहारी जीवों को भोजन बनाता है। अतः हरे पौधों, शाकाहारी व मांसाहारी जीवों से मनुष्य में भोजन ऊर्जा का गमन होता है। इस प्रकार प्रत्येक पारिस्थितिक तंत्र में स्वपोषी जैव संघटक, यथा—हरे पौधे प्रथम पोषण स्तर को, शाकाहारी जीव द्वितीय पोषण स्तर को, तथा मानव पौधों (शाक-भाजी, खाद्यान्न), शाकाहारी व मांसाहारी जीवों का आहार कर पंचम पोषण स्तर को प्रदर्शित करता है। कुछ जीवों में भोजन श्रृंखला एक ही पोषण स्तर पर समाप्त हो जाती है।

ऊर्जा भोजन श्रृंखला में एक पोषण स्तर से दूसरे पोषण स्तर तक पहुँचने में नष्ट होती जाती है। उदाहरणार्थ पारिस्थितिक तंत्र में हरे पौधे प्रकाश संश्लेषण क्रिया से ऊर्जा प्राप्त करते हैं यह ऊर्जा शाकाहारी जीवों में भोजन के साथ स्थानान्तरित हो जाती है। लेकिन शाकाहारी जीव इस ऊर्जा का सिर्फ 10 प्रतिशत ही शरीर में संचय कर पाते हैं और शेष 10 प्रतिशत ऊर्जा जैविक क्रिया व मलमूत्रों के द्वारा पर्यावरण में चली ज़ाती है। इस प्रकार एक पोषण वर्ग से दूसरे पोषण वर्ग में ऊर्जा क्रमशः ह्रासमान होती चली जाती है।

भोजन श्रृंखला

निम्न पोषण स्तर से उच्च पोषण स्तर में श्रृंखलाबद्ध क्रम में भोजन ऊर्जा के गमन व स्थानान्तरण को भोजन श्रृंखला कहते हैं यह सरल और जटिल दोनों प्रकार की होती है। प्राकृतिक पारिस्थितिक तंत्र में भोजन पोषण संबंध जटिल होने पर भोजन श्रृंखला काफी जटिल होती है।

हरी पत्ती वाले पौधे पारिस्थितिक तंत्र सौर्य ऊर्जा प्राप्त करते हैं और उसे रासायनिक ऊर्जा में बदल देते हैं। हरे पौधों में वर्तमान रासायनिक ऊर्जा, विभिन्न जैविक यौगिकों, जैसे—कार्बोहाइड्रेट, वसाख, प्रोटीन इत्यादि में आत्मसात् हो जाती है। हरे पौधे अपने बनाए हुए भोजन को ग्रहण करते हैं। इन हरे पौधों को शाकाहारी जीव आहार बनाते हैं। ये शाकाहारी जीव कुछ मांसाहारी जीवों का भोजन बनते हैं। इस प्रकार एक जीव दूसरे जीव पर भोजन के लिए निर्भर रहता है और भोजन एक पोषण स्तर से दूसरे पोषण स्तर को पहुँचता रहता है तथा एक श्रृंखला स्थापित हो जाती है जिसे भोजन श्रृंखला कहते हैं। इस प्रकार आहार श्रृंखला भक्षाभक्ष की बार-बार होने वाली प्रक्रिया से होकर जीवों के अनुक्रम द्वारा ऊर्जा व पोषक तत्वों का स्थानान्तरण है। एक ओर इस भोजन श्रृंखला में हरे पौधे (उत्पादन करते हैं तो दूसरी तरफ उपभोक्ता जीव होते हैं जो रासायनिक ऊर्जा का उपभोग करते हैं। मनुष्य पार्थिव कड़ी कई भोजन श्रृंखलाओं का बनता है। उदाहरण के तौर पर घास को कीट खाते हैं, कीट को पक्षियाँ आहार बनाती हैं और पक्षियों को बाज भोजन बनाते हैं। भोजन श्रृंखला इस तरह पक्की रहती है। भोजन श्रृंखला में दो कड़ियों से लेकर 7-8 तक कड़ियाँ कायम रहती हैं। चार कड़ियों तथा अनेक कड़ियों वाली भोजन श्रृंखला के उदाहरण निम्न प्रकार से हैं—

भोजन श्रृंखला के प्रकार का वर्गीकरण

1. भोजन श्रृंखला के परजीवी जीव

यह भोजन श्रृंखला बड़े जीवों से छोटे जीवों की तरफ अग्रसर होती है। यह भोजन श्रृंखला बड़े जीवों द्वारा छोटे जीवों का भक्षण करने से बनती है। इसमें छोटे जीव बड़े जीवों को आहार नहीं बनाते हैं। इस श्रृंखला का निम्नलिखित रूप में व्यक्त किया जा सकता है—

मनुष्य--- खटमल--- वियोजक

2. घास भोजन शृंखला

यह भोजन शृंखला घास से शुरू होती है और शाकाहारी जीवों (प्रथम श्रेणी के उपभोक्ता–कीड़े, खरगोश, हिरन, बकरी) से होती हुई प्राथमिक मांसाहारी जीवों (द्वितीयक श्रेणी के उपभोक्ता–कौआ, गौरैया, कुत्ते, भेड़िया, साँप, बिल्ली) से होकर द्वितीयक मांसाहारी जीवों (तृतीयक उपभोक्ता–चीता, शेर, बाज) तक पहुँचकर और आगे तक जाती है। सरल रूपों में इसे व्यक्त किया जा सकता है–

(क) स्वपोषी घास--- प्राथमिक मांसाहारी जीव--- द्वितीयक मांसाहारी जीव--- आगे तक

(ख) घास--- कीट--- मेढ़क--- सांप--- बाज--- तेन्दुआ।

3. भोजन शृंखला अपघटित मृतजीवावेश

यह घास भोजन शृंखला से अलग होता है। इसमें वर्तमान ऊर्जा का ह्रास नहीं होता है। इसमें ऊर्जा प्रवाह विभिन्न स्तरों में न होकर लगातार होता रहता है। इस भोजन शृंखला में अनेक जीव होते हैं, जिनमें से प्रमुख है–फंजाई, एलगी, बैक्टीरिया, प्रोटोजोआ आदि ये वियोजक जीव अंशतः उनको पचाते हैं और भोजन में कुछ रासायनिक ऊर्जा का उपयोग करते हैं तथा कुछ ऊर्जा मल उत्सर्जन द्वारा पर्यावरण में चली जाती है तथा शेष ऊर्जा जैव अणुओं में परिवर्तित हो जाती है। अवशिष्ट पदार्थों के उपयोग की प्रक्रिया बार-बार एक जीव से दूसरे जीव के मध्य होने लगती है। जैविक अवशिष्टों या मृत जीव तन्तुओं में वर्तमान जटिल जैव कण धीरे-धीरे वियोजित होकर साधारण यौगिकों, कार्बन-डाई-आक्साइड, अनेक जीवांश आदि में परिवर्तित हो जाते हैं।

भोजन जाल

अनेक प्रकार की भोजन शृंखलाएँ पारिस्थितिक तंत्र में पाई जाती हैं। लेकिन ये भोजन शृंखलाएँ स्वतंत्र नहीं होती हैं। बल्कि कई भोजन शृंखलाएँ ताने बाने की तरह एक-दूसरे से संबंधित होती हैं। उत्पादकों (हरे पौधे) पर अनेक शाकाहारी उपभोक्ता विभिन्न प्रकार से निर्भर करते हैं। एक प्रकार के शाकाहारी उपभोक्ता पर द्वितीय श्रेणी के अनेक मांसाहारी उपभोक्ता भोजन के लिए निर्भर करते हैं। कभी-कभी तृतीय श्रेणी के उपभोक्ता परिस्थितियों के बदलने पर द्वितीयक श्रैणी उपभोक्ता बन जाते हैं। इस प्रकार' भोजन के लिए एक ही प्राणी पर एक से ज्यादा

प्राणी निर्भर हो जाते हैं। जैसे भोजन श्रृंखला में घास------ चूहे----साँप--------उल्लू जैसा स्वरूप पाया जाता है। लेकिन कभी-कभी चूहे का भक्षण साँप द्वारा न होकर उल्लू द्वारा हो जाता है। इस प्रकार सम्पूर्ण जीव समुदाय के अलग-अलग जीव अन्र्तसंबंधित हो जाते हैं अर्थात् विभिन्न भोजन श्रृंखलाएँ एक दूसरे से अन्र्तसंबंधित हो जाती हैं। इन्हीं अन्र्तसंबंधित भोजन श्रृंखलाओं को भोजन जाल कहते हैं। पारिस्थितिक तंत्र में भोजन जाल के कारण स्थिरता बनी रहती है। जैसे खरगोश की संख्या में कमी होने पर चूहों की संख्या में वृद्धि होगी। इस प्रकार खरगोशों को भोजन बनाने वाले उपभोक्तओं की संख्या घटने लगेगी। घास क्षेत्रों के भोजन जाल में निम्नलिखित पाँच रैखिक भोजन श्रृंखलाएँ हो सकती हैं–

(1) घास--------- चूहे------- बाज

(2) घास---- चूहे------- सर्प----- बाज

(3) घास शाकाहारी जीव--------- छिपकली-------- बाज

(4) घास---शाकाहारी जीव----------- बाज

(5) घास------ खरगोश------- बाज या गिद्ध या लोमड़ी या मनुष्य

उक्त पाँचों भोजन श्रृंखलाएँ विभिन्न बिन्दुओं पर अन्र्तसंबंधित होकर भोजन जाल की रचना करती है।

जहाँ जीवों और गहरे सागरों में अनेक विभिन्नताएँ पाई जाती हैं, वहीं भोजन जाल में जटिलता मिलती है। आर्कटिक पारिस्थितिक तंत्र में अंर्तसंबंधित कई भोजन श्रृंखलाएँ जटिल भोजन जाल का निर्माण करती हैं, जैसे

(1) डायटम----- क्रुस्टेशिया--------- वायरस------ मनुष्य।

(2) डायटम------ क्रुस्टेशिया-------- ह्वेल---- मनुष्य।

(3) घास------ खरगोश व लेमिंग------- लोमड़ियाँ।

(4) घास---- कैरिबाऊ जीव---- मानव।

(6) घास----- खरगोश व कैरिबाऊ-------- ध्रुवीय भेड़िया।

(5) डायटम----- क्रुस्टेशिया----- मछलियाँ--- ध्रुवीय भालू।

पारिस्थितिक तंत्र में स्थिरता

परिभाषा–प्रसिद्ध पारिस्थितिक विशेषज्ञ गिगन के शब्दों में 'किसी भी

पारिस्थितिक तंत्र के अनवरत अस्तित्व और किसी परिवर्तित के पश्चात् मूल दशा को पुनः प्राप्त करने की क्षमता ही पारिस्थितिक तंत्र की स्थिरता है।

डॉ. सविन्द्र सिंह का कहना है कि पारिस्थितिक तंत्र में ऊर्जा तथा पदार्थों के निवेश तथा निर्गम में सन्तुलन, विभिन्न जैव भू-रसायन चक्रों की सुचारुरूप से कार्यक्षमता तथा समस्त तत्वों के सांद्रण की स्थिर दशा को पारिस्थितिक तंत्र की स्थिरता कहते हैं।

स्थिरता के लिए आवश्यक स्थितियाँ

(1) ऊर्जा के निवेश तथा निर्गम में संतलुन रहना।

(2) अंतः निर्मित स्वतः नियंत्रण की व्यवस्था का होना।

(3) स्व साम्यावस्थित क्रिया विधि का कायम रहना।

(4) पदार्थों के निवेश तथा निर्गम में संतुलन रहना।

(5) जैव-भू-रसायन चक्र का सही रूप में कार्यशील रहना।

(6) पारिस्थितिक तंत्र में विभिन्नता का होना।

(7) भौतिक तथा रासायनिक संचार का होते रहना।

उपर्युक्त आवश्यक स्थितियों के रहने पर पारिस्थितिक तंत्र में साम्यावस्था की दशा बनी रहती है जिसे ही पारिस्थितिक तंत्र की स्थिरता कहते हैं। पारिस्थितिकीय साम्यावस्था या स्थिरता का तात्पर्य यह नहीं है कि वहाँ कोई परिवर्तन नहीं होता है। पारिस्थितिक तंत्र गत्यात्मक होता है और उसमें हलचलें या परिवर्तन होते रहते हैं। लेकिन तंत्र उन हलचलों और परिवर्तनों को झेलकर स्वसाम्यावस्थित क्रिया विधि द्वारा पुनः अपनी पूर्व की स्थिति प्राप्त कर लेता है। जैसे जंगल से जितने वृक्ष काटे जाते हैं यदि उतने वृक्ष दुबारा उग जाते हैं तो वहाँ पारिस्थितिक स्थिरता बनी रहेगी। इस प्रकार दुष्प्रभावों परिवर्तन या हलचल का प्रतिरोध करके साम्यावस्था की दशा में बने रहने की प्रवृत्ति को पारिस्थितिकी तंत्र की स्थिरता कहा जाता है पारिस्थितिक तंत्र प्रकृति नियंत्रक होती है। साइबेरियन शब्द Kibernetes से बना है जिसका अर्थ है Pilot या Governor या नियंत्रक। नियंत्रण का विसरण पारिस्थितिक तंत्र में सभी स्तरों पर होता है। पारिस्थितिक तंत्र में नियंत्रण तीन प्रकार से होता है-

1. **पुनर्पोषण**—पुनर्पोषण चक्रीय क्रिया का महत्त्वपूर्ण घटक है। उत्पादन का वह भाग जो निवेश में जुड़ जाता है उसे पुनर्पोषण कहते हैं। पुनर्पोषण धनात्मक और

ऋणात्मक दोनों प्रकार का होता है। यदि किसी तंत्र में उत्पादन मूल में जुड़कर अभिवृद्धि करता है तो उसे धनात्मक पुनर्पोषण कहते हैं। उदाहरण के तौर पर यदि प्राथमिक उत्पादनों की संख्या बढ़ती है और शाकाहारी जीवों की बढ़ती संख्या उन्हें आदर्श स्तर तक नियंत्रित करती है तो उसे धनात्मक पुनर्पोषण कहा जाएगा। लेकिन शाकाहारी जीवों की संख्या इतनी ज्यादा होते जाय कि पौधों की संख्या कम पड़ने लगे तो उसे ऋणात्मक पुनर्पोषण कहा जायेगा। इसी प्रकार यदि किसी तंत्र में सर्प मेंढकों का भक्षण कर उनकी संख्या कम करने लगते हैं तो उसे ऋणात्मक पुनर्पोषण कहा जायेगा। लेकिन मेंढक अपनी संख्या बढ़ाकर सर्पों की संख़्या नियमित रखते हैं तो उसे धनात्मक पुनर्पोषण कहा जायेगा। ऋणात्मक से स्वनियम होता है। जब पोषण जीवों में से किसी एक की संख्या किसी तंत्र की वहन क्षमता से अधिक होने लगती है तो ऐसी स्थिति में ऋणात्मक पुनर्पोषण प्रारंभ हो जाता है और वांछित स्तर पर जनसंख्या आकार को ला देता है।

2. सहनशीलता—यदि पारिस्थितिक तंत्र में सहनशीलता है तो वह हलचल या परिवर्तन होने के उपरांत शीघ्र ही अपनी संतुलित दशा को पुर्नस्थापित कर लेता है। जैसे मूंज एक ऐसी वनस्पति है जो आग लगने पर जल जाती है। लेकिन आग बुझ जाने के पश्चात् पुनः पनप कर अपनी पूर्व दशा को प्राप्त कर लेती है।

3. प्रतिरोध—पारिस्थितिक तंत्र में प्रतिरोधी क्षमता होने पर वह हलचल के बाद पुनः अपनी पूर्व की स्थिति को प्राप्त कर लेता है। जैसे कुछ पौधे अग्नि प्रतिरोधी होते हैं जो आग लगने पर पूर्णरूपेण नहीं जलते हैं और सामान्य आग लगने पर जलने के नुकसान से बच जाते हैं। लेकिन दीर्घ अवधि तक आग के जलते रहने पर पेड़ पूर्णरूपेण जल जाते हैं तथा अग्नि के बुझ जाने के बाद भी अपनी पूर्व दशा को नहीं प्राप्त करते हैं। ऐसे पौधों को अग्नि प्रतिरोधी नहीं कहा जा सकता है।

अतः उपर्युक्त तत्व पारिस्थितिक तंत्र में निरंतर कार्य करते हैं जिससे तंत्र में स्थिरता बनी रहती है।

पारिस्थितिक तंत्र में स्थिरता वर्गीकरण

1. लोचपूर्ण स्थिरता—यदि किसी बड़े व्यवधान के आने पर तंत्र के घटक पर नकारात्मक प्रभाव पड़ने लगते हैं लेकिन व्यवधान की समाप्ति के पश्चात् यदि वे घटक अपनी मौलिकता दशा को प्राप्त कर लेते हैं तो उसे लोचपूर्ण स्थिरता कहा जायेगा।

2. **चक्रीय स्थिरता**–किसी प्राकृतिक पारिस्थितिक तंत्र में नियमित रूप से होने वाले वाह्य बदलाव के साथ समायोजन होते जाने पर जो स्थिरता बनी रहती है उसे चक्रीय स्थिरता कहते हैं।

3. **निरन्तर स्थिरता**–ऊर्जा का निवेश जब पारिस्थितिक तंत्र का निर्गमन संतुलित रहता है, जैव भू-रसायन चक्र अपने सामान्य रूप में चलता रहता है तथा उसमें कोई बाधा नहीं आता है तो उसे तंत्र की निरन्तर स्थिरता कहते हैं। जैसे जितने वृक्ष काटे जाते हैं और उतने वृक्ष लगा दिये जाते हैं तो उसे तंत्र में निरन्तर स्थिरता कहा जायेगा।

4. **सहनशीलता स्थिरता**–किसी पारिस्थितिक तंत्र में यदि बाधा उत्पन्न होते हैं। या बदलाव आते हैं लेकिन यदि तंत्र उनको सहन करते हुए उनके साथ समायोजन कर लेता है तो ऐसी स्थापित स्थिरता को सहनशीलता स्थिरता कहते हैं।

पारिस्थितिक तंत्र में जब भारी परिवर्तन और व्यवधान आने लगते हैं और तंत्र अपनी पूर्व स्थिति को प्राप्त करने या समायोजन करने में समर्थ नहीं होता है तो उस-दशा को पारिस्थितिक तंत्र की अस्थिरता कहते हैं। तंत्र में अस्थिरता भू-गर्भिक हलचलों तथा जलवायु परिवर्तनों से आती है। मनुष्य भी तंत्र में अस्थिरता पैदा करने वाला महत्त्वपूर्ण घटक है। वह निर्वाकरण द्वारा मौलिक जीवों के विनाश द्वारा, मौलिक जन्तुओं व वनस्पतियों के स्थान पर अन्यों की प्रतिस्थापना द्वारा, नगरीकरण द्वारा, मौलिक जन्तुओं व वनस्पतियों के स्थान पर अन्यों की प्रतिस्थापना द्वारा, औद्योगीकरण द्वारा, नगरीकरण द्वारा, जलवायु में बदलावों द्वारा, रासायनिक उर्वरकों व कीटनाशक दवाओं के प्रयोग द्वारा, पर्यावरण प्रदूषण आदि द्वारा पारिस्थितिकी तंत्र को अस्थिर बनाने में निरंतर कार्यरत हैं।

5. **दोलन रहित स्थिरता**–दोलन रहित स्थिरता पारिस्थितिक तंत्र में जातियों की संख्या में स्थिरता की दशा को कहते हैं।

6. **प्रतिरोधी स्थिरता**–जब कुछ तत्वों पर तंत्र में आये परिर्वतनों का नगण्य प्रभाव पड़ता है तो उसे प्रतिरोधी स्थिरता कहा जाता है जैसे किसी स्वच्छ जल वाली नदी में कोई गन्दा नाला गिरने लगे, लेकिन उसके गन्दे जल का प्रभाव नगण्य पड़ता है तो उसे प्रतिरोधी स्थिरता कहा जायेगा।

पारिस्थितिक पिरामिड

किसी भी पारिस्थितिक तंत्र में प्राथमिक उत्पादकों, तथा द्वितीय श्रेणी के उपभोक्ताओं तथा शीर्ष मांसाहारी जीवों की संख्या, जैवभार और ऊर्जा मात्रा में कुछ

संबंध होता है। इन संबंधों को रेखाचित्र द्वारा दिखाने पर पिरामिड से मिलती-जुलती आकृति बनती है। जिसे पारिस्थितिक पिरामिड कहते हैं। 1927 में सी. ई. एल्टन महोदय ने इन पिरामिडों के अध्ययन को आगे बढ़ाया था। साधारणतया भोजन श्रृंखला में 4 से 5 पोषण स्तर होते हैं। पारिस्थितिक पिरामिड में जितने ज्यादा पोषण स्तर होंगे उनमें जीवों की संख्या प्रत्येक स्तर पर कम होती जायेगी लेकिन उनका आकार बड़ा होता जायेगा। प्रत्येक पारिस्थितिक पिरामिड के आधार पर उत्पादक स्तर तथा अनुक्रमित स्तर शीर्ष पर होगा।

प्रकार—पारिस्थितिक पिरामिड निम्नलिखित प्रकार के होते हैं—

(1) जैव भार का पिरामिड
(2) ऊर्जा पिरामिड
(3) संख्या पिरामिड
(4) विलोम संख्या पिरामिड

1. जैव भार का पिरामिड

जैव भार के पिरामिड में भोजन श्रृंखला व भोजन जाल के सभी पोषण स्तरों पर संपूर्ण जीवों के समस्त भार को दिखाया जाता है। इसमें आधार पर प्राथमिकता उत्पादकों का भार प्रदर्शित किया जाता है। इसमें आधार से शीर्ष की ओर हर पोषण स्तर पर जैव भार में ह्रास देखने को मिलता है। शाकाहारियों द्वारा भुंजित उत्पादकों का समस्त जैव भार शाकाहारियों के भार से अधिक होता है। इसी प्रकार द्वितीयक उपभोक्ताओं का सकल जैव सकल जैव भार शाकाहारी की तुलना में कम होता है। इसी तृतीयक उपभोक्ताओं का जैव भार द्वितीयक उपभोक्ताओं की तुलना में कम होती है। यदि ह्रासोन्मुख क्रम उत्तरोत्तर उदाहरण के तौर पर 500 टन घास 10 टन टिड्डों के लिए पर्याप्त होगी। 10 टन टिड्डे 10 टन मेंढकों के लिए पर्याप्त है। 10 टन मेंढक 1 टन सर्पों को भोजन देते हैं। 1 टन सर्प 1/2 टन बाजों के लिए प्रचुर भोजन देते हैं। इस पिरामिड द्वारा प्रत्येक पोषण स्तर पर संपूर्ण जीवों के कुल जैव भार की जानकारी हो जाती है लेकिन पारिस्थितिक तंत्र की उत्पादकता की मात्रा व दर का ज्ञान नहीं हो पाता है।

2. संख्या पिरामिड

संख्या पिरामिड के आधार पर उत्पादक जीव होते हैं जिनकी संख्या ज्यादा होती है लेकिन शीर्ष की ओर प्रत्येक पोषण स्तर पर उपभोक्ता जीवों की संख्या क्रमशः

घटती जाती है। यह पिरामिड प्रदर्शित करता है कि प्राथमिक उत्पादकों (घासें) की संख्या सबसे ज्यादा होती है। इन घासों को आहार बनाने वाले जीवों की संख्या और कम हो जाती है तथा इन मांसाहारी जीवों का आहार करने वाले सर्वाहारी जीवों यथा मनुष्य की संख्या और कम हो जाती है। झील पारिस्थितिक तंत्र इस प्रकार के पिरामिड का सबसे बढ़िया उदाहरण है। झील तंत्र में पिरामिड के आधार पर (प्रथम पोषण स्तर) पर उत्पादक तत्व जैसे एलगी, डायटम इत्यादि होते है जिनकी संख्या काफी ज्यादा होती है। द्वितीयक पोषण स्तर पर शाकाहारी जीव आते हैं जिनकी संख्या प्रथम पोषण स्तर के उत्पादकों की अपेक्षा कम होती है। तृतीय पोषण स्तर पर कुछ मांसाहारी जीव आते हैं जिनकी संख्या प्रथम पोषण स्तर के उत्पादकों की तुलना में कम होती हैं। तृतीय पोषण स्तर पर कुछ मांसाहारी जीव आते हैं जिनकी संख्या शाकाहारी जीवों की अपेक्षा कम होती है। शीर्ष तुलना स्तर पर कुछ ही शीर्ष मांसाहारी जीव होते हैं। यह पिरामिड प्राकृतिक व्यवस्था का प्रतीक है।

3. ऊर्जा पिरामिड

पारिस्थितिक तंत्र की उत्पादकता को ऊर्जा पिरामिड में प्रदर्शित किया जाता है। इसमें भोजन शृंखला तथा भोजन जाल के प्रत्येक पोषण स्तर पर ऊर्जा के स्थानान्तरण को दिखाया जाता है। वर्ग मीटर की मात्रा प्रति वर्ग मीटर प्रति वर्ष किलो कैलोरी में व्यक्त की जाती है। इसमें प्रत्येक पोषण स्तर की चौड़ाई, उस ऊर्जा की मात्रा का संकेत देती है जो एक पोषण स्तर से निकलकर दूसरे पोषण स्तर में जाती है। चूँकि ऊर्जा का स्थानान्तरण पूरी तरह दक्ष नहीं होता, इसलिए प्रत्येक पोषण स्तर की चौड़ाई नीचे के पोषण स्तर से 1/10 से 1/20 प्रतिशत कम होगी। इसकी उत्पादकता से माप की जाती है। इस पिरामिड से यह बोध होता हैं कि उत्पादक सबसे ज्यादा ऊर्जा ग्रहण करते हैं लेकिन उन पर पलने वाले परपोषी जीव घटती दर से ऊर्जा प्राप्त करते हैं। यदि उत्पादकों को ऊर्जा मिलने में रुकावट आने लगे तो उन पर पलने वाले परपोषी जीव विनष्ट होने लगेंगे। जैसे जल तंत्र में कम ऊर्जा मिलने पर प्लैंकटन की मात्रा कम हो जायेगी और उन पर पलने वाली मछलियाँ पहले मरेंगी और बड़ी मछलियाँ भी समाप्त होने लग्रेगी।

4. विलोम संख्या पिरामिड

संख्या पिरामिड की आकृति कभी-कभी उलट जाती है अर्थात् पिरामिड का आधार नुकीला और शीर्ष चौड़ा हो जाता है। ऐसे पिरामिड को विलोम संख्या कहते

हैं। वन पारिस्थितिक इस पिरामिड का उदाहरण है। जैसे वन पारिस्थितिक तंत्र में उत्पादकों (पेड़ों) की संख्या कम और उन पर पलने वाले उपभोक्ता जीवों की संख्या ज्यादा होती है। अध्ययनों के आधार पर यह निष्कर्ष निकलता है कि 200 पेड़ों पर पलने वाले जीवों की संख्या 150,000 होती है जो संख्यात्मक दृष्टि से विलोम संबंध का द्योतक है।

पारिस्थितिक तंत्र : उत्पादकता

किसी इकाई समय तथा इकाई क्षेत्र में स्वपोषित प्राथमिक उत्पादक हरे पौधों द्वारा उत्पादित जैव पदार्थों की मात्रा को पारिस्थितिक तंत्र की उत्पादकता कहते हैं। उदाहरणार्थ एक खेत से निश्चित समय में जितना जैव पदार्थ उत्पन्न होगा, उसे खेत की उत्पादकता कहा जायेगा। हरे पौधे, हरी पोली बैक्टीरिया, नीली हरी शैवाल, पादप प्लवक आदि प्राथमिक उत्पादक जीवों के अन्तर्गत आते हैं। शुष्क जैव पदार्थ के रूप में उत्पादकता को मापा जाता है।

उत्पादकता वर्गीकरण

1. प्राथमिक उत्पादकता—हरे पौधों द्वारा उत्पन्न जैव पदार्थों या ऊर्जा के उत्पादन को प्राथमिक उत्पादकता कहते हैं। इसमें पौधों के अंगों, जैसे—तना, जड़, फल पत्ता, आदि के भार में वृद्धि होती है लेकिन कृषि उत्पादकों में केवल उपयोगी अंगों जैसे—चारा, अन्न, आदि वाले भागों में वृद्धि होती है। पारिस्थितिक तंत्र की गुणवत्ता मुख्यतः प्राथमिक उत्पादकों की उत्पादन दर पर निर्भर करती है। प्राथमिक उत्पादकता दो प्रकार की होती है—

(क) **सकल प्राथमिक उत्पादकता**—रासायनिक संश्लेषण या प्रकाश संश्लेषण क्रिया से प्राथमिक पौधों द्वारा उत्पन्न जैव पदार्थों/ऊर्जा को सकल प्राथमिक उत्पादकता कहा जाता है।

(ख) **शुद्ध प्राथमिक उत्पादकता**—प्राथमिक उत्पादकता पौधों द्वारा आत्मसात् जैव पदार्थ या ऊर्जा में से कुछ भाग श्वसन क्रिया द्वारा नष्ट हो जाता है। इस तरह श्वसन क्रिया द्वारा नष्ट होने के बाद शेष बचे जैव पदार्थ या ऊर्जा को शुद्ध प्राथमिक उत्पादकता कहते हैं। यही अवशेष ऊर्जा एक पोषण स्तर से दूसरे पोषण स्तर को जाती है।

2. द्वितीयक उत्पादकता—द्वितीयक उपभोक्ता उपभोक्ताओं (जन्तुओं) द्वारा उत्पादित जैव पदार्थों की मात्रा को कहते हैं।

उत्पादकता को प्रभावित करने वाले कारक

1. **जैविक पोषण**—इसके अंतर्गत चराई, पृथ्वी सतह के नीचे व ऊपर के परभक्षक, परजीवी, शाकाहारी जीव, प्राथमिक उत्पादकों में रोग आदि उत्पादकता को प्रभावित करते हैं।
2. **खनिज पोषण**—मिट्टी से खनिज ग्रहण, खारापन, अग्नि प्रभाव, भारी धातुएँ, नाइट्रोजन उपापचयन भी उत्पादकता को प्रभावित करते हैं।
3. **सौर्य विकिरण**—प्राथमिक उत्पादक हरे पौधों को सुलभ होने वाली सौर्य ऊर्जा की मात्रा उत्पादकता को प्रभावित करती है।
4. **आर्द्रता**—इसके अंतर्गत पत्ती में वर्तमान मिट्टी की आर्द्रता, जल, वर्षा वाष्पोत्सर्जन आदि उत्पादकता को प्रभावित करते हैं।
5. **मानव जनसंख्या का प्रभाव**—जैसे विभिन्न प्रकार के प्रदूषण उत्पादकता को प्रभावित करते हैं।

उत्पादकता : वितरण

विश्व के अनेक भागों में स्थित स्वच्छ जल, घास तथा वन पारिस्थितिक तंत्र में उत्पादकता में विभिन्नता मिलती है। विश्व के मानचित्र पर जल व स्थल क्षेत्रों की उत्पादकता को प्रदर्शित किया। उसके अनुसार सबसे ज्यादा उत्पादकता उष्ण आर्द्र वनों और आर्द उष्ण प्रदेशों के थल क्षेत्रों में पाई जाती है। समुद्री क्षेत्रों में सर्वाधिक उत्पादकता 45 से 60 अक्षांशों के मध्य उत्तरी और दक्षिणी दोनों गोलार्द्धों में मिलती है।

1959 में ई. पी. ओडम द्वारा विश्व की निम्नलिखित उत्पादकता प्रदेशों में विभाजित किया है—

(क) **मध्यम पारिस्थितिक उत्पादकता प्रदेश**—इसका विस्तार अगाध सागरीय क्षेत्रों, मरुस्थलों, बंजर भूमियों, हिमाच्छादित ध्रुवीय आदि में मिलता है।

निम्न सारणी द्वारा डी. वाट्स ने सकल प्राथमिक उत्पादकता को दिखाया है—

प्राकृतिक वनस्पति समुदाय समुद्र तथा झील क्षेत्र	*सकल प्राथमिक उत्पादकता (शुद्ध जैव पदार्थ/ वर्गमीटर/ वर्ष)*
उष्ण कटिबन्धीय पर्वतीय वन	6000
उष्ण कटिबन्धीय सदाबहार वन	3000-3700

उपोष्ण पर्णपाती वन	2450
स्टेपी मैदान	1800
प्रेयरी	1200
टैगा	950
शुष्क संवाना	440
टुंड्रा	180
वीरान मरुस्थल	110
घास आछादित दलदल	7880
गंगा तटीय जल	5600
प्रवाल वलय	4900
शुद्ध झीलें	1500
मिश्रित जल क्षेत्र	600
खुला समुद्र	100

(ख) उच्च पारिस्थितिक उत्पादकता प्रदेश—इसका विस्तार उथले जलीय क्षेत्र, उष्ण व शीतोष्ण आर्द्र वन, नदी बाढ़ तथा गहरी कृषि वाले क्षेत्रों में पाया जाता है।

सारणी से स्पष्ट है कि उष्ण कटिबंधीय पर्वतीय वनों तथा उष्ण कटिबंधीय सदाबहार वनों में सबसे ज्यादा उत्पादकता पाई जाती है जिसका कारण इस प्रदेश में ज़्यादा ऊर्जा तथा वर्ष भर आर्द्रता का पाया जाना है। उपोष्ण तथा शीतोष्ण कटिबंधीय वनों की ओर उत्पादकता घटती जाती है। टुंड्रा और वीरान मरुस्थल में बहुत कम उत्पादकता होती है।

जल क्षेत्रों में सबसे ज्यादा उत्पादक घास आच्छादित दलदली क्षेत्रों तथा गन्दा जल वाले समुद्रतटीय भागों में पाई जाती है। प्रवाल वलय वाले समुद्री भागों में ज्यादा उत्पादकता मिलती है जिसका कारण वहाँ शैवाल (एलगी) का पाया जाना है। खुले समुद्रों में काफी कम उत्पादकता मिलती है।

मनुष्य निर्मित पारिस्थितिक तंत्रों जैसे कृषि क्षेत्रों में सबसे ज्यादा शुद्ध प्राथमिक उत्पादकता पाई जाती है। इसका क़ारण यह है कि वहाँ प्राकृतिक ऊर्जा के साथ-साथ मानव द्वारा कृत्रिम ऊर्जा प्रदान की जाती है। यही वजह है कि जावा

के गन्ना क्षेत्रों में 9400 और संयुक्त राज्य अमेरिका के मक्का क्षेत्रों में 2500 से 4000 शुष्क जैव पदार्थ प्रतिवर्ष प्रतिवर्ग मीटर उत्पन्न होता है।

ऊर्जा प्रवाह पारिस्थितिक तंत्र में

ऊर्जा जीवन का आधार होता है। इसके बिना किसी भी जीवन की कल्पना नहीं की जा सकती है। ऊर्जा ही कार्यक्षमता प्रदान करती है। एक वाइरस तथा बैक्टीरिया से लेकर बड़े-बड़े पेड़ों तथा अन्य जीवों तक सभी को उपाचयन क्रियाओं यथा पाचन श्वसन, प्रजनन, शारीरिक वृद्धि, पोषक तत्वों तथा जल का ग्रहण श्वदन, बैक्टीरिया द्वारा नाइट्रोजन का स्थिरीकरण, वियोजन खनिजीकरण इत्यादि के लिए ऊर्जा की जरूरत होती है।

ऊर्जा का प्रमुख सूर्य स्रोत है। सूर्य की सतह पर 6000 से. ग्रे. ताप प्राप्त होता है। यह ऊर्जा विकिरण द्वारा सूर्य के चारों तरफ फैलती है। इस विकिरण का 1/2,000,000,000 (दो अरबवाँ भाग) पृथ्वी के लिए आता है। लेकिन ऊर्जा का यह कम भाग पृथ्वी के लिए आता है। लेकिन यह ऊर्जा भाग पृथ्वी पर जीवन के लिए पर्याप्त है। प्रकाश संश्लेषण द्वारा हरे पौधे सौर्य ऊर्जा को ग्रहण करते हैं और रासायनिक ऊर्जा में परिवर्तित कर देते हैं। यही संगृहीत ऊर्जा एक जीव से दूसरे जीव को भोजन के रूप में पहुँच जाती है।

ब्रह्माण्ड विकिरण भूतापीय एवं जीवाश्म खनिजों जैसे कोयला, पेट्रोलियम इत्यादि के भण्डारों से मुक्त ऊर्जा अन्य गौण ऊर्जा स्रोत हैं।

ऊर्जा के विभिन्न प्रकार

1. विकिरण ऊर्जा—लघु तरंगों के रूप में सूर्य आने वाली ऊर्जा को विकिरण ऊर्जा कहते हैं। विकिरण ऊर्जा का आंशिक भाग प्रकाश ऊर्जा है।

2. ताप ऊर्जा—शीघ्र ही प्रकाश ऊर्जा ताप ऊर्जा में बदल जाती है। जैसा कि खुले सूर्य से देखा जाता है कि प्रकाश तरंगें पृथ्वी पर पहुँचकर ताप ऊर्जा में बदल जाती हैं। इसी ताप ऊर्जा से वायुमंडल गरम होता है।

3. रासायनिक ऊर्जा—पौधे प्रकाश ऊर्जा को ग्रहण करते हैं और उसे रासायनिक ऊर्जा में परिवर्तित करके एक जीव से दूसरे जीव तक कई पोषण स्तरों से होकर पहुँचाते हैं।

4. यांत्रिक ऊर्जा–सौर्य ऊर्जा जो वाष्प में निहित होती है को यांत्रिक ऊर्जा कहते हैं। यह ऊर्जा दो प्रकार की होती है–

(क) गतिज ऊर्जा–जब संचित ऊर्जा स्वतंत्र रूप में बदल जाती है तो उसे गतिज ऊर्जा या उपयोगी ऊर्जा कहते हैं।

ऊर्जा का एक दिशोन्मुख प्रवाह किसी भी पारिस्थितिक तंत्र में होता है अर्थात् एक बार ऊर्जा का उपयोग हो जाने पर वह दुबारा उपयोग के लिए उपलब्ध नहीं हो पाता है। जैवमण्डल में भंडारण, ऊर्जा का जनन, निरन्तर के लिए उपलब्ध नहीं हो पाती है। जैवमण्डल में ऊर्जा का जनन, भण्डारण, निरन्तर प्रवाह तथा अनेक रूपों में रूपान्तरण होता रहता है। ऊष्मा के रूप में वायुमंण्डल में इसका क्षय होता रहता है। जीवमण्डलीय पारिस्थितिक तंत्र में ऊर्जा का प्रवाह ऊष्मा गतिकी के निम्नलिखित दो नियमों पर आधारित है–

प्रथम नियम के अनुरूप ब्रह्माण्ड में ऊर्जा की मात्रा स्थिर रहती है। यह एक रूप से दूसरे रूप में परिवर्तित हो सकती है। लेकिन इसका न तो सृजन किया जा सकता है और न तो विनाश जब प्रकाश ऊर्जा वायुमण्डल से गुजरती है तो उसका न तो सृजन किया जा सकता है और न तो नष्ट ही किया जा सकता है। लेकिन इसे ऊर्जा के अन्य रूपों जैसे ताप ऊर्जा, रासायनिक ऊर्जा आदि में परिवर्तित किया जा सकता है।

द्वितीय नियम के अनुसार जब ऊर्जा का एक रूप से दूसरे रूप में परिवर्तन होता है तो कुछ ऊर्जा की हानि होती है। इस प्रकार परिवर्तन के बाद कार्य करने की ऊर्जा क्षमता घट जाती है। ऊर्जा का प्रवाह ऊँचे स्तर से निचले स्तर की ओर होता है।

(ख) स्थितिज ऊर्जा–स्थिति ऊर्जा को संचित ऊर्जा भी कहते हैं। यह ऊर्जा संचित रहती है।

ऊर्जा का प्रवाह

ऊर्जा का प्रमुख स्रोत सूर्य है। विकिरण सौर्य ऊर्जा को पौधे अपनी हरी पत्तियों के द्वारा ग्रहण करते हैं और प्रकाश संश्लेषण विधि से इस ऊर्जा को रासायनिक ऊर्जा या आहार ऊर्जा में परिवर्तित कर देते हैं। रासायनिक ऊर्जा से उनके शरीर के अंगों की रचना होती है। प्रत्येक पौधे स्वपोषी जैव संघटक हैं इन्हें ही उत्पादक भी कहते हैं। उत्पादकों द्वारा उत्पादित भोज्य सामग्री का उपयोग करने वाले जीवों को उपभोक्ता

जीव कहते हैं। इसके अंतर्गत आने वाले शाकाहारी जीव उत्पादकों को आहार बनाते हैं। जिससे ऊर्जा उपभोक्ताओं को प्राप्त होती है। उपभोक्ता जीव कई प्रकार के होते हैं प्राथमिक उपभोक्ता, जैसे—चूहे, हिरन, गाय, खरगोश, आदि उत्पादकों का आहार कर ऊर्जा प्राप्त करते हैं। द्वितीयक उपभोक्ता यथा भालू, कौआ, साँप बिल्ली, आदि प्राथमिक उपभोक्ताओं को भोजन बनाकर ऊर्जा प्राप्त करते हैं। तृतीयक उपभोक्ता जैसे चीता, शेर, गिद्ध इत्यादि प्राथमिक और द्वितीयक उपभोक्ता जीवों का भोजन करके ऊर्जा प्राप्त करते हैं। उत्पादक व उपभोक्ता जीवों के मरने के बाद वियोजक और रूपान्तरक जीव यथा बैक्टीरिया, फंजाई इत्यादि मृत जीवों का वियोजन व रूपान्तरण करते हैं तथा ऊर्जा प्राप्त करते हैं। कुछ ऊर्जा मृत जीवों की ऊर्जा में से वायुमंडल में वापस चली जाती है तथा शेष ऊर्जा मिट्टी व पर्यावरण में मिल जाती है। मिट्टी से पौधे में ऊर्जा का प्रवाह होता रहता है। लेकिन ऊर्जा का प्रवाह एक पोषण स्तर से दूसरे पोषण स्तर तक घटती दर से होता है। उपापचय द्वारा भी ऊर्जा का नाश होता है।

6

मिट्टी एवं पारिस्थितिक तंत्र

मिट्टी शब्द की उत्पत्ति लैटिन शब्द Solum से हुई है जिसका अर्थ है भूपृष्ठीय पदार्थ जिसमें पौधे उठते हैं।

भूपटल के उस भाग में जहाँ जीवांश पाए जाते हैं, मिट्टी कहते हैं।

जर्मन मिट्टी वैज्ञानिक **रमन** के अनुसार 'मिट्टी ठोस पटल की अपक्षय जन्य ऊपरी परत है।'

प्रसिद्ध रूसी मृदा वैज्ञानिक डोकुचेव (1889) के अनुसार 'मिट्टी मौलिक शैलों की क्रियाओं व उनके पारस्परिक प्रभावों, उच्चावच, जलवायु, पौधों, जन्तुओं और स्थल की आयु का प्रतिफल है।'अमेरिका मिट्टी विशेषज्ञ **डॉ. एच. एच. बैनेट** का कहना है कि 'मिट्टी पृथ्वी की सतह पर असंगठित पदार्थों की परत है जो शैलों और जैव पदार्थों के क्षय व विघटन से निर्मित होती है।'

आर. एफ. डाबेनमायर के शब्दों में 'भूपटल के ऊपरी भाग को जिसमें पौधे खड़े होते हैं, मिट्टी कहते हैं।'

निम्न सूत्र के द्वारा इस परिभाषा को व्यक्त किया जा सकता है– $S = (g., e., h.) = \Delta t$ जहाँ S = Soil मिट्टी g = Geology भू-गर्भ, e = Environment पर्यावरण, b = Bilological influences जैविक प्रभाव ------- आयु।

महत्त्व

सर्वाधिक महत्वपूर्ण पारिस्थितिक कारकों में मिट्टी एक है। यह एक आधारभूत संसाधन है। इसके महत्त्व निम्नलिखित हैं–

(1) प्राचीन काल में सभ्यताओं का विकास उपजाऊ मिट्टी क्षेत्रों में हुआ था।

(2) विश्व के विकसित देश उपजाऊ मिट्टी वाले देश हैं।

(3) पौधे अपने पोषण, जलापूर्ति और खड़े होने के लिए मिट्टी पर निर्भर करते हैं।

(4) मानव जीवन के लिए आवश्यक खनिज व तत्त्व किसी न किसी रूप में मिट्टी से प्राप्त होते हैं।

(5) खेती मिट्टी में की जाती है जिस पर सम्पूर्ण मानव जीवन निर्भर करता है।

(6) मनुष्य सहित जन्तु, पौधे, सभी मिट्टी में उत्पन्न वनस्पतियों पर निर्भर करते हैं।

(7) मार्सडन-जोन्स तथा टरील (1944) ने विभिन्न प्रकार की मिट्टियों में पौधों को उगाया और निष्कर्ष निकाला कि 'मिट्टी पौधों के अंकुरण आकार व खड़ा होने, पौधों के अंगों में ताकत, तनों में मोटापा, जहाँ की गहराई सूखा व पाला सहने की शक्ति, प्रति पौधे की संख्या और फूल लगने के समय को प्रभावित करती है।'

संघटक

(क) खनिज कण—मिट्टी के निर्माण में खनिज की बड़ी भूमिका होती है। मिट्टी खनिज अंश मौलिक शैलों से प्राप्त करती है। इसमें खनिज अंश में विभिन्न आकार वाले कणों, यथा—चीका, बजरी, कंकड़ आदि रूपों में हो सकते हैं। मृदा मण्डल में ऊपर से नीचे की ओर खनिजों का आकार बढ़ता जाता है। मृदा में खनिजों का निर्माण पुनः निर्माण तथा विघटन होता रहता है। मिट्टी में नाइट्रोजन, ऑक्सीजन, फॉस्फोरस आदि तत्व यौगिकों दशाओं में मिलते हैं। मिट्टी में नाइट्रोजन वायुमण्डल से प्राप्त होता है।

(ख) जीवांश—जीवांश की प्राप्ति मिट्टी में पौधों तथा जन्तुओं के मृतावशेषों से प्राप्त होती है। जब पौधे-पशु आदि मरते हैं तो उनके मृत शरीर पर सूक्ष्म बैक्टीरिया आक्रमण कहता है और उन्हें वियोजित करके जैव यौगिकों में बदल देते हैं जिसे ह्यूमस कहलाता है हाइड्रोजन, कार्बन, सल्फर, ऑक्सीजन, नाइट्रोजन आदि ह्यूमस के प्रधान तत्व हैं। इसमें फासफोरिक अम्ल, कार्बोहाइड्रेट, फैट्स, यूरिया आदि प्रमुख यौगिक मिलते हैं। इसमें अकार्बनिक पदार्थ, यथा—चूना, पोटाश आदि मौजूद होते हैं।

मिट्टी निर्माण प्रक्रिया

अपक्षय और मिट्टी निर्माण प्रक्रिया के साथ-साथ चलते रहने के कारण विघटित व वियोजित शैल पदार्थ पूर्ण विकसित मिट्टी में बदल जाते हैं जिसमें विशिष्ट

मिट्टी पार्श्विका का भी निर्माण हो जाता है। भूपटल तथा अधः स्थित मूल शैल के ऊपरी भाग के बीच स्थित मृदा मण्डल के लम्बवत स्तरों को मिट्टी पार्श्विका कहते हैं। निम्नलिखित तीन स्तर मिट्टी पार्श्विका में पाए जाते हैं–

(क) 'अ' स्तर–यह सबसे ऊपरी परत है। यह खनिज पदार्थों व जैव अवशेषों का बना होता है। यह स्तर ढीला रहता होता है। इसी में वनस्पतियाँ उगती हैं। यह उपजाऊ होता है। इसकी मोटाई 1/3 मीटर से लेकर 3 मीटर तक होती है। रंग व ग्रंथन के आधार पर इसमें AOO, AO, A1, A2, A3 आदि उप स्तर होते हैं।

(ख) 'ब' स्तर–'अ' स्तर के नीचे वाले मृदा स्तर को 'ब' स्तर कहा जाता है। इसमें अपक्षित पदार्थ तथा खनिज एकत्रित होते जाते हैं। इसमें जैव पदार्थ अल्प होता है। रंग तथा ग्रंथन के आधार पर इस स्तर को B1, B2, B3 आदि उप स्तरों में बाँटा जाता है।

(ग) 'स' स्तर–'स' स्तर 'ब' स्तर के नीचे पाया जाता है इसको आवरण प्रस्तर मंडल भी कहा जाता है। यह नव अपक्षयित पदार्थों का बना होता है। ये पदार्थ ढीले तथा असंगठित होते हैं। इस स्तर की विशेषताएँ मूल शैली की संरचना पर आधारित होती हैं। इसे ग्ले परत भी कहते हैं।

(घ) 'द' स्तर–कुछ विद्वानों ने 'स' स्तर के नीचे के स्तर को 'द' स्तर नाम दिया है यह स्तर संगठित दृढ़ तथा स्थिति में होता है। इसमें शैलें सक्रिय अपक्षय की दशा में रहती हैं।

मृदा स्तर के विकास में निम्नलिखित मृदा निर्माणकारी कारकों का विशेष योगदान होता है –

(1) विनिक्षेपण–'अ' स्तर के अपवहित घुलनशील एवं बारीक खनिज व जैव पदार्थों के कणों का 'ब' स्तर के निक्षेपण की क्रिया को विनिक्षेपण कहते हैं।

(2) अपवहन–जब नीचे की ओर जल का रिसाव होता है तब 'अ' के स्तर के जैविक एवं खनिज पदार्थों के बारीक कण जल के साथ नीचे की ओर चले जाते हैं। यह प्रक्रिया अपवहन कहलाती है इन बारीक कणों के नीचे की ओर चले जाने के कारण ऊपरी परत में मोटे कण वाले पदार्थ ही शेष रह जाते हैं। अपवहन क्रिया को अपक्षालन की क्रिया भी कहते हैं।

(3) ह्यूमस भवन–पौधों की पत्तियों के ढेर का 'अ' स्तर में संचयन होता रहता है। इन जैविक पदार्थों के वियोजन से ह्यूमस की उत्पत्ति होती है। मृदा में ह्यूमस

निर्माण की प्रक्रिया को ह्यूमस भवन कहा जाता है, ह्यूमस और जैव यौगिकों अपक्षापित शैली के सूक्ष्म कणों के साथ मिश्रित हो जाते हैं।

ताप एवं नमी की मात्रा में अंतर के कारण मृदा स्तर के विकास में निम्नलिखित प्रक्रियाएँ भी कार्य करती हैं–

1. ग्लेइजेशन–टुंड्रा प्रदेश में यह प्रक्रिया घटित होती है जहाँ खारापन नहीं पाया जाता है। यहाँ मिट्टी निर्माण काफी मन्द होती है क्योंकि अत्यधिक शीत के कारण पौधों तथा जीवावशेषों का विघटन शीघ्र नहीं हो पाता है। इस प्रक्रिया में सघन संरचना विहीन पतली सतही परत विकसित होती है। इस परत का रंग नीला हरा होता है तथा वायु का अभाव होता है।

2. कैल्शीकरण–मध्य अक्षांशीय घास क्षेत्रों में वर्षा जल के साथ चूना अंश नीचे चला जाता है। घास की जड़े इस चूने से कैल्शियम प्राप्त करके मिट्टी की ऊपरी परत में छोड़ती हैं। मृदा के किसी स्तर विशेषकर 'स' में कैल्शियम में जमाव को कैल्शीकरण कहते हैं।

3. लैटराइजेशन–उष्ण तथा उपोष्ण प्रदेशों में तापमान व वर्षा की अधिकता के कारण अपक्षय क्रिया तेज होती है तथा मृदा निर्माण प्रक्रिया वर्ष भर निर्बाध रूप से चलती रहती है। इन भागों में मूसलाधार वर्षा के कारण जल का नीचे की ओर तेज रिसाव होता है जिसके साथ 'अ' स्तर के कुछ खनिज व जैव पदार्थों के बारीक कण नीचे की ओर चले जाते हैं। इस क्रिया को अपक्षालन कहते हैं। अपक्षालन के कारण आर्द्र प्रदेशों की मिट्टी उपजाऊ नहीं होती है तथा 'अ' स्तर में सिर्फ एल्युमीनियम और लोहे के हाइड्रो आक्साइड्स शेष रह जाते हैं जिन्हें लेटराइट कहते हैं और इस सम्पूर्ण प्रक्रिया को लैटराइजेशन कहते हैं।

4. ल्यूसीनाइजेशन–'अ' स्तर में मिट्टी का रंग इस क्रिया के कारण हल्का होता है।

5. पाडजोलाइजेशन–शीतोष्ण प्रदेशों में शीतल तथा नम जलवायु के कारण जैव पदार्थों के वियोजन की क्रिया धीमी होती है। वियोजन क्रिया में कुछ अम्ल उत्पन्न हो जाते हैं जो मिट्टी को अम्लहय बना देते हैं। अम्लीय अनुत्पादक मिट्टी को पाडजोल तथा इस प्रक्रिया को पाडजोलाइजेशन कहते हैं।

6. सघनीकरण–इस क्रिया से मृदा में वर्तमान वायु कम होती है या निकल जाती है तथा मिट्टी ठोस हो जाती है।

7. कोशिका क्रिया—मरुस्थलीय अर्द्ध मरुस्थलीय भागों में अधिक शुष्कता के कारण भूमि के अन्दर का पानी ऊपर आता है। जिसके साथ चूने का अंश मिला रहता है। जल वाष्पीकरण के उपरांत चूना मिट्टी में रह जाता है इस क्रिया को कोशिका क्रिया कहते हैं।

8. मेलानाइजेशन—अल्प आर्द्रता वाले प्रदेशों में यह क्रिया सम्पन्न होती है जहाँ जैव पदार्थों से निर्मित ह्यूमस जल के साथ 'अ' स्तर में मिश्रित हो जाता है। इस क्रिया से मृदा परिच्छेदिका के किसी भाग का रंग गाढ़ा या गहरा हो जाता है।

9. कठोरीकरण—मृदा परिच्छेदिका का कोई भाग इस क्रिया से कठोर हो जाता है और कठोर पटल का निर्माण होता है।

उपर्युक्त तथ्यों से स्पष्ट है कि मिट्टी की उत्पत्ति व निर्माण तथा विभिन्न मृदा स्तरों का विकास अपक्षय तथा मृदा निर्माणकारी प्रक्रियाओं का संयुक्त रूप से प्रतिफल है।

मिट्टी के निर्माण में प्रभावकारी कारक

1941 में एच जेनी ने कहा था, 'मिट्टी जलवायु जीवों, उच्चावचनों, मौलिक शैल पदार्थों तथा समय का प्रतिफल है।' इस तथ्य को उन्होंने निम्नलिखित समीकरण द्वारा व्यक्त किया है जो मृदा निर्माण को प्रभावित करने वाले कारक हैं।

S = f (cl, o, r, p, t........)

S = Soil मिट्टी

f = is founction of प्रतिफल है

cl = climate जलवायु

O = Orgaonisms जीव

r = Relief उच्चावचन

P = Parent rock materials मौलिक शैल पदार्थ

t = time समय

(1949) **में जेफे** द्वारा मिट्टी निर्माण को प्रभावित करने वाले कारकों को (1) सक्रिय (2) निष्क्रिय कारकों में विभक्त किया है और उन्हें पुनः उपवर्गों में विभाजित किया है जो निम्न प्रकार से है—

1. जलवायु—जलवायु का मिट्टी निर्माण में प्रत्यक्ष व अप्रत्यक्ष दोनों प्रकार का प्रभाव पड़ता है। उच्च तापमान व उच्च आर्द्रता वाले भागों में मिट्टी तीव्र होती है जबकि न्यून वर्षों व न्यून सापेक्षिक आर्द्रता वाले भागों में मिट्टी निर्माण क्रिया मन्द होती है। वायु द्वारा तेज होता है। मृदा में जल की मात्रा वर्षा तथा हिम से उत्पन्न जल की मात्रा तथा जल के अन्तः संचरण पर निर्भर करती है। जलवायु के कारण मौलिक अपक्षय होता है। तापमान भौतिक, रासायनिक तथा जैविक क्रियाओं को प्रभावित करता है।

2. जैव कारक—मृदा निर्माण को प्रभावित करने वाले जैव कारकों के अंतर्गत वनस्पति, मानव सहित जन्तु और सूक्ष्म जीवों को रखा जाता है। जैव कारकों से जैव तत्व प्राप्त होते हैं जिससे मिट्टी उपजाऊ होती है तथा उसका अपरदन भी कम होता है। मिट्टी में जैव पदार्थों तथा नाइट्रोजन में विभिन्नता वनस्पतियों तथा जीव जन्तुओं की बहुलता तथा सक्रियता से मिलती है। बिलकारी जीव नीचे की मिट्टी को ऊपर करते हैं जिससे मृदा स्तर विकास प्रभावित होता है। पौधों की विशेषताएँ मिट्टी के गुणों तथा विशेषताओं को प्रभावित करती हैं। पौधों की पत्तियों से मृदा की रासायनिक विशेषताएँ निश्चित होती हैं पौधों की जड़ें मिट्टी को संगठित उन्हें बाँधे रहती है जिससे अपरदन कम होता है। मनुष्य के विभिन्न क्रियाकलापों जैसे खेतों की जुताई, मिट्टी में उर्वरक देना, कृषि करना, सिचाई, नदी भूमि अवाप्त करना आदि भी मिट्टी निर्माण को प्रभावित करते हैं।

3. मूल शैल की प्रकृति—मिट्टी का निर्माण मूल शैल के अपक्षय से होता है। इसलिए मूल शैल में जिस खनिज का आधिक्य होता है, उससे निर्मित मिट्टी में उस खनिज का बाहुल्य होता है। मिट्टी में कणों का आकार मूल शैल के कणों की विशेषताओं पर आधारित होता है। अपक्षयित पदार्थों में मृत्तिका की अधिक मात्रा होने पर मिट्टी का निर्माण क्रिया प्रभावित होती है। जिन मूल शैलों में ग्रेनाइट जैसी कठोर शैलें होती हैं, वहाँ मिट्टी निर्माण क्रिया मन्द होती है। मौलिक शैल में बालू का आधिक्य मिट्टी के निर्माण की गति को धीमी कर देता है। व विकास पर मौलिक शैलों की अपेक्षा जलवायु का प्रभाव ज्यादा दिखता है। यह मिट्टी ढीलापन, ग्रंथन, उपजाऊपन, सामान्य ढाल और उपयुक्त जलवायु के कारण विश्व का सबसे मुख्य गेहूँ उत्पादक क्षेत्र है।

4. प्रेयरी मिट्टी—इसका रंग गहरा भूरा होता है। इसमें भूरी वन मिट्टी तथा चेरनोजेम मिट्टी के बीच की दशाएँ पाई जाती हैं। यह मौसमी वर्षा वाले महाद्वीपों के

आंतरिक भागों में 60 से.मी. से 100 से. मी. वार्षिक वाले क्षेत्रों में पाई जाती है। अपक्षालन क्रिया की यह विशेषता है कि कैल्शियम अंश हट नहीं पाता है तथा कैल्शियम अंश का संचयन भी नहीं होने पाता है। इसमें लम्बी घासों के उगने के कारण ह्यूमस की मात्रा ज्यादा होती है। यह मिट्टी पूर्वी यूरोप व यू. एस. ए. में दक्षिण मिनेसोटा से ओक्लाहामा के बीच पाई जाती है।

5. चेस्टनट मिट्टी—वास्तव में यह चेरनोजेम मिट्टी ही है जो अपेक्षाकृत अधिक शुष्कता के कारण संशोधित हो गई है। यह मिट्टी 20 से 25 से. मी. वर्षा वाले विरंरे शुष्क स्टेपी प्रदेश में पाई जाती है। यह ढीली चूर्ण बनने योग्य तथा ज्यादा ह्यूमस अंश वाली होती है। इससी वजह यह है कि इसमें मोटी घासें उगती हैं तथा कम वर्षा के कारण अपक्षालन क्रिया कठिनाई से हो पाती है। यह शुष्क स्टेप्स प्रदेशों में पाई जाती है। इसका विस्तार रूस के चेरनोजेम मिट्टी क्षेत्र के दक्षिण भाग, हंगरी, रूमानियां, तथा संयुक्त राज्य अमेरिका के ऊँचे मैदान और दक्षिणी अफ्रीका के वेल्ड क्षेत्र व पम्पास (अर्जेन्टाइना) के शुष्क भागों में पाई जाती है।

6. शीतल मरुस्थलीय मिट्टी—इसे कभी-कभी सेरोजेम मिट्टी भी कहते हैं। यह मध्य अंक्षाशों की तुलना ज्यादा शुष्क क्षेत्रों में पाई जाती है। न्यून वर्षा के कारण इसमें जैविक मात्रा अल्प होती है तथा इसका अपक्षालन भी कम ही होता है। इसकी ऊपरी परत हल्की भूरी होती है और नीचे की ओर भूरी होती जाती है। यह मिट्टी रूस के सुदूर दक्षिणी ज्यादा भाग पर कैस्पियन सागर में पूरब तथा पश्चिमी संयुक्त राज्य अमेरिका के भागों पर मिलती है। कम अपक्षालन क्रिया के कारण इस मिट्टी में पौधों के लिए खाद्य पदार्थ अधिक पाया जाता है। सिंचाई की उत्तम व्यवस्था हो जाने पर यह मिट्टी अधिक उपजाऊ हो सकती है। सोवियत रूस की अधिकांश कपास इसी मिट्टी में उगाई जाती है।

7. लैहराइट्स—उष्ण प्रदेशों में उच्च्व तापमान, उच्च आर्द्रता तथा वाष्पीकरण के कारण रासायनिक अपक्षय अधिक होने के कारण इस मिट्टी की उत्पत्ति होती है। मूल रूप से कुछ ही गहराई तक शैलों का विघटन सीमित रहता है लेकिन कभी-कभार विघटन की क्रिया 30 मीटर की गहराई तक भी होती है। लौह यौगिकों की अधिकता के कारण लैटराइट्स का रंग लाल होता है। उष्ण प्रदेशों में रंग के आधार पर इसे पीली भूरी मिट्टी, लाल मिट्टी, तथा भूरी उष्ण प्रदेशीय मिट्टी आदि वर्गों में विभाजित किया जाता है। अफ्रीका में इस मिट्टी समूह को (1) फेरालिटिक मिट्टी, (2) फेरीसाल, मिट्टी, (3) लौह युक्त मृत्तिका और वर्टीसाल में बाँटा गया है। उष्णार्थ प्रदेश की

लैटोसोल मिट्टी अमेजन तथा जैरे बेसिन, ब्राजील केप पूर्वी तट, मध्य अमेरिका, पूर्वी मालागासी और हिन्देशिया में पाई जाती है। जबकि आर्द्र शुष्क प्रदेश की यह मिट्टी ब्राजील के सवाना पठार, गयाना, दक्षिणी दकन, पूर्वी अफ्रीका, श्री लंका, वर्मा व वियतनाम में मिलती है। इसमें अपक्षालन क्रिया होने के कारण मिट्टी उपजाऊ हो जाती है। लेकिन विभिन्न प्रकार के उर्वरकों का प्रयोग कर कृषि की जा सकती है।

8. उष्ण प्रदेशीय काली मिट्टी—यह उष्ण प्रदेश की मिट्टी का एक प्रकार है जो भारी वर्षा और उच्च तापमान के कारण अपक्षय द्वारा निर्मित होती है। मौलिक शैल बेसाल्ट के अपक्षय से बनी इस मिट्टी को बैसीसाल कहते हैं। बेसाल्ट शैल में टिटेनियम नमक ज्यादा होने के कारण इसका रंग काला होता है। शुष्क ऋतु में जुताई करने पर यह गहरी भूमि या काली मिट्टी बन जाती हैं तथा आसानी से धूलि कणों में बदल जाती है जिसमें गहरी दरारें होती हैं। आर्द्र मौसम में यह प्लास्टिक जैसी और कभी-कभी चिपचिपी हो जाती है। यह मिट्टी भारत के कपास उत्पादक क्षेत्र—केन्या, मोरक्को, उत्तरी अर्जेन्टाइना तथा पश्चिमी द्वीप समूह के लघु क्षेत्र में पाई जाती है।

मरुस्थलीय लाल मिट्टी—इस प्रकार की मिट्टी उष्ण मरुस्थलीय में मिलती है। इसका रंग लाल भूरा होता है। इसमें मुख्य रूप से बालू का गठन मिलता है और अपक्षालन क्रिया के अभाव में नमक अंश ज्यादा मिलता है।

(ख) अन्तःमण्डलीय मिट्टियाँ

1. चरागाह/बाँगर मिट्टी—यह मिट्टी, नदी बाढ़ के मैदानों में जहाँ काँप व कीचड़ का वृहद निक्षेप मिलता है तथा जहाँ अंशतः वनस्पतियों में उगती हैं। इसकी ऊपरी परत जैव पदार्थों से युक्त गहरी होती है।

2. फेन पीट मिट्टी—जल प्लावित क्षेत्र को फेन कहते हैं जहाँ पीट का निक्षेपण होता है। लेकिन इसकी तली वाला जल क्षारीय होता है जिससे पीट अम्लीय नहीं हो पाता। यह मिट्टी इंग्लैंड के फेनलैंड में मिलती है। यह मिट्टी, चूना, पत्थर या क्षारीय नमक से प्राप्त चूर्णों के जल वाले क्षेत्रों में निक्षेपण से बनती है।

3. सोलोन चक्र—यह मिट्टी काफी ज्यादा वाष्पीकरण वाले उष्ण मरुस्थलों तथा महाद्वीपों के ढंडे आन्तरिक भागों में पाई जाती है। लवण घोल ऐसे भागों में कोशिका क्रिया द्वारा ऊपर आता है। जिससे ऊपरी पपड़ी भूरी बनती है जिसके दानेदार लवण संतृप्त परत होती है। इस विशिष्ट लवण प्रधान मिट्टी को, सोलोन चक मिट्टी कहते हैं। इसमें सल्फेट व क्लोराइड जैसे घुलनशील लवण अधिक पाये जाते हैं।

4. सोलोनेट्ज मिट्टी—उष्ण मरुस्थलों व महाद्वीपों के ढंडे आन्तरिक भागों में जहाँ तुलनात्मक रूप से ज्यादा वर्षा होती है वहाँ कुछ सतहीय नमक मिट्टी का अपक्षालन होता है फलतः 'ब' स्तर में नमक नीचे चला जाता है। इसे सोलोनेट्ज मिट्टी कहते हैं।

5. रेन्डीजना मिट्टी—चूनेदार शैलों पर यह मिट्टी विकसित होती है। यह गहरे रंग वाली होती है। इसकी ऊपरी परत पर चूर्ण बनने योग्य दानेदार पदार्थ पाये जाते हैं। इसमें कैल्शियम कार्बोनेट अंश ज्यादा होता है। यह प्रवेश्य होती है। इस पर गेहूँ तथा विविध जौ की विविध किस्में उगाई जाती हैं। द. पू. इंग्लैंड में ऐसी ही मिट्टी पाई जाती है।

6. लाल तथा भूरी भूमध्य सागरीय मिट्टी—यह लाल अवशिष्ट पदार्थों (टेरारोजा) जो चूना-पत्थर गर्तों पर संगृहीत होते हैं, पर विकसित होती है। यह स्पेन, द. फ्रांस, फ्रांस, उत्तरी इटली, माल्टा, यूगोस्लाविया का चूना पत्थर प्रदेश, उत्तरी ग्रीस आदि में पाई जाती है।

7. दलदली पीट मिट्टी—यह मिट्टी आर्द्र क्षेत्रों खासकर ऊँचे मूर लैंड्स पर पाई जाती है जहाँ पौधों के सड़ने-गलने से विकसित ह्यूमस अम्ल निष्क्रिय नहीं होता है। इसमें कृषि करने के लिए गहरी जुताई व सिंचाई की जरूरत होती है तथा इसमें बालू काँप के साथ पीट भी मिलाना पड़ता है। और चूनायुक्त बनाना होता है।

8. शुष्क पीट मिट्टी—यह मिट्टी हीथलैंडस पर काई रव लाइकेन के निक्षेप से विकसित होती है। यहाँ प्रबल अपक्षालन क्रिया होती है।

9. भूरी चूनेदार मिट्टी—भूरी चूनेदार मिट्टी जुरैसिक युगीन चूना पत्थर क्षेत्र पर विकसित हुई है। इंग्लैंड के स्काटलैंड्स पर ऐसी ही मिट्टी मिलती है।

(ग) अमण्डलीय मिट्टियाँ

1. समुद्री मिट्टी—समुद्र तटीय भागों में जलोत्पत्ति वाले पदार्थों के निक्षेप से यह मिट्टी बनती है। इसे सागरीय काँप मिट्टी भी कहते हैं। बेल्जियम, नीदरलैंड, जर्मनी और डेनमार्क के तटीय भाग के पोल्डर क्षेत्रों में पाई जाती है।

2. वायु निर्मित मिट्टी—इस मिट्टी को लोयस मिट्टी भी कहते हैं। यह वायु के निक्षेप से बनती है। सबसे पहले भू-गर्भ शास्त्री वान रिचथोफेन ने उत्तरी पश्चिमी-चीन की इस मिट्टी का अध्ययन किया था। यह पीले रंग तथा सूक्ष्म कणों वाली होती

है। इसमें प्रवेश्यता ज्यादा होती है। यह मिट्टी पश्चिमी यूरोप, मध्य पश्चिमी यूरोप, मध्य पश्चिमी अमेरिकी राज्यों तथा उत्तरी चीन में पाई जाती है।

3. पर्वतीय मिट्टी—ऐसी मिट्टी पर्वतीय ढालों या हिमोनदों पर पाई जाती है इसमें बड़े-बड़े शैल टुकड़े भी हो सकते हैं जो विघटित होते रहते हैं। ढालों पर कभी-कभी मिट्टी के सरकने से सूक्ष्म कणों वाली मिट्टी भी विकसित होती है।

4. हिमनदीय मिट्टी—यह मिट्टी हिमनद तथा हिमनद से उत्पन्न जलीय पदार्थों के निक्षेप से बनती है। उत्तरी गोलोर्द्ध में विस्तृत क्षेत्र पर यह मिट्टी पाई जाती है।

5. काँप मिट्टी—बाढ़ के समय नदी निक्षेप से यह मिट्टी निर्मित होती है। इसमें काँप बालू, तथा मृत्तिका अंश अधिक होता है। यह कृषि के लिए उत्तम होती है। विश्व के नदी बाढ़ मैदानों में यह मिट्टी मिलती है।

6. ज्वालामुखी मिट्टी—ज्वालामुखी क्रियाओं द्वारा राख लावा, आदि पदार्थों का निक्षेप होता है जो अपक्षय द्वारा विघटित व वियोजित होते हैं तथा जिन्हें वर्षा जल बहाकर ज्वालामुखी ढालों पर निक्षेपित करता है। इस प्रकार इस मिट्टी का निर्माण होता है। यह उपजाऊ होती है।

कृषि तथा खाद्य संगठन का मिट्टी वर्गीकरण

प्राकृतिक उर्वरता के आधार पर खाद्य व कृषि संगठन जिसके अनुसार विश्व में 15 प्रकार की मिट्टियाँ पाई जाती हैं जिनका संक्षिप्त विवरण निम्नलिखित है—

1. **कैम्बिसोल**—इस मिट्टी का सभी जगह बिखरा हुआ विस्तार मिलता है। इसमें विकसित पार्श्विका नहीं होती है।
2. **ग्लेसोल**—इस प्रकार की मिट्टी नदी घाटियों तथा समुद्र तटीय भागों में पाई जाती है।
3. **एक्रीसोल**—यह मिट्टी मानसूनी जलवायु प्रदेशों में पाई जाती है। इसमें कम पोषण स्तर होते हैं।
4. **फ्लूवियासाल**—इस प्रकार की मिट्टी नदी घाटियों के समुद्र तटीय भागों में पाई जाती है।
5. **फेरालसोल**—यह मिट्टी उष्णार्द्र प्रदेशों में पाई जाती है। इसका रंग लाल-पीला होता है।

6. **लीथोसाल**—यह मिट्टी कठोर शैलों के ऊपर पतली परत में पाई जाती है। इसमें कृषि उत्पादन समेत संभव नहीं होता है।

7. **वर्टीसोल**—यह मिट्टी समतल मैदानी भागों में मिलती है। यह चीका प्रधान होती है।

8. **हिस्टोसोल**—ऐसी मिट्टी नुकीली पत्ती वाले वन प्रदेशों में पाई जाती है।

9. **एक्लीरीसोल**—यह मिट्टी शुष्क तथा अर्द्ध शुष्क प्रदेशों में पाई जाती है।

10. **लूबीसोल**—विश्व के 17% क्षेत्रफल पर इस मिट्टी का विस्तार मिलता है। इसमें मध्यम ग्रंथन पाया जाता है।

11. **एरिनानोसोल**—यह बालू प्रधान मिट्टी होती है। यह ज्यादा अनुपजाऊ होती है।

12. **सोलोंनचक**—यह मिट्टी लवण प्रधान मिट्टी होती है। यह महाद्वीपों के आन्तरिक शीतल भागों तथा वाष्पीकरण वाले उष्ण मरुस्थलों में पाई जाती है।

13. **पाडजोल**—यह उष्ण व शीतोष्ण कटिबन्धों के आर्द्र जलवायु वाले क्षेत्रों में पाई जाती है।

14. **चेरनोजेम**—यह मिट्टी स्टेपी, प्रेयरी व काली मिट्टी क्षेत्रों में पाई जाती है।

15. **आर्मोसोल**—यह मिट्टी अतिशुष्क क्षेत्रों में मिलती है। यह फसल उगाने योग्य नहीं होती है।

मिट्टी उर्वरता तथा मिट्टी उत्पादकता

पौधों के विकास के लिए मिट्टी अत्यंत आवश्यक है। यह पौधों को पोषक तत्व प्रदान करती है। कुछ मिट्टियाँ उत्पादक होती हैं जो कम प्रयास के बावजूद भी प्रचुर मात्रा में पौधों को विकसित करती हैं जबकि कुछ मिट्टियाँ अनुत्पादक होती हैं। निम्नलिखित तथ्य मिट्टी की उत्पादकता के लिए आवश्यक होते हैं।

1. मिट्टी सरलतापूर्वक जोतने योग्य हो।
2. मिट्टी ऊर्वर होना चाहिए।
3. सभी आवश्यक तत्व पौधों के विकास के लिए मिट्टी में होने चाहिए।
4. इसमें पौधों को सँभालने की क्षमता होनी चाहिए।
5. इसमें पौधों के विकास के लिए जल व वायु धारण करने की क्षमता होनी चाहिए।

मिट्टी उत्पादकता तथा मिट्टी उर्वरता एक ही है लेकिन उनके अर्थों में थोड़ा अन्तर है। मिट्टी उर्वरता का आशय संतुलित मात्रा में और उपलब्ध रूप में पौधों के लिए आवश्यक पोषक तत्वों को प्रदान करने की क्षमता से है जबकि मिट्टी उत्पादकता कई कारकों, यथा–उर्वरता, उत्तम मिट्टी प्रबंध, जलापूर्ति की सुलभता, उत्तम जलवायु आदि का सम्मिलित नतीजा है। कोई मिट्टी उर्वर हो सकती है लेकिन वह उत्पादकता नहीं हो सकती है। जैसे जलप्लावित मिट्टी उर्वर होती है। लेकिन भौतिक स्थितियों के अनुकूल न होने के कारण फसलोत्पादन के लिए उत्पादक नहीं होती है बालूमय मिट्टी उर्वर नहीं होती है लेकिन जल तथा उर्वरक का प्रयोग करके उसे उर्वर बनाया जा सकता है।

पौध पोषक तत्व

पृथ्वी की पपड़ी की रचना करने वाले तत्वों में से 16 तत्वों को पौध वृद्धि के लिए जरूरी माना गया है। उनमें 7 तत्व यथा हाइड्रोजन, ऑक्सीजन, कार्बन, नाइट्रोजन, पोटैशियम फॉस्फोरस, और पर्याप्त मात्रा में जरूरी है। इन्हें वृहद पोषक तत्व कहते हैं। अन्य 9 तत्व, यथा–मैगनीशियम, सल्फर, बोरोन, ताँबा, जिंक, लोहा, मालिबडेनम तथा क्लोरीन कम मात्रा में आवश्यक होते हैं। इन्हें लघु पोषक तत्व कहते हैं। कुछ विद्वानों ने कोबाल्ट व सोडियम को भी पौधे वृद्धि के लिए आवश्यक बताया है।

मिट्टी की उर्वरता में ह्रास के लिए उत्तरदायी

1. निरन्तर एक फसलोत्पादन–किसी भी क्षेत्र में एक ही फसल के बार-बार उगाये जाने के कारण ज्यादा जैविक पदार्थ तथा मृदा खनिज कम हो जाते हैं जिससे उर्वरता में ह्रास हो जाता है।

2. मृदा अपरदन–इसके कारण मिट्टी के पोषक तत्व स्थानान्तरित हो जाते हैं जिससे पौधों के विकास के लिए जरूरी तत्वों की कमी हो जाने के कारण उर्वरता में ह्रास हो जाता है।

3. अपक्षालन–अपक्षालन क्रिया के कारण आर्द्र प्रदेशों में मिट्टी की ऊपरी परत के पोषक तत्व नीचे के स्तरों में चले जाते हैं जिससे उर्वरता में कमी आ जाती है।

4. रसायनों का पौधों में प्रयोग–पौधों की कीड़ों तथा रोगों से रक्षा करने के लिए विभिन्न प्रकार के रसायनों का प्रयोग मिट्टी में किया जाता है। रसायनों के

लगातार प्रयोग करने से मिट्टी की उर्वरता में कमी आती है।

मिट्टी की उर्वरता को बनाये रखने के उपाय

मिट्टी की उर्वरता को बनाये रखने के लिए (क) जैविक खाद व (ख) रासायनिक उर्वरक होते हैं—

(क) जैविक खाद—जरूरी जैविकखाद की उर्वरता की निम्नलिखित रूपों में बढ़ाती है—

(1) जैव खाद के अपघटित उत्पाद मिट्टी के खनिज घटकों को घुलनशील बनाते हैं।

(2) इससे मिट्टी के भौतिक-रासायनिक लक्षणों में सुधार होता है।

(3) यह मृदा जीवाणुओं के लिए भोजन सामग्री प्रदान करती है जिससे जीवाणु क्रियाकलापों में वृद्धि होती है।

(4) यह मिट्टी के भौतिक लक्षणों को संशोधित करता है तथा मिट्टी में प्रवेश्यता में वृद्धि करता है और नमी धारण करने की क्षमता को बढ़ाता है।

जैव खाद का वर्गीकरण

1. हरी खाद—हरे पौधे इसके लिए खेत में उगाये जाते हैं तथा इन्हें जोतकर व पटेला देकर मिट्टी में मिला दिया जाता है। इससे मिट्टी की उर्वरता तथा उत्पादकता दोनों में वृद्धि होती है। भारत में ढैचा, सनई, बरसीम आदि का खेत में उगाकर और जोतकर मिट्टी में मिला दिया जाता है।

2. मानव मल वर्तमान समय में स्वास्थ्य रक्षा के लिए अपशिष्ट पदार्थों को नालियों में बहाया जाता है। इससे खेतों की सिंचाई करके मिट्टी की उर्वरता को बढ़ाया जा सकता है। लेकिन इस कार्य से कई मानव रोग के फैलने की आशंका रहती है।

3. गोबर की खाद—सभी प्रकार के फार्मों के जानवरों के मल-मूत्र को गोबर की खाद कहते हैं। इसमें फॉस्फोरस नाइट्रोजन, तथा पोटैशियम की मात्रा अधिक होती है।

4. कम्पोस्ट—यह खाद जानवरों के भूसा, गोबर, धान की भूसी, खोई, पत्तियों आदि से तैयार की जाती है। यह खाद खेत के सभी पौधों के लिए उपयोगी होती है।

(ख) रासायनिक उर्वरक—निरन्तर कृषि के कारण मिट्टी के जैव पदार्थों व पोषक खनिजों में गिरावट आती है। इसलिए मिट्टी में रासायनिक उर्वरकों को देकर उसकी उर्वरता व उत्पादकता को बढ़ाया जा सकता है फॉस्फोरस, सुपर फास्फेट, नाइट्रोजन, अमोनियम सुपर फास्फेट, अमोनियम फास्फेट, नाइट्रो फास्फेट, पोटैशियम क्लोराइड, पोटैशियम सल्फेट आदि प्रमुख रासायनिक उर्वरक हैं।

मिट्टी का अपरदन

प्राकृतिक प्रक्रियाओं या मानवीय क्रियाकलापों द्वारा पूर्ववत स्थान से मिट्टी के स्थानान्तरण या हटने को मिट्टी का अपरदन कहते हैं। (अपरदन) शब्द लैटिन भाषा के Erodere शब्द से लिया गया है जिसका अर्थ है Gnaw out अथवा Tear away (हटाना)। मिट्टी के अपरदन में मिट्टी सतह अपने मूल स्थान से अलग होकर अन्यत्र निक्षेपित हो जाती है। इसके अंतर्गत कई भौतिक तथा रासायनिक क्रियाएँ घटित होती हैं। जैसे घुलनशील पदार्थ का हटना, रासायनिक परिवर्तन, पाला वा तापमान के तीव्र परिवर्तन द्वारा विघटन, धूलभरी हवा द्वारा सन्निघर्षण आदि। मिट्टी अपरदन में अपरदन परिवहन के निक्षेपण तीनों प्रक्रियाएँ काम करती हैं। इन तीनों प्रक्रियाओं में अपरदन व निक्षेपण का मिट्टी अपरदन का प्रभाव पड़ता है। मिट्टी अपरदन ने मानव क्रियाकलापों की भी प्रमुख भूमिका है।

विभिन्न प्रकार

1. सामान्य मिट्टी अपरदन—जब ऊपरी मिट्टी भौतिक जैविक और जलीय संतुलन का सामान्य दशाओं के अंतर्गत धीरे-धीरे हटती है तो उसे सामान्य मिट्टी अपरदन करते हैं। कभी-कभी इसे भूगार्मिक मिट्टी अपरदन भी कहा जाता है। इसमें मिट्टी अपरदन इतनी धीमी गति से होता है कि मिट्टी के हटने व मिट्टी निर्माण प्रक्रिया के मध्य पूर्ण सन्तुलन बना रहता है। इसमें भूमि की सतह लहरदार या असमतल हो जाती है।

2. त्वरित मिट्टी अपरदन—जब मिट्टी के हटने और उसके निर्माण में सामंजस्य नहीं रह जाता है अर्थात् मिट्टी निर्माण की अपेक्षा का हटना तीव्र गति से होता है तो उसे त्वरित मिट्टी अपरदन कहते हैं। इस अपरदन एवं मानव क्रियाकलापों की प्रमुख भूमिका होती है। इसलिए इससे मानव जनित मिट्टी अपरदन भी कहते हैं।

मिट्टी अपरदन के लिए उत्तरदायी कारक

मिट्टी अपरदन को प्रभावित करने वाले कारकों को भौतिक और मानव कारकों के अंतर्गत रखा जाता है जिनका वर्णन निम्नलिखित प्रकार से है–

भौतिक कारक

(1) **जलवायु**–जल, वायु तथा तापमान मुख्य रूप से इसके अंतर्गत आते हैं। जल द्वारा सर्वाधिक मिट्टी अपरदन होता है। भारी वर्षा जल, वाहीजल, आदि से प्रत्यक्ष गिट्टी अपरदन होता है। समुद्री धाराओं और हिम से उत्पन्न जल द्वारा भी कुछ अंश में मिट्टी अपरदन होता है।

(क) **जल**–निम्नलिखित प्रकार की मिट्टी का जल द्वारा अपरदन होता है।

(2) **चादरी अपरदन**–वनस्पति विहीन भूमि में सतह वाही जल का तेजी से प्रवाह होता है जिससे बड़े भाग से मिट्टी की पतली परत का समान रूप समान रूप से अपरदन से शुरू में मिट्टी की पपड़ी उभड़ती है और बह जाती है। यह तीव्र अपरदन तीव्रवाही जल द्वारा अधिक होता है।

(3) **अवनलिका अपरदन**–जब भारी जल की वर्षा होती है तो भूमि सतह पर पतली जल की नालियाँ बन जाती हैं जिन्हें अवनलिका कहते हैं और इन पतली अवनालिकाओं से होने वाले मिट्टी अपरदन को अवनलिका अपरदन कहा जाता है यह मिट्टी अपरदन ढालू अपरदन को अवनलिका अपरदन कहते हैं। यह मिट्टी अपरदन ढालू भूमि पर ज्यादा होता है। ढाल के समानान्तर जोते गये खेत इस अपरदन के लिए अनुकूल होते हैं।

(4) **बड़ी अवनलिका अपरदन**–भारी वर्षा होने पर पहले पतली-पतली अवनलिकाओं का जन्म होता है जो तुरंत ही आपस में मिलकर बड़े आकार व अधिक गहराई वाली हो जाती हैं। इन बड़ी अवनलिकाओं द्वारा होने वाले मिट्टी अपरदन को बड़ी अवनलिका कहते हैं। इस अपरदन द्वारा उत्खात स्थलाकृति की उत्पत्ति होती है।

(5) **भूमि स्खलन अपरदन**–इस प्रकार का मिट्टी अपरदन पर्वतीय ढालों पर भारी वर्षा के कारण होता है। इसमें वाहीजल शैलों के रंध्रों में प्रवेश कर जाता है और तीव्र ढाल पर की शैल ढीली होकर खिसक जाती है जिसे भूमि स्खलन कहते हैं।

(6) **सरिता तटीय अपरदन**–इस अपरदन में तेज सरिता जल किनारे की शैलों को ढीला करके बहा ले जाती है और नदी घाटी में ही कहीं जमा कर देती है।

(ख) वायु–तीव्र वेग वाली हवाएँ शुष्क प्रदेशों में अपनी उड़ाव क्रिया द्वारा सूक्ष्म कणों की परत उड़ा ले जाती हैं जिसे वायु अपरदन कहते हैं। इस क्रिया के निरन्तर चलते रहने के कारण मिट्टी बेकार हो जाती है। वायु द्वारा मिट्टी का स्थानान्तरण उत्परिर्वतन, निलम्बन व पृष्ठीय के रूप में होता है।

(ग) तापमान–मिट्टी अपरदन को अप्रत्यक्ष रूप में प्रभावित करता है। तापमान के कारण शैलें फैलती और सिकुड़ती हैं जिससे उनमें विघटन होता है। वाही जल तथा पवनें विघटित ढीले पदार्थों का परिवहन कर मिट्टी अपरदन करती है।

2. धरातल–धरातल की ऊँचाई, निचाई, तीव्र ढाल, ढाल प्रवणता, ढाल के प्रकार, ढाल परिच्छेदिका की लम्बाई आदि इसके अंतर्गत आते हैं जो मिट्टी अपरदन को प्रभावित करते हैं। असमतल उच्चावच, तीव्र ढाल प्रवणता, ढाल के कोण में वृद्धि, लम्बी ढाल परिच्छेदिका आदि के होने पर तीव्र मिट्टी अपरदन होता है।

3. वनस्पति–वनस्पतियाँ मिट्टी अपरदन का प्रमुख नियंत्रक कारक होती हैं। लगातार वनस्पति आवरण बने रहने पर मिट्टी अपरदन होता है जबकि वनस्पति रहित क्षेत्र में अपरदन अधिक होता है। वनस्पतियाँ निम्नलिखित रूपों में मिट्टी अपरदन को रोकती हैं।

(1) वनस्पतियाँ तीव्रवाही जल के धरातल पर पड़ने वाले प्रभाव को क्रम करती हैं।

(2) ये जल वर्षा के सीधे प्रहार से धरातल की रक्षा करती हैं।

(3) पौधों की जड़ें मिट्टी को बाँधे रहती हैं।

(4) मिट्टी में वनस्पतियों के कारण चटकने नहीं पड़ती हैं।

(5) वनस्पतियाँ तेज पवन वेग को कम करके मिट्टी अपरदन व परिवहन से बचाती है।

4. मिट्टी की प्रकृति–असंगठित, कोमल, रन्ध्रयुक्त प्रवेश्य आदि प्रकृति वाली मिट्टियों का अपरदन कठोर, अरन्ध्र युक्त, संगठित, अप्रवेश्य आदि प्रकृति वाली मिट्टियों की तुलना में ज्यादा होता है। इसी प्रकार ढालू सतह पर मिट्टी अपरदन ज्यादा होता है।

मानव कारक

मानव क्रियाकलाप मिट्टी अपरदन में प्रभावी नियंत्रक कारक है। मानव अपने निम्नलिखित क्रियाकलापों द्वारा मिट्टी अपरदन करने में संलग्न है–

(1) कृषि भूमि पर अत्यधिक कृषि उत्पादन–घनी आबादी वाले देशों में उदर पूर्ति के लिए ज्यादा-से-ज्यादा खाद्य फसलें प्राप्त करने के लिए एक ही खेत से एक वर्ष में कई फसलें उत्पन्न की जा रही हैं जिससे मिट्टी में पोषक तत्वों की कमी के कारण ही मिट्टी अपरदन आसान हो जाता है क्योंकि मिट्टी कणों को बांध रखे खनिजों की कमी हो जाती है।

(2) वनस्पति तथा जैव समुदायों में असंतुलन–प्रकृति द्वारा वनस्पति व जैव समुदायों में संतुलन बनाये रखा जाता है। लेकिन मानव इस संतुलन को भंग करने में लगा है। जिससे मिट्टी का अपरदन बढ़ता जा रहा है, जैसे–शेर, चीता तथा अन्य मांसाहारी जीवों का शिकार करके उनकी संख्या को कम करता जा रहा है। जिससे शाकाहारी जीवों की संख्या में वृद्धि होती जा रही है। शाकाहारी जीवों की संख्या बढ़ते जाने के कारण प्राकृतिक वनस्पति तुलनात्मक रूप से ज्यादा विनष्ट होती जा रही है। फलतः मिट्टी सतह के नंगे होने के कारण अपरदन बढ़ जाता है।

(3) वन विनाश–कृषि के लिए भूमि प्राप्त करने, बाँधों व जलाशयों का निर्माण करने, लकड़ी की प्राप्ति करने के लिए, सड़क मार्गों का निर्माण करने आदि कार्यों के लिए मानव अन्धाधुन्ध वनों का विनाश कर रहा है। इस प्रकार वनस्पति विहीन नंगी सतह पर वर्षा जल, हिम पवन प्रवाह आदि द्वारा ज्यादा मिट्टी अपरदन हो रहा है।

(4) अत्यधिक पशुचारण–मनुष्य शुष्क और अर्द्धशुष्क भागों में अधिक पशुचारण द्वारा भू-सतह को वनस्पति विहीन तथा नंगा करने में लगा है जिससे मिट्टी अपरदन हो रहा है। पशुओं के खुरों से भी मिट्टी ढीली हो जाती है और उसका अपरदन आसान हो जाता है।

(5) गलत भूमि का गलत उपयोग–औद्योगिक इकाइयों की अवस्थापना सड़कों, रेलों, कृषि भूमि विस्तार, बाँधों, जलाशयों इत्यादि के निर्माण, खेत को जोत कर छोड़ देना, ढाल के समानान्तर जुताई करना, मेड़बन्दी न करना, ढालू भागों में सीढ़ीनुमा खेतों को न बनाया जाना इत्यादि मानव कार्यों से मिट्टी अपरदन होता है।

(6) कृषि में आधुनिकीकरण–इसके कारण कृषि में मशीनीकरण तथा रासायनिक उर्वरकों का प्रयोग करना लगातार बढ़ता जा रहा है जिससे मिट्टी के भौतिक व रासायनिक गुणों में परितर्वन होता जा रहा है और मिट्टी अपरदन बढ़ता जा रहा है।

(7) स्थानान्तरण कृषि—इस कृषि को आसाम में झूम उड़ीसा में पोदू दाही या कमाना और मध्य प्रदेश में पेन्डा कहते हैं। इसके अंतर्गत वनों को साफ करके कृषि की जाती है। कृषि करने के पश्चात् कुछ वर्षों तक जब मिट्टी की उर्वरा शक्ति कम हो जाती है तो उसे त्याग कर अन्यत्र वन को काट कर या जलाकर कृषि योग्य भूमि प्राप्त की जाती है इसे ही स्थानान्तरण शील कृषि कहते हैं। इस प्रकार की कृषि के कारण भू-सतह नंगी व वनस्पति विहीन हो जाती है। जिस पर मिट्टी अपरदन सरल हो जाता है।

(8) वनों में आग लगाना—कभी-कभी मनुष्य की गलती या असावधानी से वनों में आग लग जाती है जिससे वनस्पतियों के जल जाने से मिट्टी अपरदन सरल हो जाता है।

उपर्युक्त तथ्यों से स्पष्ट है कि प्राकृतिक भौतिक अपरदन के कारकों द्वारा मिट्टी अपरदन की क्रिया धीमी गति से चलता है तथा मिट्टी निर्माण क्रिया जारी रहती है और मिट्टी को कोई हानि नहीं होती है लेकिन इसके विपरीत मानव क्रियाकलापों द्वारा मिट्टी अपरदन तेजी गति से होता है जिससे मिट्टी क्रिया बाधित होती है तथा बहुमूल्य प्राकृतिक सम्पदा मिट्टी की अपार क्षति होती है।

मिट्टी अपरदन के दुष्प्रभाव

1. मिट्टी अपरदन के कारण भूमि की उर्वरता एवं उत्पादकता में ह्रास आती है जिससे फसलोत्पादन कम हो जाता है तथा वह क्षेत्र के मरुस्थलीकरण की ओर अग्रसर हो जाता है।

2. मिट्टी अपरदन से उत्पन्न अवसादों का नदियों की तली में लगातार भरते जाने के कारण बाढ़ आने की संभावना बढ़ जाती है।

3. बालू स्तूपों के निर्माण की संभावना मिट्टी अपरदन से बढ़ जाती है।

4. इससे तापमान में वृद्धि होती है तथा वर्षा कम होती है।

5. कृषि भूमि का मैदानी भागों में नाश होता है जिससे उत्पादन कुप्रभावित होता है।

6. पशुओं के लिए चारे का अभाव इससे हो जाता है।

7. मिट्टी अपरदन से पेड़-पौधे गिर जाते हैं जिससे लकड़ी एवं जलावन का अभाव हो जाता है।

मिट्टी अपरदन में भारत

भारत में घास तथा वन क्षेत्रों में कृषि के विस्तार, व्यापारिक उद्देश्यों की प्राप्ति के लिए घास व वन क्षेत्रों का सफाया, अत्यधिक पशुचारण, गलत भूमि उपयोग आदि कारणों से मिट्टी अपरदन ज्यादा हो रहा है जिससे भूमि बंजर होती जा रही है तथा नदियों की तली के भरते जाने के कारण बाढ़ की विभीषिका घटित होती रहती है। भारत में सबसे ज्यादा मिट्टी अवनलिका अपरदन से हो रहा है। एक आकलन पर विश्वास करें तो भारत में अवनलिका अपरदन 370 हजार हेक्टेयर भूमि बेकार हो गई है। हमारे देश में सर्वाधिक मृदा अपरदन उत्तर प्रदेश, मध्य प्रदेश, राजस्थान, महाराष्ट्र, गुजरात, तमिलनाडु, पंजाब, बिहार आदि राज्यों में हुआ है। उत्तर प्रदेश में अवनलिका अपरदन से 1,23,000 हेक्टेयर भूमि बंजर हो गई है। इस राज्य में प्रतिवर्ष लगभग 0.35 मिलीमीटर मोटी मिट्टी परत अपरदित हो जाती है। उत्तर प्रदेश के पर्वतीय क्षेत्रों में वन विनाश, पशुचारण एवं सीढ़ीदार खेतों में न बनाये जाने के कारण मृदा अपरदन काफी ज्यादा हो रहा है। इस प्रदेश में लगभग 180 मिलियन टन मिट्टी का अपरदन प्रतिवर्ष होता है। इस मिट्टी अपरदन में गंगा और उसकी सहायक नदियों की प्रमुख भूमिका है।

मिट्टी संरक्षण

Consernation शब्द लैटिन भाषा के Con (साथ-साथ) और es serrare (रक्षण) शब्दों से बना है। मिट्टी संरक्षण का उद्देश्य किसी क्षेत्र में अपरदन से मिट्टी की रक्षा करना, उसकी उर्वरता एवं उत्पादकता को बनाये रखना, उसमें सुधार करना, संधृत नवीनीकरण करना इत्यादि होता है।

वर्तमान समय में विश्व में मिट्टी अपरदन की समस्या भयंकर रूप धारण करती जा रही है। मृदा अपरदन की मात्रा व दर में प्रतिवर्ष वृद्धि होती जा रही हैं जिससे उत्तम कृषि भूमि का विनाश होता जा रहा है। जो बढ़ी हुई जनसंख्या के लिए खाद्यांन्न आपूर्ति की दृष्टि से भयावह दशा का परिचायक है। इसलिए जरूरी है कि इस प्राकृतिक संसाधन मिट्टी का क्षय होने से रोका जाय। मिट्टी संरक्षण की विधियों को जैविक और अभियांत्रिक विधियों के अंतर्गत वर्गीकृत किया जा सकता है जो निम्न है–

मिट्टी संरक्षण की विधियाँ

संरक्षणात्मक कृषि विधि–कृषि क्षेत्रों को संरक्षण तथा उत्पादकता बढ़ाने वाले

महत्त्वपूर्ण कृषि कार्यों को संरक्षात्मक कृषि विधि कहते हैं। इसे ही सस्य विज्ञान संबंधी कार्य प्रणाली भी कहा जाता है। निम्नलिखित कृषि विधियों को इसके अंतर्गत अपनाकर मृदा अपरदन पर नियंत्रण पाया जा सकता है।

1. समोच्च कृषि—पर्वतीय ढालों तथा ढालू भागों पर प्राकृतिक समोच्च रेखाओं के सहारे जुताई, पौध लगाने इत्यादि का कार्य किया जाता है जिससे वर्षा होने पर मृदा अपरदन अधिक होता है। इसलिए ऐसे भागों में यदि ढाल की अनुप्रस्थ दिशा में खेत की जुताई और पौध लगाई जाय तो मृदा अपरदन कम होगा, क्योंकि पौधों की वृत्ताकार पंक्तियां मिट्टी अपरदन को रोकेंगी। सतह जल प्रवाह मन्द हो जाएगा। फसलों के लिए अधिक जल मिल जाएगा तथा फसलोत्पादन बढ़ जाएगा।

2. फसल चक्रण तथा मिश्र सस्य—एक कृषि फार्म में एक ही प्रकार की लगातार फसल उगाने से मिट्टी की उर्वरता कम होती है तथा मिट्टी अपरदन ज्यादा होता है। इसलिए फसलों का चक्रण करके मिट्टी के ग्रंथन में सुधार होता है। पानी ग्रहण करने की क्षमता में वृद्धि होती है तथा घासों व रोगों पर नियंत्रण होता है।

इसी तरह मिश्र सस्य फसलें उगाकर मृदा अपरदन को कम किया जा सकता है। एक खेत में एक साथ अनेक फसलों को सामूहिक रूप से उगाने की क्रिया को मिश्र सस्य कहते हैं। इस पद्धति से कृषि करने पर कृषि ज्यादा समय के लिए खुली नहीं रहती है जिससे मृदा अपरदन कम होता है। इसमें फसल के न होने के खतरे से बचा जा सकता है चूँकि यदि एक फसल नष्ट भी हो जाती है तो दूसरी अवश्य हो जाती है। भारत में खरीफ की फसलें मिश्र सस्य पद्धति से उगाई जाती हैं।

इसी प्रकार अन्तराल सस्य द्वारा भी मृदा अपरदन कम होता है। इस पद्धति में अलग-अलग पंक्तियों में अलग-अलग फसलें उगाई जाती हैं। जैसे गन्ने की पंक्ति के समानान्तर गेहूँ की फसल उगाना या आलू की कतार के समानान्तर गेहूँ की फसल उगाना इसका उदाहरण है। इस पद्धति से कृषि करने से फसलें एक साथ नहीं पकती हैं। फलतः कृषि भूमि अधिकांश समय तक फसल के कारण नंगी नहीं रह पाती है। जिससे कम मृदा अपरदन होता है।

3. मूल पलवार—फसलों के कटने के उपरांत कृषि भूमि को भूसा, पत्ती, खरपतवार आदि से ढककर मृदा अपरदन को रोका जा सकता है। साथ ही इस प्रक्रिया से मिट्टी की आर्द्रता वाष्पीकरण द्वारा नष्ट नहीं होती है। इस प्रकार कृषि भूमि को फूस, घास, खरपतवार, भूसा, पत्ती आदि का आवरण देकर मिट्टी की आर्द्रता का वाष्पीकरण से रोकने की क्रिया को मूल पलवार कहते हैं। लेकिन इस क्रिया से

खरपतवार का आवरण होने से बीजों के उगने एवं बढ़ने की समस्या उत्पन्न हो जाती है। इसलिए छाड़न कृषि विधि अपनाने की आवश्यकता है। इसके अंतर्गत फसल पौधों को खेत में जोत कर मिट्टी से मिला दिया जाता है जिससे अपरदन सक्रिय नहीं होने पाता है।

4. खेत की जुताई प्रक्रिया तथा भूमि को पलिहर छोड़ना—खेतों की गहरी व उथली जुताई से मिट्टी अपरदन में कमी आती है। कुछ लोगों का मत है कि गहरी जुताई से घासें समाप्त हो जाती हैं लेकिन इससे मिट्टी का अंतःसंचरण ज्यादा होता है जिससे मृदा अपरदन कम होता है। इसी प्रकार कुछ लोगों का विचार है कि खेतों को चौमास या पलिहर से वर्षा वायु द्वारा अपरदन ज्यादा होता है। इसलिए खेतों को पलिहर नहीं छोड़ना चाहिए। लेकिन यदि पलिहर खेतों में भेड़ों, बकरियों, पशुओं आदि को बैठने दिया जाय तो उससे मृदा अपरदन कम होगा।

घास विज्ञान विधि—इस विधि के अंतर्गत निम्नलिखित विधियों को अपनाकर मृदा अपरदन को रोका या कम किया जा सकता है—

1. वृक्षारोपण एवं वनों का पुनर्स्थापन—वृक्षारोपण का आशय है नये स्थानों पर पेड़-पौधों को लगाना जहाँ पहले वृक्ष नहीं थे। वन पुनर्स्थापना से तात्पर्य है—जिन क्षेत्रों से वनों की पूर्ति के लिए वनों को अन्धाधुन्ध नष्ट किया गया है। जिससे मृदा अपरदन तथा बाढ़ की समस्याएँ भयंकर रूप ग्रहण कर ली हैं। अस्तु इस कार्य द्वारा मृदा अपरदन तथा मरुस्थलीकरण को रोका जा सकता है।

2. शुष्क कृषि—अनिश्चित अल्प, तथा असमान वर्षा वाले क्षेत्रों में मृदा जल संस्थान तथा मृदा अपरदन की समस्याएँ होती हैं। ऐसे क्षेत्रों में शुष्क कृषि विधि अपनाकर इन दोनों समस्याओं से छुटकारा पाया जा सकता है।

3. घासों को उगाना—कृषि भूमि में कृषि फसलों तथा घासों का चक्रण करके मिट्टी अपरदन को नियंत्रित किया जा सकता है। इससे मिट्टी उर्वरता में वृद्धि होती है तथा मिट्टी बँधी रहती है जिससे मिट्टी अपरदन नहीं होता है।

4. ज्यादा पशुचारण पर नियंत्रण—जिन क्षेत्रों में आवश्यकता से ज्यादा पशुचारण किया जा सकता है वहाँ वनस्पति-आवरण समाप्त हो जाता है तथा पशुओं के खुरों से मिट्‌टी ढीली हो जाती है जिससे ज्यादा मृदा अपरदन होने लगता है। इसलिए ऐसे क्षेत्रों से कुछ वर्ष पशुओं को चराने के बाद उसे खाली छोड़ देना चाहिए ताकि आगे आने वाले वर्षों में वन वनस्पति आवरण हो जाय।

5. कृषि भूमि का परित्याग–जहाँ ज्यादा मृदा अपरदन होता है वहाँ भूमि को छोड़ देना चाहिए और उस पर सघन घास उगानी चाहिए तथा अल्प समय के लिए अनुकूल मौसमी दशाएँ रहने पर पशुचारण को अनुमति दी जानी चाहिए।

रासायनिक उर्वरकों का प्रयोग–कृषि भूमि में रासायनिक उर्वरकों के प्रयोग से मिट्टी में उर्वरता बढ़ती है जिससे मिट्टी के कण बँधते हैं। परिणामतः मिट्टी में जल का अंतःसंचरण बढ़ जाने के कारण ज्यादा वाही भूमिगत हो जाता है और मृदा अपरदन कम हो जाता है। लेकिन इसकी दो प्रमुख कमियाँ है–प्रथम–रासायनिक उर्वरकों का प्रयोग साध्य है, और द्वितीय, इससे मृदा में जैविक तत्वों का अभाव हो जाता है। लेकिन फसल चक्र द्वारा इस कमी को दूर किया जा सकता है।

मिट्टी संरक्षण : अभियांत्रिक विधियाँ

मिट्टी संरक्षण के उद्देश्य से अभियांत्रिक विधियाँ का प्रयोग किया जा रहा है। अभियंत्रण तकनीकों को उद्देश्य बहते जल के वर्ग को कम करना तथा जल व वायु द्वारा मिट्टी अपरदन को नियंत्रित करना है। मृदा अपरदन से संरक्षण की कुछ अभियांत्रिक तकनीकें निम्नलिखित प्रकार से हैं–

1. जलाशयों का निर्माण–उपयुक्त स्थानों छोटे-छोटे तालाबों व जलाशयों का निर्माण सिंचाई व अन्य उद्‌देश्यों के लिए किया जाना चाहिए। इसे अवनलिकाओं के मार्ग पर ढककन लगाकर मिट्टी अपरदन को रोका जा सकता है।

2. अवनलिका निर्माण को रोकना–अवनलिकाओं द्वारा ज्यादा मृदा अपरदन होता है। इन अवनलिकाओं पर बाँध बनाकर, वनस्पति उगाकर, अवनलिकाओं को दिशा परिवर्तन करके मृदा अपरदन पर नियंत्रण पाया जा सकता है।

3. कड़ी मिट्टी परत को तोड़ना–कुछ क्षेत्रों के सतह के नीचे कठोर मिट्टी परत पाई जाती है जिससे जल रिसकर नीचे नहीं जाता तथा मिट्टी कम उत्पादक हो जाती है लेकिन ऐसे क्षेत्रों में कठोर मिट्टी परत को तोड़कर मिट्टी को प्रवेश्य व उत्पादक बनाया जा सकता है। इससे पानी का अतःसंचरण होने लगता है। इससे पानी का अंतःसंचरण होने लगेगा। और मिट्टी अपरदन कम हो जायेगा।

4. उत्खात कगारों का संरक्षण–उत्खात भूमियाँ और नदियों के कगार खड़े ढाल वाले होते हैं जिससे मृदा का अपरदन होता है। अतः खड़े ढालू कगारों को कम ढलुवा बनाकर, वनस्पतियाँ उगाकर या कंकड़-पत्थर द्वारा पक्का बनाकर अपरदन को रोका जा सकता है।

5. बेसिनों का निर्माण—ढालू भू-भागों में छोटी-छोटी बेसिनें बनाकर मिट्टी-अपरदन पर नियंत्रण पाया जा सकता है। बेसिनों में वर्षा जल एकत्रित हो जाता है तथा उसमें जमा रहता है। इससे नीचे की ओर बहता जल स्थिर हो जाता है।

6. उप मिट्टी परत निर्माण—कठोर मिट्टी परत कुछ क्षेत्रों में पाई जाती है। ऐसे क्षेत्रों की कठोर मिट्टी को तोड़कर उप मिट्टी परत निर्मित की जानी चाहिए। इससे जल का अन्तःसंचरण बढ़ेगा एवं मृदा अपरद्न कम होगा।

7. सीढ़ीदार खेत का निर्माण—पहाड़ी ढालों पर सीढ़ीदार खेत बनाकर कृषि करने पर मृदा अपरदन कम हो जाता है तथा उसका अंतःसचंरण अधिक होता है। इस प्रकार जल का वेग कम होने तथा जल के अंतःसंचरण से मृदा अपरदन कम हो जाता है।

अतः मिट्टी अपरदन एवं उसका संरक्षण एक गंभीर समस्या बन गई है। भारत में इस समस्या की ओर सरकार का ध्यान गया है। तथा केन्द्रीय मृदा संरक्षण परिषद् ने आगरा, देहरादून, चण्डीगढ़, कोटा, जोधपुर, उटकमण्ड, बिलारी, वसद और छत्रा प्रत्येक में एक-एक अनुसंधान केन्द्र स्थापित किये गए हैं जिनसे मृदा संरक्षण में सहयोग मिल रहा है। यूनिस्को भी इस दिशा में कार्य कर रहा है।

मरुस्थलीकरण

सामान्य तथा शुष्क क्षेत्रों, जहाँ वनस्पति एवं वर्षा का हमेशा अभाव रहता है या 25 से.मी. से कम वार्षिक वर्षा होती है तो मरुस्थल कहते हैं। स्थल भाग के करीब 30% भाग मरुस्थलीय हैं। विश्व में निम्नलिखित दो प्रकार के मरुस्थल पाये जाते हैं—

(क) मध्य अक्षांशीय मरुस्थल—ये मरुस्थल महाद्वीपीय के आन्तरिक भागों या पर्वत श्रेणियों से घिरे भागों में आर्द्र पवनों के न पहुँचने के कारण उत्पन्न होते हैं। मंगोलिया का मरुस्थल, तुर्किस्तान का मरुस्थल, रॉकी व एन्डीज पर्वतों के पूर्व में स्थित संयुक्त राज्य व अर्जेन्टाइना के मरुस्थल इसके प्रमुख उदाहरण हैं।

(ख) ध्रुवीय मरुस्थल—पृथ्वी के सदा हिमाच्छादित भागों को ध्रुवीय मरुस्थल कहते हैं, यहाँ पर हिमावरण के कारण वनस्पतियाँ नहीं उगती हैं। अन्टार्कटिका व ग्रीनलैंड ऐसे ही मरुस्थल हैं।

7

पादप एवं पारिस्थितिक तंत्र

वनस्पति का महत्त्व

वनस्पतियाँ पारिस्थितिक तंत्र प्रमुख घटक हैं। प्राथमिक उत्पादक होने के कारण जीवमंडल में पौधों का सबसे ज्यादा महत्त्वपूर्ण है। ये पारिस्थितिक तंत्र की विशेषताओं का प्रत्यक्ष परिचायक होती हैं। संरचना व स्वरूप के आधार पर वनस्पति के अन्तर्गत छोटे बड़े, घास, पौधे, लता, झाड़ी, काई, लाईकेन आदि आते हैं। संक्षेप में वनस्पतियों/पादपों के महत्त्व निम्नलिखित हैं–

1. पौधे जन्तुओं में ऊर्जा तथा पोषक तत्वों के संचरण, गमन तथा चक्रण में भी सहायक होते हैं।
2. पौधे सौर्य ऊर्जा प्राप्त करते हैं और प्रकाश संश्लेषण क्रिया से उसे रासायनिक या आहार ऊर्जा में परिवर्तित कर अपने भोजन का निर्माण करते हैं। यह ऊर्जा अनेक पोषण स्तरों से होकर जन्तुओं में गमन करती है। इस प्रकार जन्तु अप्रत्यक्ष रूप से इस ऊर्जा का पौधों से ज्यादा महत्त्व है।
3. स्थल व जल दोनों में मानव, पशुओं और अन्य जीवधारियों को प्रत्यक्ष या अप्रत्यक्ष रूप में भोजन की प्राप्ति वनस्पतियों से ही होती है। मानव के भोज्य पदार्थ का 85% वनस्पतियों से ही प्राप्त होता है।
4. वायु में आर्द्रता, वर्षा एवं वर्षा की मात्रा के निर्धारण में वनस्पतियों की प्रमुख भूमिका होती है। ये जलवायु दी सूचक होती हैं।
5. वायु में आर्द्रता, वर्षा एवं वर्षा की मात्रा के निर्धारण में वनस्पतियों की महत्त्वपूर्ण भूमिका होती है। ये जलवायु की सूचक होती हैं।
6. वनस्पतियों में मानव अपनी सामाजिक, आर्थिक, नैतिक, सांस्क्रतिक, धार्मिक, इत्यादि आवश्यकताओं की पूर्ति करता है।

7. वनस्पतियाँ कार्बन-डाई-आक्साइड को आत्मसात् करती हैं और ऑक्सीजन का जनन करती हैं जिस पर सम्पूर्ण जीवों का जीवन निर्भर है।
8. पारिस्थितिक तंत्र में क्रियाशीलता बनाये रखने में पौधे प्रमुख होते हैं। यदि वनस्पतियों में परिवर्तन कर दिया जाय तो जैव-भू-रसायन चक्र की क्रियाशीलता भंग हो जायेगी जिससे पारिस्थितिक तंत्र में असन्तुलन आ जाने से अनेकों समस्याएँ उत्पन्न हो जायेंगी और मानव का अस्तित्व संकट में पड़ जायेगा। अतः स्थलीय पारिस्थितिक तंत्र का विभाजन वनस्पतियों के प्रकारों के आधार पर किया जाता है।
9. वनस्पतियाँ बाढ़ से रक्षा करती हैं।
10. वनस्पतियाँ मिट्टी में नमी धारण की क्षमता को बढ़ाती हैं।
11. वनस्पतियाँ भूमि क्षरण व मृदा अपरदन से रक्षा करती हैं।
12. ये आँधी-तूफान के वेग को कम कर देती हैं।
13. उद्योगों के लिए कच्चे माल की आपूर्ति वनस्पतियों से होती है।
14. वनस्पतियों के माध्यम से ही मनुष्य अपने शरीर के विकास व क्रियाशीलता बनाये रखने के लिए प्रोटीन, कार्बोहाइड्रेट, विविध वसा, खनिज इत्यादि प्राप्त करता है।
15. वनस्पतियों के विघटन व वियोजन से मिट्टी में जैव पदार्थों की प्राप्ति होती है जिससे मिट्टी में उर्वरता की वृद्धि होती है।
16. पशुचारण वनस्पतियों की उपलब्धता पर आधारित होता है।
17. जलावन की लकड़ी, इमारती लकड़ी, आवास, वस्त्र, औषधियाँ आदि की प्राप्ति वनस्पतियों से होती है।

वनस्पति समुदाय के उत्पादक कारक

वनस्पतियाँ प्रकृति प्रदत्त महत्त्वपूर्ण उपहार हैं। इनकी उत्पत्ति व विकास उच्चावचन, तापमान व वर्षा के सामन्जस्य से होती है। इनकी उत्पति में मानव का योगदान नगण्य होता हैं। यद्यपि कई वनस्पतियों को उगाने में उगाने में मानव का भी हाथ होता है फिर भी उनके अंकुरण, वृद्धि, पुष्प लगने, फल पकने आदि में प्रकृति की भूमिका सर्वोपरि होती है। वनस्पतियों की उत्पत्ति, विकास, स्वभाव व वितरण को प्रभावित करने वाले मुख्य कारकों का विवरण अग्रलिखित है–

उच्चावचन—धरातल की ऊँचाई निचाई, भू-आकार, ढाल आदि वनस्पतियों को प्रभावित करते हैं। भू-आकार जलवायु व मिट्टी को स्थानीय स्तर पर प्रभावित करते हैं जिनका प्रभाव वनस्पतियों पर पड़ता है। ऊँचाई की वजह से पर्वतीय ढालों पर विभिन्न वनस्पति में खलायें पाई जाती हैं। सूर्य प्रकाश सम्मुखी पर्वतीय ढालों पर वनस्पतियाँ उगती हैं चूँकि वहाँ पौधों द्वारा प्रकाश संश्लेषण होता है जबकि सूर्य प्रकाश विमुखी ढालों पर प्रकाश संश्लेषण क्रिया न होने के कारण कम वनस्पतियाँ होती हैं जबकि सूर्य प्रकाश विमुखी ढालों पर प्रकाश संश्लेषण क्रिया न होने के कारण कम वनस्पतियाँ उगती हैं। ज्यादा ढालुवे भागों पर मिट्टी की गहराई भी कम होती है जिसका प्रभाव वनस्पतियों के विकास पर पड़ता है।

जलवायु—वनस्पतियों की उत्पत्ति, विकास, वितरण एवं स्वभाव को जलवायु सबसे ज्यादा प्रभावित व नियंत्रित करती है। इसमें तापमान, वर्षा, प्रकाश, वायु की गति व दिशा, वाष्पीकरण की मात्रा इत्यादि प्रमुख हैं। उच्च तापमान व ज्यादा वर्षा (150 से. मी. से अधिक) के कारण उष्ण प्रदेशों में सदाबहार वन पाये जाते हैं जिसमें सघन वृक्ष उगते हैं तथा प्रकाश प्राप्ति की होड़ में ऊँचे-ऊँचे होते हैं। जबकि न्यून तापमान व न्यून वर्षा के कारण शीत कटिबन्धों में काई व लाइकेन मिलते हैं। प्रकाश का प्रभाव पौधों के प्रकाश संश्लेषण, वाष्पोत्सर्जन, गतिविधि, प्रजनन, फलन, बीज अंकुरण, पत्ती निर्माण आदि पर पड़ता है। तापमान का प्रभाव पौधों का जैविक क्रियाओं, शारीरिक बनावट, भौगोलिक वितरण प्रजनन आदि पर पड़ता है। वायु की गति का सीधा प्रभाव पौधों के वाष्पोत्सर्जन पर पड़ता है तथा वायु पौधों के पराग, बीज, तथा फलों के वितरण में सहायक होती है। समुद्र तटीय भागों व उच्च पर्वतीय भागों में जहाँ तेज हवाएँ एक ही दिशा में वर्ष भर चलती हैं वहाँ वृक्षों के तने व शाखाएँ वायु की दिशा में मुड़ जाती हैं।

मानव—वर्तमान समय में मानव पौधों की उत्पत्ति व विकास को प्रभावित कर रहा है। वह कृत्रिम जलवायु उत्पन्न कर पौधे घरों में प्रतिकूल जलवायु वाले क्षेत्रों में भी विभिन्न पोधों को उत्पन्न कर रहा है। वह उनके स्वभाव व नस्ल को बदल दे रहा है। बीजों का विकास कर असमय में भी पौधों को उगा रहा है। जहाँ पर पौधों के उगने व बढ़ने के लिए प्रचुर समय नहीं मिलता है वहाँ ऐसे बीजों का आविष्कार कर उत्पादन कर रहा है कि अल्प समय में उसकी खेती हो जाय। यही कारण है कि शीतोष्ण प्रदेशों में गेहूँ मेखला उत्तर की ओर खिसकती जा रही है।

मिट्टी—मिट्टी की बनावट, उसके कण, उसकी नमी व खनिज, जीवांश, उर्वरता इत्यादि वनस्पतियों की उत्पत्ति, प्रकृति व स्वरूप को प्रभावित करते हैं। मिट्टी पौधों को खड़ा होने के लिए आधार प्रदान करती है। मिट्टी में निहित जल व खनिज

पौधों को पोषण प्रदान करते हैं। मिट्टी में ही पौधे उगते व बढ़ते हैं तथा पौधे विघटित व वियोजित होने पर मिट्टी को जीवांश प्रदान करते हैं। मिट्टी की जल धारण क्षमता, उसके कणों के आकार, उसका ग्रंथन, उसमें काँप, सिल्ट, बालू आदि वनस्पतियों के लिए महत्त्वपूर्ण होते हैं। रन्ध्रयुक्त बलुई मिट्टी में पौधों की जड़ें आसानी से फैलती हैं जबकि अरन्ध्रयुक्त मिट्टी में ऐसा नहीं होता है। नमी धारण क्षमता वाली मिट्टी में आर्द्र उद्भिद उत्पन्न होते हैं तथा नमी धारण क्षमता न होने वाली मिट्टी जैसे बालू में मरुउद्भिद पैदा होते हैं क्षारीय व अम्लीय मिट्टी में पौधों का विकास कुंठित हो जाता है।

वनाग्नि—कभी-कभी वनों में टहनियों की रगड़ या मानव द्वारा जानकर या असावधानी वश आग लग जाती है जिसका वनस्पतियों की उत्पत्ति व विकास पर प्रतिकूल प्रभाव पड़ता है।

पौधों के प्रकार

पादप जगत में अनेक विभिन्नता पाई जाती है। अब तक चालीस हजार पौधों की जातियों का पता लग चुका है और नित्य पौधों की जातियों की जानकारी होती जा रही है। ऐसी दशा में पौधों की जातियों का विभाजन भी बदलता रहेगा। पौधों का वर्गीकरण नमी, आकारकीय लक्षणों, पदानुक्रम आदि आधारों पर किया जाता है जिनमें से कुछ वर्गीकरण निम्नवत हैं—

नमी की मात्रा के आधार पर पौधों के प्रकार

1606 में **वार्मिंग** ने नमी के आधार पर पौधों को निम्नलिखित चार वर्गों में विभाजित किया है—

1. आर्द्र उद्भिद (Hydrophytes)—हाईड्रोफाइट शब्द ग्रीक भाषा के Hudor=Water जल तथा Phyton - Plant पौधा से बना है जिसका आशय जल पौधा है। 150 से. मी. से ज्यादा वार्षिक वर्षा और 16 अंश से. ग्रे. से अधिक तापमान वाले क्षेत्रों में उगने वाली वनस्पतियों को आर्द्र उद्भिद कहते हैं। इनमें कुछ पौधे पानी में डूबे रहते हैं तो कुछ पानी में बहते रहते हैं तथा कुछ पौधे जल और थल दोनों भागों में उगते हैं। कमल, केला, जलकुंभी इसके उदाहरण हैं।

2. समाद्र उद्भिद (Mesophytes)—50 से 200 से. मी. वार्षिक वर्षा वाले भागों में उत्पन्न पौधों को समाद्र उद्भिद् कहते हैं।

3. मरुउद्‌भिद् (Serophytes)–50 से.मी. से कम वार्षिक वर्षा वाले भागों में इस जाति के पौधे पाये जाते हैं। मरुस्थलीय व अर्द्ध मरुस्थलीय भागों में इसी जाति के पौधे पाये जाते हैं। ये पौधे अल्प जीवन वाले होते हैं। इनमें से कुछ सूखे से बचकर रक्षा करते हैं तो कुछ में सूखा सहन की शक्ति होती है। सेहुड़ नागफनी, इसी जाति के पौधे हैं।

4. परिवृत्ति उद्‌भिद (Tropohytes)–उक्त पौधों की तीनों जातियों के अतिरिक्त यह चौथी पौध जाति है जो वर्ष के कुछ महीनों में शुष्क तथा शेष महीनों में आर्द्र रहने वाले क्षेत्रों में उगती हैं। इस जाति के पौधे शुष्क महीनों में पत्तियाँ गिरा देते हैं और आर्द्र महीनों में हरे-भरे रहते हैं।

पौधे के आकारकीय लक्षणों के आधार पर विभाजन

इसके आधार पर पौधों को दो वर्गों में रखा जाता है–

1. पुष्पी पौधे (Phanerogams)–इस वर्ग के पौधों में बीज होते हैं और ये बीज द्वारा ही अपनी संतति को जन्म देते हैं। इनको अनावृत्तबीजी (Gymonoserms) और आवृत्तबीजी (Angiospersma) दो श्रेणियों में रखा जाता है। इनमें प्रथम वर्ग के पौधों में खुले बीज होते हैं जबकि दूसरे वर्ग में बीज एक आवरण में ढके रहते हैं। आवृत्तबीजी पौधों को दो उपवर्गों में रखा जाता है–(1) जिन पौधों में अंकुरण के समय दो पत्ते निकलते हैं उन्हें द्विबीजपत्री (Dictyledons) और (2) बीज अंकुरण के समय एक पत्ती निकलने वाले पौधों को एकबीजपत्री (Monoctyledons) कहते हैं।

2. पुष्प रहित पौधे (Cyptogams)–इस जाति के पौधों में बीज और फल नहीं होते हैं। ये अन्तर्निहित बीजाणुओं से अपनी संतति को जन्म देकर जाति को कायम रखते हैं। बैक्टीरिया, शैवाल, कवक, ब्रायोफाइटा (Bryophta), लाइकेन, टेरिडोफाइटा इत्यादि ऐसे ही पुष्प रहित पौधे हैं।

पदानुक्रम (Hierarchy) के आधार पर पौधों का वर्गीकरण-इसके आधार पर पौधों को सवोच्च पदानुक्रम से लघुत्तम पदानुक्रम की ओर निम्नलिखित वर्गों में रखा जाता है–

1. वर्ग (Classes)

2. परिवार (Families)–कई वंश समूह को वंश कहते हैं।

3. पादप जगत (Plant Kingdom)–यह सम्पूर्ण वनस्पति जगत को प्रदर्शित्त करता है। अतः यह पदानुक्रम में शीर्ष पर होता है।

4. जाति (Species)–पादप जगत में यह लघुतम या निचली इकाई को प्रदर्शित हैं। इसमें अपने ही प्रकार की सतति पैदा क़रते हैं। समान व्यवहार करने वाले पौधों की संख्या को जनसंख्या (Population) कहते हैं। इसमें अपने ही प्रकार की सतति पैदा करते हैं। समान व्यवहार वाले·पौध जनसंख्या के समूह को जाति कहा जाता है।

5. संघ (Phyta)–

6. वंश (Genera) एक समान लक्षणों वाली जातियों के समूह को वंश कहते हैं। समान व्यवहार करने वाले पौधों की संख्या को जनसंख्या (Population) कहते हैं। इसमें अपने ही प्रकार की संतति पैदा करते हैं। समान व्यवहार वाले पौध जनसंख्या के समूह को जाति कहा जाता है।

7. कोटि (Orders)

पौधों की उत्पत्ति तथा विकास का इतिहास

लगभग 8.5 अरब वर्ष पृथ्वी की आयु आँकी गई है। पृथ्वी की इस जीवन अवधि को कल्पों (Era), युगों (Epoch) और कालों में बाँटा गया है। इन्हीं कल्पों, युगों और कालों में पौधों का प्रादुर्भाव व विकास हुआ है। आर्कियन काल तक पौधों का जन्म नहीं हुआ था। प्रिकैम्ब्रियन तथा आर्डोवीसियन कालों तक केवल सागरीय भागों में घास की उत्पत्ति हो सकी थी। स्थल पर सबसे प्रथम वनस्पतियों का प्रादुर्भाव सिलूरियन काल में हुआ। लेकिन उनमें पत्तियाँ नहीं थीं। ये पौधे शुष्क पर्यावरण से अपना अनुकूलन कर अपने अस्तित्व को कायम रखे। राइनिया (Rhynia) तथा कुक सोनिया (Cooksonia) प्रथम पादप इसी काल में पैदा हुए थे।

हरी-भरी वनस्पतियों का आवरण डिवोनियन काल के अन्त तक व्याप्त हो गया था। जिनमें पत्तियाँ, जड़ें तथा तने थे। ये पौधे छोटी झाड़ियों से लेकर 50 फीट तक ऊँचे थे। इस युग में लाइकोपाड्स तथा होर्सटेल (Horsetail) पौधों का आविर्भाव हुआ जो शाखा, प्रशाखा, जड़, तना, पत्ते इत्यादि वाले थे। लेकिन आगे चलकर इनका विलोप हो गया। लेकिन इसके बीजाणुओं से कोणधारी वृक्षों का प्रादुर्भाव हुआ।

ज्यादा समय तक कार्बोनिकेरस काल में जलवायु शुष्क थी। लेकिन जहाँ उष्णार्द्र जलवायु थी वहाँ 100 फीट तक ऊँचे बृहदाकर घने जंगलों का आवरण छा गया। परमियन काल में भूगर्भिक हलचलों के कारण अधिकांश वन भू-गर्भ में दब गये और कोयला में बदल गये। परिणाम वनस्पतियों का विनाश हुआ। इस काल में शुष्कता को सहन करने वाले पतझड़ वृक्षों का विकास हुआ। त्रियासिक काल में कोणधारी वनों, तथा मुलायम पत्ती वाले फर्न वृक्षों का विकास हुआ। जुरैसिक काल में पर्याप्त वर्षा के कारण कोणधारी वृक्ष तथा फर्न की प्रमुखता थी। इसी काल में प्रथमतः पुष्पी पौधों का जन्म हुआ।

पुष्पी यथा फिग (Fig), क्रिटशियस काल में मैगनोलिया, ओक, पाम, पोपलन मैपिल, आदि का पर्याप्त विकास हुआ। इस काल में जलवायु परिवर्तन पर्याप्त हुए। लेकिन पुष्पी पौधों ने अनुकूलन कर अपना खूब विकास किया।

इयोसिन काल में उष्ण कटिबन्धीय जलवायु के कारण ग्रीनलैंड तक पतझड़ वाले वृक्षों तथा फूलों का विस्तार हो गया।

ओलिगोसीन युग में शीतल जलवायु की शुरुआत होने के कारण वनों का विनाश हुआ। लेकिन घासों का विकास हुआ।

मायोसीन काल में उत्तरी अमेरिका तथा यूरोप में पतझड़ वाले व्रक्षों, यथा–ओक, मेपिल, सिडार का फैलाव हुआ। उत्तरी अमेरिका में प्रेयरी घासों का आवरण छा गया।

प्लायोसीन काल में यूरोप की कुछ वनस्पतियों का विनाश हुआ लेकिन उत्तरी अमेरिका तथा चीन में मेडेन हेयर वृक्षों का विकास होता गया।

भू-पटल पर प्लीस्टोसीन हिमयुग में हिम चादर फैल गई जिससे यूरोप में मुलायम वनस्पतियाँ नष्ट हो गईं। सिर्फ कठोर प्रकार के वृक्ष, यथा–ओक, विलो, पापलर, एल्म इत्यादि ही जीवित रह सके। लेकिन एशिया व उत्तरी एशिया की वनस्पतियाँ अप्रभावित रहीं।

आज के होलोसीन काल के शुरू में हिम चादर धरातल से हटने लगी। हिम चादर के पीछे हटने तथा गर्म जलवायु के आगमन के कारण यूरोप में पुनः वनों का विस्तार हुआ और वर्तमान वनस्पतियों का आवरण देखने को मिल रहा है। वर्तमान समय में एक तरफ मानव द्वारा वनस्पतियों का विनाश किया जा रहा है तो दूसरी तरफ वृक्षारोपण द्वारा वनों का विस्तार किया जा रहा है।

वनस्पतियों का क्रमिक विकास

क्र.सं. वनस्पति	*कल्प युग*	*काल*	*प्रारंभ होने का समय*
1. नियोजन क्वार्टनी	i होलीसीन	00.09	वर्तमान वनस्पतियाँ
	ii प्लीस्टोसीन	5.000	कठोर वृक्ष
2. केनोजोइक, गार्शियरी,	i प्लायोसीन	11.00	मेडेन हेयर वृक्षों का
	ii मायोसीन	25.00	विकास
	iii ओलिगोसीन	40.00	घास का विकास
	iv इयोसीन	70.00	पतझड़ वनों तथा फूलों का विस्तार
3. मेसोजोइक, सेकन्डरी	i क्रिटैशियस	135.00	पतझड़ वन
	ii जुरैसिक	150.00	
	iii ट्रियासिक	225.00	कोणधरी वन तथा फर्न
4. पैलेइयोजोइक, प्राइमरी	i परमियन	270.00	पतझड़ वन
	ii कारबोनिफेरस	350.00	ऊँचे घने वृहदाकार वृक्ष
	iii डिवोनियन	400.00	हरीभरी वनस्पति
	iv सिलूरियन	440.00	पत्ती रहित वनस्पति
	v आर्डोवीसियन	500.00	जलीय वनस्पति
	vi कैम्ब्रियन	600.00	
5. आर्केइयन	i आर्कइयन	600.00	से पूर्व वनस्पति का अस्तित्व नहीं था।

पौधों का घरेलूकरण

पौधों का घरेलूकरण कब, कहाँ और कैसे शुरू हुआ? यह कहना कठिन है। लेकिन ऐसा अंदाजा है कि आदिम मानव जंगलों से मूल, कन्द, फल आदि को भोजन के लिए एकत्रित करता होगा और भोजनोपरान्त उसके अवशेषों को अपने आवास के पीछे फेंक देता होगा जिनमें से कुछ पौधों के बीज उपयुक्त मौसम पाकर उग आये

होंगे। तत्पश्चात् आदिमानव उनमें से कुछ बीजों को चयन कर मिट्टी में बिखेर कर उगाता होगा और इस प्रक्रिया द्वारा कई प्रकार के पौधों के बीजों का चयन कर बोना शुरू किया होगा। इस तरह इस प्रक्रिया द्वारा कई प्रकार के पौधों के बीजों का चयन कर बोना प्रारंभ किया गया होगा। इस तरह इस प्रक्रिया द्वारा पौधों का घरेलूकरण प्रारंभ हुआ होगा।

यद्यपि घरेलूकृत पौधों को पारिभाषित करना मुश्किल कार्य है फिर भी कहा जा सकता है कि सुरक्षा, देखभाल और अन्न-संग्रह पौधों के घरेलूकरण अंग हैं। लेकिन यह सच्चाई सभी प्रकार के पौधों के घरेलूकरण पर लागू नहीं होता है। एक घरेलूकृत पौध बुद्धिमता पूर्ण ढंग से मानव द्वारा आरोपित किया गया होता है और अनुवांशिकी की दृष्टि से मानव द्वारा जानबूझकर किये गये चयनात्मक प्रजनन के कारण अपने वन्य पूर्वजों से विशिष्ट होता है। घरेलूकृत पौधे मुख्य रूप से अपनी वन्य नस्लों से अपेक्षाकृत बड़े और अधिक फल देने वाले होते हैं। पौधों का घरेलूकरण एक आकस्मिक घटना न होकर विकास की प्रक्रिया है जो मानव और उसके चतुर्दिक विद्यमान प्राकृतिक वनस्पतियों के हजारों-लाखों वर्षों के सन्निध्य का क्रमिक प्रतिफल है।

प्रसिद्ध अमेरिकी सांस्कृतिक भूगोलविद् कार्लसावर ने अपनी पुस्तक (Agricultural Origins and Dispersals में पौधों और पशुओं के घरेलूकरण पर कुछ नये व उत्साहवर्द्धक विचारों को व्यक्त किया है। उनके अनुसार पौधों का घरेलूकरण व मानव भूख के कारण नहीं हुआ चूँकि भुभुक्षित मानव प्रतिक्षण केवल भोजन की खोज में लगा रहता है ऐसा भूखा मानव पौधों के घेरलूकरण से संबंधित अनुभव तथा परीक्षण करने के लिए शताब्दियों तक का समय नहीं लगा सकता है। पौधों का घरेलूकरण से संबंधित अनुभव व परीक्षण करने के लिए शताब्दियों तक का समय नहीं लगा सकता है। पौधों का घरेलूकरण तो पर्याप्त भोजन सामग्री से परिपूर्ण स्थायी निवास वाले मानव का ही कार्य हो सकता है। इस तरह प्रथम पौधा पालक मानव भ्रमणशील शिकारी व भोजन संग्रहकर्त्ता की तुलना में स्थायी निवासी रहा होगा।

कार्लसावर द्वारा इसका कारण बताया गया है कि पौधों का घरेलूकरण घास क्षेत्रों व वृहद बाढ़ क्षेत्रों में नहीं हुआ, बल्कि यह घरेलूकरण ऐसे क्षेत्रों में प्रारंभ हुआ होगा जहाँ विविध प्रकार की वनस्पतियाँ उगती होंगी ताकि संकरण (Cross breeding), प्रयोग व परीक्षण के लिए पर्याप्त वनस्पतियाँ सुलभ हो सकें। उनके अनुसार इस कार्य के लिए पहाड़ी क्षेत्र उपयुक्त रहे होगें जहाँ ऊँचाई व सूर्य उद्‌भासन (Exposure) में विभिन्नता के साथ-साथ जलवायु बदलती रहती हो।

कार्ल सावर का मानना है कि पौधे का घरेलूकरण 14,000 वर्ष से 34,000 वर्ष पूर्व शुरू हुआ होगा। उनके अनुसार दक्षिणी-पूर्वी एशिया के आर्द्र शुष्क मानसून जलवायु वाले क्षेत्र पौधों के घरेलूकरण के प्रारंभिक स्थान रहे होंगे। अन्य विद्वानों ने भी सदा उष्णार्द्र वन क्षेत्रों को पौधों के प्रारंभिक घरेलूकरण के लिए उपयुक्त स्थान माना है। कुछ विद्वानों ने कार्ल सावर से आया विचार दिया है ऐसे विद्वानों के अनुसार दक्षिणी-पश्चिमी एशिया पौधों के घरेलूकरण का प्रारंभिक हृदय स्थल रहा है। इसमें भी दजला फरात नदियों के मैदान की उत्तरी परिसीमा के सहारे वाले पहाड़ी क्षेत्र घरेलूकरण के मुख्य केन्द्र स्थल रहे हैं। 14000 वर्ष पूर्व या इसके भी पूर्व यहाँ की जलवायु आर्द्र थी और यहीं पर पौधों का घेरलूकरण सबसे पहले प्रारंभ हुआ। असल एशिया माइनर से भारत की सीमा तक का क्षेत्र प्राचीन काल में कृषि का हृदय स्थल था और कुछ खाद्यान्नों यथा जौ व गेहूँ का घरेलूकरण इसी क्षेत्र में बार-बार हुआ। ऐसा अनुमान है कि पौधों का घरेलूकरण सर्वप्रथम स्त्रियों ने किया क्योंकि पुरुष मछलियों के पकड़ने तथा आखेट करने में संलग्न रहते थे, जबकि स्त्रियाँ वन्य पौधों से भोजन सामग्री संग्रह करने का कार्य करती थीं। अतः वन्य पौधों के ज्यादा नजदीक में रहने के कारण स्त्रियों ने पौधों का घरेलूकरण किया। जब कृषि से ज्यादा खाद्यान्न प्राप्त किया जाने लगा तो पुरुषों ने स्त्रियों को स्थानापन्न कर लिया।

सभी पौधों का घरेलूकरण एक साथ ही काल में सर्वत्र नहीं शुरू हुआ, बल्कि जो पौधा जिस क्षेत्र में पाया जाता था उसका घरेलूकरण वहीं किया गया। पुरानी दुनिया में कृषि तकनीक का व्यापक क्षेत्र पर धीरे-धीरे विस्तार हुआ। चीन, भारत और अफ्रीका के उप सहारा क्षेत्र में देशज पौधों का घरेलूकरण वहीं किया गया। पुरानी दुनिया में कृषि तकनीक का विस्तृत क्षेत्र पर धीरे-धीरे विस्तार हुआ। पुरानी दुनिया के अन्य देशों में स्वतंत्र रूप से पौधों का घरेलूकरण हुआ। अधिकांश विद्वानों का मत है कि अमेरिकी भारतीयों ने मध्य व दक्षिणी अमेरिका में पौधों का ज्यादा घरेलूकरण किया। ज्यादा अमेरिकियों ने अनाज (कार्न), टमाटर और आलू का घरेलूकरण किया जिसकी जानकारी पूर्वी गोलार्द्धवासियों को नहीं थी।

डब्ल्यू. एल. वामस (जूनियर) तथा प्रो. जे. ई. स्पेन्सर ने अपनी पुस्तक 'कल्चरल जाग्रफ्री में पौधों के घरेलूकरण पर बिस्तृत प्रकाश डाला है। उनके अनुसार उद्देश्यमूलक पौधों के घरेलूकरण के पूर्व पूरा मानव पौधों की विशेषताओं से अवगत हो चुका था। पुरा मानव अपने आसपास के पौधों के सानिध्य में रहकर उनके बारे

में जान चुका था और अपने लिए उपयोगी पौधों का घरेलूकरण करने के लिए उन्हें छाँट लिया था।

जब मनुष्य सोद्देश्य पौधों को लगाने और काटने लगा तो उसने अनेकों पौधों के लक्षणों व उगने की प्रकृति को जाने-अनजाने काटकर, जड़ों को खोदकर, जलाकर, बीजों को छीटकर प्रभावित किया होगा। पूरा मनुष्य उष्णार्द्र व उपोष्ण प्रदेशों में पौधों के अंगों को मिट्टी में बोकर जान गया था कि उनसे नवीन पौधे भी तैयार किये जा सकते हैं। पुरा पाषाण कालीन मानव ने उक्त द्वारा पौधों के घरेलूकरण का उत्तरोत्तर विकास किया।

स्पेन्सर का कहना है कि पौधों का घरेलूकरण लगभग 5000 वर्ष पूर्व हुआ था। लेकिन पुरातत्व की जानकारी के अनुसार यह समय इसके पूर्व भी हो सकता है। 1960 के दशक के उत्तरार्द्ध तक पौधों के घरेलूकरण का समय 11,000 वर्ष पूर्व भी हो सकता है। चूँकि पौधों के प्रथम घरेलूकरण की प्रक्रिया अनियोजित व धीमी गति से चल रही थी, इसलिए यह समय इसके पूर्व भी माना जा सकता है। पौधों का घरेलूकरण एक तरह से निरंतर रही है जो विश्व के एक या दूसरे भाग में होती रही। अतः कुछ पौधों का घरेलूकरण गत सहस्त्राब्दि से पूर्ण हुआ है। आज भी कुछ पौधों यथा हीविया रबड़, कुछ ताड़ और कुछ चारा वाली घासों के घरेलूकरण की प्रक्रिया चल रही है।

स्पेन्सर के अनुरूप पौधों का घरेलूकरण मध्यपूर्व में आर्द्र निम्न पर्वतीय क्षेत्रों में प्रारंभ हुआ और सभी प्रकार के कृषि कार्य गेहूँ और जौ के आधार पर विकसित हुए। लेकिन उनका यह भी मत है कि पौधों का घरेलूकरण केवल उक्त क्षेत्रों में न होकर विश्व के समान जलवायु वाले भागों में भी हुआ जहाँ मानव स्थायी रूप से बस चुका था। **स्पेन्सर** ने पौधों के घरेलूकरण के क्षेत्रों का भी उल्लेख किया है। उन्होंने पौधों के घरेलूकरण के प्राथमिक 6 क्षेत्रों व गौड़ 5 क्षेत्रों का वर्णन किया है जो निम्नलिखित हैं–

(अ) घरेलूकरण के प्राथमिक क्षेत्र की मुख्य फसलें

1. पूर्वी भारत व पश्चिमी बर्मा। चावल, नील, केला, जूट, आम, चना, ज्वार, बाजरा, कमल, सारघम, कुसुम (Safflower)।
2. अबीसीनिया व पूर्वी अफ्रीका उच्च भूमि। कहवा, कठोर गेहूँ, ज्वार-बाजरा सारघम, चावल, जौ. कपास।

3. ऊपरी दक्षिणी-पूर्वी एशिया। बाँस, केला, बीन, चावल, लीची, नींबू, वाटर चेस्टनट, चाय, आदि।
4. दक्षिणी-पश्चिमी एशिया, उत्तरी पश्चिमी भारत।
5. दक्षिणी-पूर्वी एशिया का निचला क्षेत्र, मलेशिया व न्यूगिनी। नींबू, केला, बाँस, गन्ना, विलायती फणस नारियल, (Bread Fruit), कटहल।
6. मध्य अमेरिका प्रदेश। मक्का, मीठा आलू, टमाटर, ताड़, कपास, सेम।
7. उत्तरी मध्य चीन व मध्य एशिया। ज्वार, बाजरा, जौ, सोयाबीन, सरसों, शहतूत।
8. भूमध्य सागरीय बेसिन। जौ, ओट, जैतून, खजूर, गाजर, चुकन्दर।
9. पश्चिमी सूडान पर्वतीय क्षेत्र। सारघम, ज्वार, चावल, सेम, तिलहन, तरबूज, ताड़, इमली।
10. एन्डीज उच्च भूमि क्षेत्र। टमाटर, सफेद आलू, पपीता, कद्दू।
11. पूर्वी दक्षिणी अमेरिका। बाजील नट, पीनट्स, कपास, कोको, तम्बाकू।

(ब) घरेलूकरण के गौड़ क्षेत्र

अपने निबंध 'दि प्रोब्लम्स ऑफ दि ओरिजिन ऑफ दि वर्ल्ड्स एग्रीकल्चर' में **प्रो. पी. आई. वेलीलोव** ने विविध प्रकार के अन्नों का उद्भव व प्रसार नवपाषाण काल से माना है। उनके मानवों का प्राकृतिक या मानवीय कारणों से स्थानान्तरण हुआ अनुसार पौधों का घरेलूकरण प्राचीन दुनिया के प्रदेशों (1) भारत (2) दक्षिणी पश्चिम एशिया क्षेत्र (3) भूमध्य सागरीय क्षेत्र (4) पूर्वी व मध्य पर्वतीय चीन क्षेत्र (5) मध्य मैक्सिको और (6) पर्वतीय अवीसीनिया तथा नई दुनिया के (7) पीरू तथा एन्डीज पर्वत के समुद्र तटीय भागों गें प्रारंभ हुआ और वहाँ में इस प्रक्रिया का विसरण अन्य क्षेत्रों में हुआ।

अपनी पुस्तक 'ह्यूमैन जाग्रफी' में **प्रो. ए. वी. परपिल्यू** ने बताया है कि मानसून एशिया भोज्य पौधों का मौलिक घर है और यहीं से चावल, चाय, गन्ना, ज्वार, बाजरा इत्यादि का विसरण अन्य क्षेत्रों में हुआ।

उपर्युक्त तथ्यों से स्पष्ट होता है कि पौधों का घरेलूकरण निरंतर चलने वाली एक प्रक्रिया है जिसका विकास पुरा पाषाण काल से नव पाषाण काल तक तथा उसके उपरांत भी चल रहा है। आज भी नवीन पौधों का घरेलूकरण की प्रक्रिया चल रही

है। विश्व की तेज गति से बढ़ती जनसंख्या को भोज्य सामग्री को जारी रखना अत्यावश्यक है।

उपरांत का घरेलूकरण एवं पारिस्थितिक तंत्र पर इसका प्रभाव

पौधों का घरेलूकरण पुरा पाषाण काल में शुरू हो गया था। लेकिन नव पाषाण काल में पौधों के घरेलूकरण में काफी विकास हुआ। पौधों के घरेलूकरण से प्राचीन कृषि के प्रारंभ होने के साथ ही मानव व पर्यावरण के मधुर संबंधों में परिवर्तन आने लगा, कृषि क्षेत्रों के विस्तार के लिए वन क्षेत्रों को साफ किया जाने लगाा जिससे पर्यावरण दुष्प्रभावित होने लगा। सर्वप्रथम मानव ने स्थानान्तरणशील कृषि का प्रारंभ किया। इस कृषि के अंतर्गत वन को साफ कर या उसे जलाकर नई कृषि करने के बाद जब वहाँ की भूमि अनुर्वर हो जाती थी तो उसे त्याग दिया जाता था और पुनः नये स्थान पर वन साफ कर नई कृषि भूमि प्राप्त कर कृषि की जाती थी। इसे ही स्थानान्तरणशील कृषि कहते हैं। इस कृषि के लिए भूमि प्राप्त करने के लिए मनुष्य जंगल को जलाता था। कभी-कभी आग का फैलाव हो जाने पर जंगल का ज्यादा भाग जल जाता था और वहाँ से वन्य पशुओं का पलायन हो जाता था या उनमें से कुछ जल भी जाते थे जिससे पारिस्थितिक तंत्र असंतुलित हो जाता था। लेकिन प्रकृति स्वनियामक क्रिया द्वारा वनों का पुनर्स्थापन कर लेती थी जिससे मानव व प्रकृति का संबंध मैत्रीपूर्ण बना रहा।

विश्व की जनसंख्या औद्योगिक क्रांति के बाद तीव्रगति से बढ़ने लगी। इससे मानव की जरूरत भी बढ़ने लगी। तेजी से बढ़ती जनसंख्या की उदर पूर्ति के लिए खाद्यान्नों की जरूरत भी बढ़ती गयी। जिससे भूमि उपयोग में परिवर्तन आने लगा। खाद्य समस्या हल करने के लिए हरित क्रांति लाई गई। हरित क्रांति को सफल बनाने के लिए कृषि क्षेत्र का विस्तार करना जरूरी हो गया। जिसके लिए निर्दयता पूर्वक वनों को काटा जाने लगा तथा घास क्षेत्रों को जलाये जाने लगा। व्यापारिक उद्देश्यों की प्राप्ति के लिए भी वनों को काटा जाने लगा। कृषि से अधिक उत्पादक प्राप्त करने के लिए उसमें मशीनीकरण, रासायनिक कीटनाशक दवाओं, उर्वरकों, सिंचाई आदि का प्रयोग होने लगा जिससे वन क्षेत्र सिमटने लगे तथा वन विनाश के कारण मिट्टी अपरदन, बाढ़ का आना, वन्य जन्तुओं का पलायन या विलोप होने लगा है जिससे विभिन्न पर्यावरणीय समस्याएँ उठ खड़ी हो गई हैं। कृषि में रासायनिक उर्वरकों के प्रयोग से मिट्टी उर्वरता समाप्त होती जा रही है तथा उसकी उत्पादकता घटती जा रही है। कृषि में प्रयुक्त जहरीले कीटनाशकों के विमोचन से जल व वायु

तथा अन्न प्रदूषित हो रहे हैं जो मानव के लिए काफी हारिकारक हैं। अत्यधिक सिंचाई के कारण मिट्टी में क्षारीय अंश बढ़ता जा रहा है तथा उपजाऊ भूमि बंजर होने लगी है। सिंचाई में भूमिगत जल के प्रयोग से भूमिगत जलस्तर नीचा होता जा रहा है तथा कहीं कोटरों का निर्माण होता जा रहा है जिसे वहाँ सागरीय खारे पानी के भर पर पानी अपेय हो जायेगा। सिंचाई के लिए बड़े-बड़े बाँध व जलाशय बनाये जा रहे हैं जिससे विस्तृत भूमि जलमग्न हो जा रही है और अनेकों पर्यावरणीय समस्याएँ जन्म ले रही हैं। उत्तम किस्म के बीजों की प्राप्ति के लिए उनकी नस्लों में परिवर्तन किया जा रहा है जिससे उनके मौलिक गुण समाप्त होते जा रहे हैं। कृषि में कीटनाशकों व रासायनिक उर्वरकों के निरंतर प्रयोग तथा पारिस्थितिक तंत्र में उनके विमोचन से भोजन शृंखला व भोजन जाल कुप्रभावित होने लगा है।

अतः हम कह सकते हैं कि कृषि पौधों के घरेलूकरण तथा कृषि विकास के कारण मानव पर्यावरण के संबंधों में असंतुलन उत्पन्न होता जा रहा है जो भावी पीढ़ी के लिए शुभ संकेत नहीं है। इसलिए ऐसी कृषि विकसित करने की आवश्यकता है ताकि मानव व पर्यावरण के संबंधों में संतुलन बना रहे।

धरती पर पौधों का वितरण

धरती पर वनस्पतियों के वितरण में असमानता पाई जाती है जिसका कारण पौधों को अपने मूल स्थानों से अन्यत्र को विसरण ही है। यदि वनस्पति भूगोल के सिद्धांतों का अवलोकन किया जाय तो स्पष्ट होता है कि वनस्पतियों के विकास क्रम में वृहद पैमाने पर उनका विसरण हुआ है। प्रथम बार जो पौधा जिस प्रदेश में पैदा हुआ उस प्रदेश को उस पौधे की उत्पत्ति केन्द्र कहा जाता है। वनस्पति वैज्ञानिक वेवीलोव महोदय ने 1926 में कृषि पौधों की उत्पत्ति के केन्द्रों का विस्तृत अध्ययन प्रस्तुत किया। ऐसा विश्वास है कि भारत अन्य भागों में इन कृषि उपजों का विस्तार हुआ। जौ, गेहूँ, प्याज, आदि केन्द्र मध्य पूर्व और भूमध्य सागरीय प्रदेशों को माना जाता है। लीची, चाय, बैगन इत्यादि का उत्पत्ति केन्द्र चीन को माना जाता है। मक्का, तथा कपास का उत्पत्ति केन्द्र मध्य अमेरिका व मैक्सिको तथा मूँगफली का ब्राजील और तम्बाकू, सिनकोना, टमाटर आदि का दक्षिणी अमेरिका है। लेकिन उक्त सभी कृषि उपज विश्व के अन्य भागों में पाई जा रही हैं। इसी प्रकार पुष्पी पौधों का उद्‌भव व विकास क्रिटैशियस युग में गोंडवाना लैंड के पश्चिमी भाग (वर्तमान में अफ्रीका तथा दक्षिणी अमेरिका) में हुआ। और उनका विसरण मूल केन्द्र से चतुर्दिक टर्शियरी

युग तक महाद्वीपों के विस्थापन के साथ-साथ होता रहा। उक्त तथ्यों से स्पष्ट है कि वनस्पतियों का उनके नाभिक केन्द्रों से कहीं विसरण हुआ है।

वनस्पति विसरण को प्रभावित करने वाले कारक

(क) बीजों की विशेषताएँ—छोटे आकार वाले तथा अत्यधिक संख्या में उत्पन्न होने वाले बीजों का विसरण ज्यादा होता है इसके विपरीत बड़े आकार वाले बीजों तथा कम संख्या में उत्पन्न होने वाले बीजों का स्थानान्तरण कम होता है। लेकिन ऐसे बीजों से उत्पन्न पौधों की आयु ज्यादा होती है। इसी प्रकार कांटेदार, रोयेंदार, चिपकने वाले बीजों आदि का विसरण पक्षियों व मवेशियों का द्वारा दूर तक होता है। नये आवासों में अनुकूलन, अंकुरण, पुनर्जनन आदि की सामर्थ्य रखने वाले बीजों का विसरण ज्यादा होता है।

(ख) परिवहन के साधन—परिवहन के प्रभावकारी साधनों पर वनस्पतियों का विसरण निर्भर करता है। परिवहन के साधन पौधों उनके बीजों, फलों, फूलों आदि को एक स्थान से दूसरे स्थान को स्थानान्तरित करते हैं जहाँ अनुकूल दशाएँ मिलने पर पौधे विकसित हो जाते हैं। परिवहन के प्रभावकारी साधन निम्नलिखित हैं—

(1) **हवाएँ**—तेज गति से चलने वाले पवन प्रवाह के साथ उड़कर पौधे, बीज, फल-फूल, आदि नाभिक केन्द्र से अन्यत्र चले जाते हैं जहाँ अनुकूल दशाएँ पाकर वे विकसित हो जाते हैं।

(2) **पशु**—शाकाहारी एवं भ्रमणशील जानवर अपने खुरों में बीजों को लेकर एक स्थान से दूसरे स्थान को स्थानान्तरित करते हैं।

(3) **भ्रमणशील पक्षी**—पक्षी मौसम के अनुसार यात्राएँ करते हैं और अपने पंखों व पंजों में बीजों को छुपाकर दूसरे स्थान को पहुँचा देते हैं।

(4) **समुद्री धाराएँ**—समुद्री धाराएँ भी पौधों का परिवहन कर कहीं और लेकर चली जाती हैं। जैसे शैवाल का स्थानान्तरण समुद्री धाराओं से ही होता है।

(5) **बहता जल**—बहते जल के साथ भी अनेकों घासें, बीज इत्यादि स्थानान्तरित हो जाते हैं। जलकुंभी इसका उदाहरण है।

(6) **मानव**—मानव एक भ्रमणशील प्राणी है। वह भी अपनी आवश्यकतानुसार पौधों, फलों, फूलों, बीजों आदि को स्थानान्तरित करता है। वह अपने ज्ञान के अनुसार शंकर बीजों को पैदा करता है और स्थानान्तरित करता है। उसने

कुछ पादपों की संख्या में वृद्धि की है और कुछ का विनाश किया है। उसने नये प्रकार के पौधों का आविष्कार व उनका स्थानान्तरण करके पौधों की शंकर जातियों को अन्यत्र लगाकर, कृषि कार्य करके, पौधों का आवास परिवर्तन करके आदि कार्यों द्वारा पौधों के विसरण को प्रभावित कर रहा है। मानव ने ही उत्पति केन्द्रों से रबर तथा सिनकोना को दक्षिणी अमेरिका से दक्षिणी-पूर्वी एशिया के देशों में; एशिया महाद्वीप से जौ, गेहूं, गन्ना, जई, चावल आदि को विश्व के अन्य भागों में आलू-मक्का, तम्बाकू इत्यादि को यूरोपीय देशों में पहुँचाया है। मानव ने ही उत्तरी अमेरिका से बेहया वनस्पति (Ipomoea Cornea) को भारत लाया है जिसका उन्मूलन भारत के एक बड़ी लिए समस्या बनी हुई है। मानव गेहूँ की नई किस्मों का आविष्कार कर गेहूँ की मेखला को ठंडे प्रदेशों की ओर बढ़ाता जा रहा है। इस प्रकार मानव बीज विसरण का प्रमुख कारक है।

(ग) महाद्वीपीय प्रवाह (Continental Drift)—इसके द्वारा वनस्पतियों का भू-गर्भिक काल में व्यापक पैमाने पर विसरण हुआ है। आदि काल में वर्तमान सभी महाद्वीप एक-दूसरे से जुड़े थे जिनका पैंजिया था। कारबोनीफेरस युग में पैंजिया का विभंजन हुआ जिससे अंगारा लैंड अलग हुए.। इसी प्रकार जुरैसिक युग में विभंजन के कारण गोंडवाना लैंड अलग हुए। इसी तरह जुरैसिक युग में विभंजन के कारण गोंडवाना लैंड से भारत, अफ्रीका, प्रायद्वीप, अन्टार्कटिका अलग हुए। इसी समय उत्तरी अमेरिका व दक्षिणी अमेरिका अंगारा लैंड से अलग हुए। इस तरह महाद्वीपों तथा महासागरों का वर्तमान स्वरूप निर्धारित हुआ। जब महाद्वीपों का विभाजन के पश्चात् प्रवाह हुआ तो उसके साथ-साथ वनस्पतियाँ भी स्थानान्तरित हो गई। ठंढे प्रदेशों में कोयले का पाया जाना, ग्लोसोप्टरीस वनस्पति का ब्राजील, दक्षिणी अफ्रीका, भारत, प्रायद्वीपीय आस्ट्रेलिया, अन्टार्कटिका आदि में पाया जाना महाद्वीपों के साथ-साथ वनस्पतियों के स्थानान्तरण को सिद्ध करता है।

(घ) बीजों की विशेषताएँ—छोटे आकार वाले तथा ज्यादा संख्या में उत्पन्न होने वाले बीजों का विसरण अधिक होता है इसके विपरीत बड़े आकार वाले बीजों तथा कम संख्या में उत्पन्न होने वाले बीजों का स्थानान्तरण कम होता है। लेकिन ऐसे बीजों से उत्पन्न पौधों की आयु अधिक होती है। इसी प्रकार काँटेदार, रोएँदार, चिपकने वाले बीजों आदि का विसरण पक्षियों व मवेशियों द्वारा दूर तक होता है। नये आवासों में अनुकूलन, अंकुरण, पुनर्जनन आदि की सामर्थ्य रखने वाले बीजों का विसरण अधिक होता है।

(ङ) **पौधों का विसरण स्थल सेतुओं द्वारा**—बेरिंग जलडमरू मध्य, पनामा व स्वेज जैसे स्थल सेतुओं से भी वनस्पतियों का विसरण हुआ। **क्रोइजोट** (Croizot) ने 1652 में बताया कि आवृत्तबीजी पौधों का सर्वाधिक स्थानान्तरण दक्षिणी गोलार्द्ध से उत्तरी गोलार्द्ध को स्थल सेतुओं से ही हुआ था। उन्होंने इन स्थल सेतुओं को आवृत्तबीजी पौधों का द्वार कहा है।

वनस्पति विसरण में अवरोध

अनेकों प्राकृतिक अवरोध वनस्पतियों के विसरण में बाधा उत्पन्न करते हैं जिससे वनस्पतियों का विसरण नहीं हो पाता है। महासागर, स्थल, जलवायु, जैविक शक्तियाँ ऐसे ही कुछ प्रमुख अवरोध हैं जो पौधों के विसरण में बाधक होते हैं।

(i) **जलवायु**—कुछ वनस्पतियाँ अपने उत्पत्ति केन्द्र की जलवायु से इतनी ज्यादा समायोजित हो जाती हैं कि उनको नये स्थान पर विसरित करने पर सूख जाती हैं या उनके बीजों में अंकुरण नहीं होता या फल-फूल नहीं लगते हैं। इस प्रकार जलवायु वनस्पतियों के विसरण में बाधा उत्पन्न करती है।

(ii) **स्थल**—उच्च पर्वत मेखलाएँ, हिमागर क्षेत्र, वृहद मरुस्थल, अनुपजाऊ मिट्टी, दलदली भूमि, क्षारीय भूमि, कँकरीली-पथरीली भूमि, आदि स्थलजन्य अवरोध हैं जो पौधों के विसरण को रोकते हैं या उनके अंकुरण व विकास में बाधक होते हैं।

(iii) **महासागर**—पौधों के विसरण में सदा से काफी अवरोधक साबित हैं। यही कारण है कि समुद्री द्वीपों में उत्पन्न पौधों का विसरण काफी दिनों तक समुद्र पार के क्षेत्रों में नहीं हो सका। लेकिन वर्तमान समय में जलयानों का विकास हो जाने से पौधों का विसरण मानव द्वारा होने लगा है। समुद्रों के अतिरिक्त अन्य बड़ी जलराशियों, जैसे—सागर, झीलें आदि भी वनस्पतियों के विसरण में अवरोध उत्पन्न कर रही हैं। लेकिन परिभ्रमणशील मछलियों को खाने वाली पक्षी इन जलाशयों पर पुल का कार्य कर सकते हैं और विसरण के कारण के रूप में कार्य करते हैं।

(iv) **जैविक शक्तियाँ**—अनेक जैविक शक्तियाँ वनस्पतियों के विसरण को रोकती हैं। कुछ पशु कुछ विशिष्ट वनस्पतियों को अपना आहार बनाते हैं

जिससे उनका विसरण नहीं हो पाता। कुछ वनस्पति समुदाय इतने ज्यादा सघन होते हैं कि वे अपनी छत्रछाया में भ्रमणशील पौध जनसंख्या की स्थिरता और अंकुरण को बाधित करते हैं। कुछ कीड़े ऐसे होते हैं जो पौधों के विसरण में अवरोधक होते हैं तथा कुछ जीव ऐसे भी होते हैं जो नवागत वनस्पतियों को बढ़ने में अवरोध पैदा करते हैं। मनुष्य एक तरफ वनस्पतियों का विसरण करता है तो दूसरी तरफ कई वनस्पति जातियों का विलोप कर देता है। मानव अब तक अनेकों पौध समुदायों को नष्ट कर चुका है। इस तरह वह पौधों के विसरण में बाधक भी है।

इस प्रकार विश्व स्तर पर विसरण की शक्तियाँ, उनके विकास और अवरोधों के बीच निरंतर अन्तर्प्रक्रियाएँ होती रहती हैं।

वनस्पति अनुक्रम

प्रसिद्ध वैज्ञानिक ई. एल. ब्राउन का मानव वनस्पति गतिशील है, लगातार परिवर्तनशील समिश्र है। अतीत काल से वनस्पतियों में लगातार परिवर्तन के कारण वनस्पति अनुक्रम की संकल्पना का जन्म हुआ। ऐसा माना जाता है कि सर्वप्रथम हल्ट (Hult) ने 1995 में दक्षिणी स्वीडन के वनस्पति समुदायों को क्रमिक परिवर्तनों के लिए अनुक्रम शब्द का प्रयोग किया था। वनस्पति अनुक्रम को पारिस्थितिक अनुक्रम भी कहते हैं।

ई. पी. ओडम 1971 ने क्रमिक वनस्पति अनुक्रम को पारिस्थितिक अनुक्रम की अपेक्षा पारिस्थितिक विकास कहना अधिक उचित समझा है।

वनस्पति समुदाय के अनुक्रम का वनस्पति के स्वरूप को निर्धारित करने में बहुत बड़ा हाथ होता है। वनस्पति समुदाय स्थिर नहीं होता है और निश्चित क्रम तथा दिशा में कई विकास प्रावस्थाओं से होकर गुजरता है। इस प्रकार किसी भी पारिस्थितिक तंत्र में किसी एक वनस्पति समुदाय का दूसरे वनस्पति समुदाय द्वारा धीरे-धीरे प्रतिस्थापन को वनस्पति अनुक्रम कहते हैं। वनस्पति समुदाय के परिवर्तन के क्रम को क्रमक (Sere) कहते हैं। जब किसी पारिस्थितिक तंत्र या निवास्य में वनस्पति समुदाय परिवर्तन की विभिन्न प्रावस्थाओं से गुजरने के पश्चात् स्थिरता को प्राप्त कर लेता है तो उसे चरम समुदाय (Climax Community) या चरम वनस्पति (Climax Vegetations) कहते हैं। इस अवस्था में पादपों का सर्वाधिक विकास हो जाता है।

क्लीमेन्ट्स (Clements 1916) कहते हैं कि वनस्पति अनुक्रम एक प्राकृतिक प्रक्रिया है जिसके द्वारा वह क्षेत्र विभिन्न वर्गों या समुदायों द्वारा अनुक्रमिक रूप से उप निवेशित हो जाता है। (Plant Succession is a natural process by which the same locality becomes successively colonised by different groups or communities).

ई. पी. ओडम के शब्दों में 'किसी इकाई क्षेत्र में वनस्पति समुदाय परिवर्तन की क्रमिक प्रक्रिया को वनस्पति अनुक्रम कहते-हैं'। (Plant Succession is an orderly process of community change in an unit area).

वनस्पति अनुक्रम के लिए उत्तरदायी कारक

1. मृदा के गुणों में परिवर्तन—मिट्टी के गुणों में परिवर्तन से भी वनस्पति शुरू हो जाता है। मृदा में परिवर्तन निम्न दो कारणों से होता है—

2. जलवायु—जब किसी निवास्य या पारिस्थितिक तंत्र में दीर्घकालीन जलवायु परिवर्तन होने लगते हैं तो पौधे उससे समायोजन नहीं कर पाते हैं। फलतः वनस्पतियाँ पूर्ण या आंशिक रूप में नष्ट हो जातीं हैं तथा वहाँ खुली व नग्न भूमि विकसित होने लगती हैं। सूखा, भारी हिम वर्षा तथा ओला आदि के कारण भी वनस्पति विनाश होता है और नई वनस्पतियाँ उग आती हैं।

कभी-कभी जलवायु परिवर्तनों से जलमग्र भागों के उन्भज्जन से नई निर्जीव भूमि अस्तित्व में आ जाती है जिस पर वनस्पति अनुक्रम शुरू हो जाता है।

(क) **मिट्टी निक्षेपण**—लगातार मिट्टी के निपेक्षण से वनस्पति आवरण मिट्टी में दब जाता है तथा नष्ट हो जाता है और उस नव नग्न खुली भूमि पर वनस्पति अनुक्रम प्रारंभ हो जाता है।

(ख) **मिट्टी अपरदन**—ज्यादातर मिट्टी अपरदन के कारण नवीन खुली नग्न भूमि अस्तित्व में आ जाती है जिस पर एक के बाद एक वनस्पतियाँ उगने लगती हैं और अनुक्रम प्रारंभ हो जाता है।

3. अग्निकांड—वनों में कभी-कभी वनाग्नि या मानव द्वारा जाने-अनजाने आग लग जाती है जिससे वन जल कर समाप्त हो जाते हैं जहाँ नवीन वनस्पतियाँ विकसित होने लगती हैं और वनस्पति अनुक्रम शुरू हो जाता है।

4. जैविक कारक—इसके अंतर्गत मानवीय क्रियाकलाप मुख्य रूप से शामिल हैं। मानव पशुचारण, कृषि के लिए वनस्पतियों को साफ करके, फसल को काट

करके, वन नाश आदि करके वनस्पतियों को नष्ट कर देता है जिससे वहाँ वनस्पति अनुक्रम प्रारंभ हो जाता है। परजीवी पौधे व पशु भी वनस्पतियों को विनष्ट करते हैं और वहाँ वनस्पति अनुक्रम शुरू हो जाता है।

वनस्पति अनुक्रम की अवस्थाए

सर्व प्रथम 1916 में क्लीमेन्ट्स ने वनस्पति विकास की निम्नलिखित 5 प्रावस्थाओं का उल्लेख किया है–

1. **प्रथम अवस्था**–इस अवस्था में खुली नग्न भूमि का प्रादुर्भाव होता है। इसे नग्नता (Nudation) की प्रावस्था कहते हैं।
2. **प्रतिक्रिया (Reaction)**–इस चतुर्थ अवस्था में पौधों का विकास होता है तथा उनमें प्रतिस्पर्धा उत्पन्न होती है। इस प्रतिस्पर्धा में शक्तिशाली पौधों का विकास होता है और कमजोर पौधों का नाश हो जाता है।
3. **स्थिरीकरण (Stabilisation)**–इसमें वनस्पतियाँ स्थिरता को प्राप्त कर चरमावस्था को प्राप्त करती हैं। इसमें वनस्पतियों का सर्वाधिक विकास होता है।
4. **स्थानान्तरण (Migration)**–इस अवस्था में नग्न खुली भूमि पर अन्य भागों से बीजों का आगमन होता है। यह द्वितीय प्रावस्था है।
5. **सुस्थिति (Ecesis)**–इस तृतीय अवस्था में बीजों का अंकुरण व जनन होता है।

वनस्पति अनुक्रम की प्रवृत्तियाँ

1. ऊर्जा प्रवाह द्वारा पोषित जैव पदार्थों व जैव भार में वृद्धि होती जाती है। लेकिन परजीवी अनुक्रम में इसका उल्टा होता है।
2. इसमें प्राकृतिक चयन का प्रभाव बढ़ता जाता है।
3. पारिस्थितिक तंत्र या निवास्य के पौधों व पशुओं में लगातार परिवर्तन होता जाता है।
4. वार्षिक उत्पादन में कमी आती है।
5. वनस्पति जाति (Species) की विविधताओं में वृद्धि होती जाती है।

(क) ऊर्जा तथा पोषण मात्रा में क्रमिक परिवर्तन के आधार पर

1. स्वपोषी अनुक्रम (Autotrophic Succession)—जब किसी क्षेत्र में स्वपोषी जीवों जैसे हरे पौधों का प्रारंभ से ही बाहुल्य रहता है तो पूर्व निर्मित जैविक पर्यावरण में यह अनुक्रम प्रारंभ होता है वहाँ ऊर्जा प्रवाह बना रहता है तथा ऊर्जा प्रवाह द्वारा जैव पदार्थों की मात्रा में बढ़ोत्तरी होती जाती है।

2. परपोषी अनुक्रम (Heterotrophic Succession)—जहाँ परपोषी जीवों जैसे बैक्टीरिया, फंजाई आदि का आधिपत्य रहता है वहाँ पूर्व निर्मित जैव पर्यावरण में यह अनुक्रम शुरू होता है और वहाँ ऊर्जा की मात्रा में लगातार कमी आती जाती है। और इसमें प्राकृतिक चयन का प्रभाव बढ़ता जाता है।

(ख) नग्न भूमि क्षेत्र के आधार पर

1. प्राथमिक अनुक्रम (Primary Succession)—जब निर्जीव व नग्न भूमि क्षेत्र पर जहाँ पूर्व में कभी भी वनस्पतियाँ नहीं थी, पौधों का अंकुरण व विकास होता है तो उसे प्राथमिक अनुक्रम कहते हैं। नवीन लावा प्रवाह क्षेत्र, हिमावरण के समाप्त होने पर नव निर्मित उन्ज्जित द्वीप, खुल्ला भाग, झील के सूख जाने पर सूखी झील की तली, नदी निक्षेपण से बना बाढ़ का मैदान, मानव द्वारा किसी क्षेत्र में लगाया गया मिट्‌टी का अम्बार आदि ऐसे ही नग्न भूमि क्षेत्र हैं।

2. द्वितीयक अनुक्रम (Secondary Succession)—पूर्व में किसी क्षेत्र में वनस्पति तथा वनस्पति समुदाय का विकास हुआ था। लेकिन प्राकृतिक या मानवीय हस्तक्षेप से उस क्षेत्र की वनस्पतियाँ पूर्णरूपेण या आंशिक रूप में नष्ट कर दी जाती हैं तो ऐसे क्षेत्रों में शेष वनस्पतियाँ दुबारा विकसित होने लगती हैं। वनस्पति समुदाय के दुबारा विकास को द्वितीयक अनुक्रम कहते हैं। इसे उपक्रमक (Subsere) भी कहते हैं। प्राथमिक अनुक्रम की तुलना में द्वितीय अनुक्रम में वनस्पति समुदाय के विकास की कम प्रावस्थाएँ होती हैं और वनस्पतियाँ शीघ्र की चरम अवस्था को प्राप्त हो जाती हैं।

3. अन्तःप्रेरित अनुक्रम (Autogenic Succession)—जब वनस्पति समुदाय अपने पर्यावरण से प्रतिक्रिया करके अपने निवास्य के पर्यावरण को बदल देते हैं तो उनका अस्तित्व संकट में पड़ जाता है। ऐसी दशा में उनके स्थान पर नये वनस्पति समुदायों द्वारा प्रतिस्थापन हो जाता है जिसे अन्तःप्रेरित अनुक्रम कहते हैं।

4. बाह्यप्रेरित अनुक्रम–जब किसी बाह्य कारण से विद्यमान वनस्पति समुदाय का प्रतिस्थापन किसी अन्य वनस्पति समुदाय द्वारा हो जाय तो बाह्यप्रेरित अनुक्रम कहा जाएगा।

(ग) पर्यावरण की प्रकृति (मुख्यता आर्द्रता संबंध) के आधार पर

1. जल क्रमक (Hydrosere)–जब अनुक्रम झील, तालाब, नदी, दलदली इत्यादि जलीय भागों में प्रारंभ होता है तो उसे जल क्रमक कहते हैं।

2. शुष्कता जन्य क्रमक (Xerosere)–शुष्क मरुस्थल निवास्य में जहाँ न्यूनतम आर्द्रता होती है वहाँ के अनुक्रम को एक्सेरो सेरे कहते हैं। यह दो प्रकार का होता है–

(i) **बालू जन्य अनुक्रम (Psammosere)**–बालू वाले निवास्यों में होने वाले अनुक्रम को बालू जन्य अनुक्रम कहते हैं।

(ii) **चट्टानी सतह जन्य अनुक्रम (Lithosere)**–यह नग्न चट्टानी सतह पर प्रारंभ होता है।

3. आर्द्रता जन्य क्रमक (Mesearch)–पर्याप्त आर्द्रता वाले भागों में प्रारंभ अनुक्रम को मिसार्च क्रमक कहते हैं।

4. नमकीन जलीय क्रमक (Halosere)–नमकीन जल या मिट्टी में होने वाले अनुक्रम को हैलो सेरे कहते हैं।

5. सूक्ष्म जीव जन्य अनुक्रम (Serule)–यह सूक्ष्म जीवों जैसे बैक्टीरिया, फंजाई आदि के अनुक्रम से संबंधित है जो गिरी हुई लकड़ी के कुन्दों, गिरे वृक्षों इत्यादि पर शुरू होता है।

उपरोक्त के अध्ययन से मालूम होता है कि वनस्पति केवल पृथ्वी पर पौधों का आवरण ही नहीं है बल्कि पोधों व पर्यावरण की अन्तर्क्रियाओं का परिचायक है। वनस्पति अनुक्रम के सिद्धान्तों के ज्ञान से वनों, कृषि, पर्वत श्रेणियों व वन्य जीवन के प्रबंधन में सहायता मिलती है।

विश्व स्तर पर प्रमुख बायोग/जीवोम

आर. एच. हीटेकर (R.H. Whittaker 1970) के अनुसार भूतल के संदर्भ में जैव समुदाय को मुख्य प्रकारों के जीवोम तथा वनस्पति प्रधान जीवोम को

वनस्पति समूह (Formation) कहते हैं। पौधों और प्राणियों के संदर्भ में भूतल के जैव समुदाय के प्रकार को जीवोम कहते हैं। इस तरह जीवोम के अन्तर्गत पौधों और प्राणियों का अध्ययन किया जाता है।

एफ. ई. क्लीमेन्ट्स. और **वी. ई. शेलफोर्ड (V.E. Shelford)** के अनुसार '**जीवोम** भौगोलिक सीमाओं में एक जैव समुदाय है जो अपने विशिष्ट जीवन स्वरूप और महत्त्वपूर्ण जातीय श्रेष्ठता में पहचाना जाता है। (Biome is biotic community of geographical extent characterised by distinctiveness in the life form of the important climax species) **ई. पी. ओडम** के शब्दों 'प्रोदशिक जलवायु, वहाँ पायी जाने वाली समजीव जात (Biota) से अन्तर्प्रक्रिया करती है और वृहद तथा आसनीपूर्वक पहचाने जाने वाली समुदाय इकाइयों जिसे जीवोम कहते हैं को उत्पन्न करने के लिए आधार प्रस्तुत करती हैं।'(Regional climates interact with regional biota and substrate to produce large, easily recongnisable community units, called Biomes).

जीवोम के प्रमुख लक्षण

1. इसमें पौधे व प्राणी क्रमिक विकास की अवस्थाओं से गुजरकर वर्तमान जैविक गुण प्राप्त कर लेते हैं।

2. जीवोम में पौधे व प्राणी अपने को अनुकूलित कर लेते हैं।

3. बायोम में पौधों और प्राणियों का अध्ययन किया जाता है।

4. प्रत्येक जीवोम के पौधों और प्राणियों में विशेष साहचर्य पाया जाता है।

5. प्रत्येक जीवोम में संतुलित प्राकृतिक जीवन की दशा देखने को मिलती है। जो दूसरे जीवोम से भिन्न होती है।

जीवोम के प्रकार

जलीय जीवोम स्थलीय जीवोम स्वच्छ जल समुद्री जीवोम वन धासमरुस्थल मानवकृत तालाब झील नदी झरना एश्चुअरी समुद्री शुष्क शीतल कृषि क्षेत्र गीचे

विश्व के प्रमुख जीवोम

जीवोम	*वनस्पति समूह*
(क) वन	1. भूमध्य रेखीय वन जीवोम

		2. उष्ण कटिबन्धीय पतझड़ वन जीवोम
		3. शीतोष्ण कटिबन्धीय पतझड़ वन जीवोम
		4. शीतोष्ण कोणधारी वन जीवोम
		5. भूमध्य सागरीय वन जीवोम
(ख)	घास	1. सवाना घास जीवोम
		2. शीतोष्ण कटिबन्धीय घास जीवोम
(ग)	मरुस्थलीय	1. अर्द्ध मरुस्थलीय झाड़ियाँ व घारा जीवोग
		2. शुष्क मरुस्थलीय छोटी झाड़ियाँ जीवोम
(घ)	टुंड्रा	1. आर्कटिक जीवोम
		2. अल्पाइन जीवोम

वन जीवोम

Forest (वन) शब्द लैटिन भाषा के शब्द से बना है जिसका अर्थ है सीमा (Boundary) इसके अंतर्गत अविकसित एवं आकर्षित भूमि सम्मिलित की जाती है। वर्तमान समय में सेग्रीआ (Sagreiya) के अनुसार वह संपूर्ण भूमि जो वन उद्योग के लिए व्यवस्थित की जाती है तथा जिसमें झाड़ियाँ, वृक्ष, लताएँ आदि उगती हैं, वन क्षेत्र के अंतर्गत शामिल की जाती है। प्रमुख वन जीवोमों का विवरण निम्नांकित है–

भूमध्य रेखीय वन जीवोम

1. इसे उष्णार्द्र वन जीवोम तथा अयनवर्ती सदाबहार वर्षा वन जीवोम भी कहते हैं यह विषुवत रेखा से 10 अंश उत्तरी व 10 अंश दक्षिणी अक्षांशों के मध्य उच्च तापमान व ज्यादा वार्षिक वर्षा वाले क्षेत्रों में पाया जाता है। इसका विस्तार आमेजन बेसिन, कांगो बेसिन व दक्षिणी-पूर्वी एशिया के मलेशिया, हिन्देशिया, न्यूगिनी, बोर्नियो तथा उत्तरी पश्चिमी आस्ट्रेलिया के छोटे भाग पर मिलता है। पौधों तथा प्राणियों की वृद्धि व विकास के लिए अनुकूल दशाएँ पाये जाने के कारण इसे अनुकूलतम जीवोम कहा जाता है।

2. वर्ष भर इस जीवोम में उच्च तापमान रहता है तथा वर्ष भर वर्षा होती है। औसत वार्षिक तापमान 20° से.ग्रे. होता है। तापमान कभी भी 31° से.ग्रे. से ज्यादा नहीं होता है। वार्षिक तापान्तर मात्र 3° से 6° से.ग्रे. तथा दैनिक तापान्तर 5° अंश

9° से.ग्रे. के बीच रहता है। वार्षिक वर्षा की मात्रा 50मी. से 250 से.मी. के मध्य रहती है। वर्ष के दो या तीन महीनों को छोड़कर वर्ष के हर माह में 10 से.मी. वर्षा अवश्य हो जाती है। यहाँ संवाहन वर्षा होती है। यहाँ शीत ऋतु नहीं होती, बल्कि रातें ही शीत ऋतु होती हैं। वर्षा की अधिकता के कारण दलदल ज्यादा पाये जाते हैं। लेकिन नीचे की ओर सूर्य की मात्रा कम होती है और धरातलीय सतह पर बिल्कुल ही सूर्य प्रकाश नहीं पहुँचता है जिससे वहाँ घुप्प अँधेरा छाया रहता है। इसी प्रकार वायु की गति वनों के ऊपरी आवरण से नीचे की ओर घटती जाती है लेकिन नीचे की ओर वायु में नमी की मात्रा कम होती जाती है और धरातलीय सतह पर बिल्कुल ही सूर्य प्रकाश नहीं पहुँचता है जिससे वहाँ घोर अंधेरा छाया रहता है। इसी प्रकार वायु की गति वनों के ऊपरी आवरण से नीचे की ओर घटती जाती है लेकिन नीचे की ओर वायु में गति वनों के ऊपरी आवरण से नीचे की ओर घटती जाती है लेकिन नीचे की ओर वायु में नमी की मात्रा बढ़ती जाती है। जिसका कारण वाष्पीकरण की मात्रा का घटते जाना है।

3. उच्च तापमान व ज्यादा वर्षा के कारण इस जीवोम में सघन वनस्पतियाँ पाई जाती हैं। ये वनस्पतियाँ वर्ष भर हरी-भरी रहती हैं। पेड़ों की पत्तियाँ चौड़ी, गहरे हरे रंग, बड़ी तथा कड़ी होती हैं। पेड़ लम्बे, सीधे तथा कम डालियों वाले होते हैं। इनकी जड़ें ज्यादा गहराई में न जाकर सतह पर फैली रहती हैं। वृक्षों की छालें पतली तथा पत्तियाँ खुरदरी और लकड़ी कठोर होती है। वृक्ष सूर्य प्रकाश की प्राप्ति की होड़ में लम्बे होते हैं। इनकी ऊँचाई 40 मीटर से 80 मीटर तक होती है। यहाँ के वनों में वृक्षों, लताओं और झाड़ियों की कई श्रेणियाँ होती हैं। प्रथम श्रेणी में 30 मीटर ऊँचाई वाले वृक्ष, लताओं वाले वृक्ष आते हैं जो सूर्य प्रकाश की प्राप्ति के लिए लम्बे होते हैं। द्वितीय श्रेणी में 25 से 30 मीटर ऊँचे वाले वृक्ष आते हैं जो सूर्य प्रकाश की प्राप्ति के लिए लम्बे होते हैं। तृतीय श्रेणी में 15 से 20 मीटर ऊँचे वृक्ष आते हैं। जिनकी पत्तियाँ चौड़ी होती हैं ताकि ज्यादा सूर्य प्रकाश प्राप्त कर सकें। चौथी श्रेणी में लतायें आती हैं। लताएँ कम ऊँचाई से लेकर 240 मीटर तक लम्बी होती हैं। वृक्षों पर ये लताएँ चंदोवा का निर्माण; करती हैं जिससे सूर्य प्रकाश कठिनाई से धरातल तक पहुँच पाता है। इनका आकार काफी टेढ़ा मेढ़ा होता है। चूँकि वृक्षों के सहारे ये ऊपर नीचे आती रहती हैं। लताएँ वृक्षों को इस प्रकार बांधे रहती हैं कि उनमें चलना ज्यादा कठिन होता है। इन्हें निचले स्तर की लताओं और लम्बी लताओं दो वर्गों में बांटा जाता है। इनमें महालता 20 से.मी. मोटी तथा 240 मीटर ऊंची होती है। पांचवी श्रेणी में उपारे निवासी झाड़ियाँ (Epiphytes) आती हैं। इनका धरातल

से कोई संबंध नहीं होता है। ये वृक्षों की शाखाओं और डालियों पर जन्म लेती हैं। आकार के आधार पर इन्हें दो वर्गों में रखा जाता है—**प्रथम**—वृहदाकार उपरिनिवासी झाड़ियाँ जिसके अंतर्गत पुष्पी फर्न, एवं आवृत्तबीजी झाड़ियाँ आती हैं। **द्वितीय**—लघु आकार उपरिनिवासी झाड़ियाँ जिसमें लाइकेन, शैवाल, मांस आदि आती हैं।

इस जीवोम में आबनूस, महोगनी, रोजवुड, एबोनी, वॉस, गटापार्चा, सिनकोना, आयरन वुड बालनट, रबड़, बेंत, पारानट, सुपाड़ी, नारियल, सीडर, मैनियोक, लांगवुड, ब्राजीलवुड आदि वृक्ष उगते हैं। इसमें वृक्षों की सर्वाधिक प्रजातियाँ पाई जाती हैं। जैरो मलेशिया में पुष्पी पौधों की 20 हजार प्रजातियाँ, अफ्रीका में छह हजार से सात हजार तक, ब्राजील में चालीस हजार तक प्रजातियाँ पाई जाती हैं। इस जीवोम के वृक्षों की जाति संख्या में विभिन्नता पाई जाती है यथा मात्र एक हेक्टेयर क्षेत्र में वृक्षों की 40 से 100 जातियाँ तक पाई जाती हैं।

इस जीवोम में स्वपोषी, परपोषी, परजीवी, मृतोपजीवी, सभी प्रकार के पौधे कम-ज्यादा मात्रा में पाये जाते हैं।

मैनग्रोव वनस्पति दलदली डेल्टा वाले समुद्र तटीय भागों में पाई जाती है जो विषुवत रेखीय उष्णार्द्र वनों का एक प्रकार है। इस जीवोम के वनों का आर्थिक महत्त्व कम है क्योंकि (i) आवागमन का कम विकास हो पाया है (ii) एक ही क्षेत्र में विविध प्रजातियों के वृक्ष उगते हैं (iii) लकड़ी कठारे होती है (iv) आर्थिक व वैज्ञानिक विकास कम हो पाया है (v) पूँजी की कमी है। लेकिन आमेजन बेसिन में वनों की अन्धाधुन्ध कटाई हो रही है जिसके विरुद्ध जन आन्दोलन वहाँ चलाया जा रहा है। लेकिन पूँजापतियों व ब्राजील सरकार की मिलीभगत से राफलता नहीं मिल रही है।

प्राणि जीवन—इस जीवोम में विभिन्न जातियों वाले प्राणी पाये जाते हैं। यहाँ वनस्पतियों में वर्ष भर वृद्धि होते रहने के कारण प्राणियों के लिए प्रचुर आहार प्राप्त सदा उपलब्ध रहता है जिससे उन्हें आहार की खोज में स्थानान्तरित नहीं होना पड़ता है। यहाँ के प्राणियों का जीवन जीवन्त है और ये रात-दिन अपने क्रियाकलापों द्वारा दौड़ धूप करते रहते हैं। संपूर्ण जीवोम पक्षियों तथा जन्तुओं के कलरव से गंजता रहता है। इस जीवोम के कुछ जन्तु दिन में तथा कुछ रात में क्रियाशील होते हैं। यदि प्राणियों का लम्बवत् स्तरीकरण किया जाय तो प्रत्येक स्तर में विभिन्न प्रकार के पशुपाती व जीव-जन्तु देखने को मिलते हैं। अधिकांश प्राणी वृक्षवासी हैं जिनमें गुरिल्ला, चिम्पैजी, बन्दर, तितलियाँ विविध पक्षी, साँप, छिपकली, गिरगिट, आदि प्रमुख हैं। इन जन्तुओं में नाखूनी पंजे, चिपकने वाला पैर का तलवा, अँगुलियां

इत्यादि होती हैं ताकि वे वृक्ष पर चढ़ सकें। कुछ प्राणी स्थल पर विचरण करने वाले होते हैं। जिनमें सूअर, हाथी, चीता, तेन्दुआ आदि प्रमुख हैं। ये भारी शरीर वाले तथा शक्तिशाली होते हैं ताकि सघन वनों में भी विचरण कर सकें लेकिन इनकी संख्या कम होती है। यहाँ कुछ हवा में तैरने वाले जन्तु यथा लोमड़ी, मेंढक, गिलहरी आदि भी पाये जाते हैं। इनके अलावा धरातल पर मिट्टी में, पत्थरों में, वृक्षों के कोटरों इत्यादि में अनेकों प्रकार के कीड़े-मकोड़े, विषैली मक्खियाँ तथा टिसी इत्यादि मिलते हैं। इस जीवोम में शाकाहारी, मांसाहारी व हिंसक सभी प्रकार के प्राणी मिलते हैं।

जे.एल. हेरिसन महोदय ने इस जीवोम के प्राणियों को लम्बवत रूप में निम्नलिखित 6 समुदायों में विभाजित किया है–

1. **उड़न जन्तु समुदाय**–इसमें मध्य स्तर के उड़ने वाले पक्षी रहते हैं।
2. **स्थलीय वृहद जन्तु समुदाय**–इस स्तर में धरातल पर विचरण करने वाले बड़े आकार के जन्तु, जैसे–चीता, हाथी, भैंसा, सूअर आदि मिलते हैं। इसमें अधिकांश जन्तु स्तनधारी होते हैं।
3. **ऊपरी वायु जन्तु समुदाय (Upper Air Animal Community)**-यह सबसे ऊपरी भाग में पाया जाता है। इसमें भक्षी पक्षियाँ, कीट, मांस भक्षी जन्तु चमगादड़, आदि आते हैं, ये तीव्र गति से उड़ने वाले होते हैं।
4. **स्थलीय लघु जन्तु समुदाय**–इसमें सूक्ष्म मकोड़े, कीड़े, फुदक कर चलने वाले, बिल में रहने वाले इत्यादि जन्तु आते हैं। इनमें से अधिकांश कीटभक्षी होते हैं।
5. **चंदोवा समुदाय (Canopy Community)**–इसमें शाकाहारी व मांसाहारी जीव, यथा–बन्दर, छिपकली, गिलहरी, चिड़ियाँ इत्यादि आते हैं।
6. **वृक्षों पर चढ़ने वाला समुदाय**–इस स्तर में वृक्षों पर रेंगने वाले तथा चढ़ने वाले जीवों को रखा गया है। इनमें अधिकांश शाकाहारी व मांसाहारी दोनों होते हैं।

वन जीवोम के उष्ण कटिबन्धीय पतझड़

1. मानसूनी जलवायु वाले भागों में यह जीवोम पाया जाता है। अतः इसे मानसूनी पतझड़ वन जीवोम भी कहते हैं। यह जीवोम सामान्यतया 50 से 300 अक्षांशों के मध्य दोनों गोलार्द्धों में महाद्वीपों के पूर्वी भागों में पाया जाता है। इसका

विस्तार वर्मा, दक्षिणी चीन, भारत, पाकिस्तान, बांग्ला देश, दक्षिण-पूर्वी एशिया के देश (विषुवत रेखी भागों को छोड़कर) व मध्यवर्ती अमेरिकी देशों में मिलता है। इस जीवोम के कुछ छिटपुट भाग द. ब्राजील, दक्षिण अफ्रीका, दक्षिणी-पूर्वी संयुक्त राज्य अमेरिका आदि में भी मिलता है। इस जीवोम में सवाना और सदाबहार वन के मध्य की दशाएँ देखने को मिलती हैं।

2. जलवायु—मानसूनी जलवायु इस जीवोम गें पाई जाती है। इसमें मुख्य रूप से वर्षा, इस जीवोम में दो शीत ऋतुएँ होती हैं। लेकिन भारत में चार ऋतुएँ होती हैं, जिनके नाम हैं—ग्रीष्म, वर्षा, शीत व शरद ऋतुएँ। ग्रीष्म ऋतु आर्द्र तथा शीत ऋतु शुष्क होती है। वार्षिक वर्षा की मात्रा 100 से 250 से.मी. तक होती है। समुद्र तटीय तथा पर्वतीय भागों में अधिक वर्षा होती है। ज्यादा वर्षा ग्रीष्म ऋतु में होती है। 15 जून से 15 सितम्बर के मध्य संपूर्ण वर्षा का लगभग 90% प्राप्त होता है। यहाँ की वर्षा अनिश्चित तथा असमान होती है।

इसमें ग्रीष्म ऋतु में ज्यादा तापमान अर्थात् 30° से 45° से. ग्रे. तक तथा शीत ऋतु में तापमान 15° से 20° से. ग्रे. के मध्य रहता है। शीत ऋतु में साधारण ठंड पड़ती है। वार्षिक तापान्तर ज्यादा होता है जबकि दैनिक तापान्तर 20° से 25° से. ग्रे. तक पाया जाता है।

शुष्क ग्रीष्म ऋतु में ज्यादा वाष्पीकरण होने के कारण मिट्टी में जल की न्यूनता आ जाती है। परिणामतः यहाँ की वनस्पतियाँ पर्णपाती होती हैं और पादप शरद ऋतु के अन्त में अपनी पत्तियाँ गिरा देते हैं।

वनस्पति—इसमें तापमान व वर्षा में अनेकता के कारण विविध प्रकार की वनस्पतियाँ पाई जाती हैं। इसमें वर्षा व वनस्पति के मध्य घनिष्ट संबंध देखने को मिलता है 200 से.मी. से ज्यादा वर्षा वाले भागों में सदाबहार वन तथा महोगनी, चन्दन, रबड़, नारियल आदि मिलते हैं जबकि 100 से 200 से.मी. वार्षिक वर्षा वाले भागों में मानसूनी पतझड़ वृक्ष शुष्क ऋतु में अपनी रक्षा के लिए पत्तियाँ गिरा देते हैं। 50 से 100 से.मी. वार्षिक वर्षा वाले भागों में बबूल घास, आदि मिलते हैं। वर्षा काल में घासों का घनत्व बढ़ जाता है और शुष्क काल में घट जाता है। 50 से0 मी0 से कम वर्षा वाले भागों में कटीली झाड़ियाँ मिलती हैं।

15 से 30 मीटर तक वृक्षों की ऊँचाई होती है। वृक्षों के तने मोटे, छालें मोटी व खुरदरी तथा पत्तियाँ आकार में बड़ी व जलानुकूलित होती हैं। कुछ वृक्षों की पत्तियाँ आकार में छोटी व कड़ी होती हैं। इन जीवोम में पादपों की कम प्रजातियाँ मिलती

हैं। इसमें कहीं-कहीं पार्क सवाना जैसा दृश्य देखने को मिलता है अर्थात् घासों के बीच कहीं-कहीं ज्यादा विरल वृक्ष मिलते हैं।

खुले वन होने के कारण वनों को साफ कर कृषि क्षेत्र का विस्तार किया गया है। जिससे वन क्षेत्र में तेजी ह्रास के कारण मिट्टी अपरदन, जलवायु, बाढ़ तथा लकड़ी प्राप्ति संबंधी समस्याएँ उत्पन्न हो गई हैं और यह जीवोम असन्तुलित होता जा रहा है।

3. प्राणी जीवन—इस जीवोम में शाकाहारी व मांसाहारी दोनों प्रकार के प्राणी पाये जाते हैं। वनों में हिंसक पशु पाये जाते हैं जिनमें चीता, शेर, हाथी, तेंदुआ, नील गाय आदि हैं। घास क्षेत्रों में शाकाहारी जन्तु पाये जाते हैं, जिनमें भैंस, गाय, घोड़ा, खच्चर, बैल, हिरन, खरगोश, गदहा, आदि प्रमुख हैं। कटीली झाड़ी वाले क्षेत्रों में भेड़ें, बकरियाँ, ऊँट आदि मिलते हैं। इस जीवोम में पशुओं को पाला जाता है और उनसे मांस, दूध, ऊन आदि प्राप्त किये जाते हैं। शुष्क काल में पत्तों के गिरने, घासों के सूखने तथा पेय जल की कमी के कारण कुछ जन्तु मौसमी प्रवाह करते हैं। पशु-पक्षियों में प्रजनन की मौसमी प्रवृत्ति पाई जाती है। इस जीवोम में प्राणियों की कम जातियाँ पाई जाती हैं।

वन जीवोम के शीतोष्ण कटिबन्धीय पतझड़

300 से 450 अक्षांशों के यह जीवोम दोनों गोलार्द्धों में फैला हुआ है। इसके अंतर्गत दक्षिणी-पूर्वी संयुक्त राज्य अमेरिका, पूर्वी-दक्षिणी अमेरिका, दक्षिणी-पूर्वी आस्ट्रेलिया, पूर्वी तटीय अफ्रीका, पूर्वी चीन, जापान इत्यादि आते हैं।

1. वनस्पति Arcto-Tertiary Geo-Flora से यहाँ की वनस्पति संबंधित है जिनका विस्तार कभी उत्तरी गोलार्द्ध में समस्त शीतोष्ण कटिबन्धीय प्रदेशों में था। शीत ऋतु में कड़ाके की ठंडक के कारण पौधे और वृक्ष अपनी जीवन धारण प्रक्रियाएँ बन्द कर देते हैं। और सुषुप्तावस्था में हो जाते हैं। इस अवधि को कायिक सूखा कहते हैं। प्रायः यहाँ के वन सघन होते हैं। वृक्षों की ऊँचाई 20 से 25 मीटर तक होती हैं। यहाँ धरातललय सतह पर रंग विरंगे फूल उगते हैं जो बसंत ऋतु में खिल कर मनोरम दृश्य प्रस्तुत करते हैं। नदियों की घाटियों और आन्तरिक भागों में घासें उगती हैं। यहाँ के मुख्य ओक, वृक्ष बीच, राजवुड, एल्म, मेपिल, चेस्टवन, बर्च, लारेल, शहतूत बालनट, आदि हैं। यहाँ के वनों को काटकर कृषि क्षेत्रों का विस्तार किया जा रहा है। जिससे वन क्षेत्रों का ह्रास हो रहा है।

2. जलवायु—इस जीवोम में चीन तुल्य जलवायु पाई जाती है। यहाँ ग्रीष्म ऋतु अधिक गर्म एवं शीत ऋतु शीतल होती है। और कड़ाके की ठंडक पड़ती है। ग्रीष्म ऋतु गर्म व आर्द्र होती है। ग्रीष्म ऋतु में औसत तापमान 21° से 27° से.ग्रे. तक तथा शीत ऋतु में औसत तापमान 0° से 5° से.ग्रे. तक पहुँच जाता है। इसमें 150 दिन से लेकर 300 दिन ते ताला रहित दिन होते हैं। वर्षा प्रत्येक महनी होती है लेकिन ग्रीष्म ऋतु में अधिक वर्षा होती है। शीत ऋतु में कहीं-कहीं वर्फ की वर्षा होती है। औसत वार्षिक वर्षा 70 से 150 से.मी. तक होती है चीन में वर्षा मानूसनी हवाओं से होती है। चीन के तटीय भागों में टाइफून तथा द.पू. संयुक्त राज्य के तटीय भागों में टारनेडो भयंकर तूफान आते हैं।

3. प्राणी जीवन—यहाँ मांसाहारी-शाकाहारी व दोनों प्रकार के जन्तु पाये जाते हैं। मांसाहारी वन्य जन्तुओं में सफेद पैर वाले चूहे, भूरी लोमड़ी, भालू, पर्वतीय शेर, बिल्लियां, भेड़ियां, शेर, अजगर आदि मुख्य हैं जबकि शाकाहारी जन्तुओं में भैंस, सूअर, गाय, भेंड़ें, बकरी, घोड़े आदि आते हैं। चीन में दूध व चमड़ा की प्राप्ति के लिए गाये, तथा भैंसें पाली जाती हैं। संयुक्त राज्य अमेरिका में मांस हेतु सूअर पाले जाते हैं जबकि आस्ट्रेलिया में मांस, दूध, और उनके लिए भेंड़ें व बकरियाँ अधिक पाली जाती हैं। इसमें जैविक विविधताएँ कम मिलती हैं।

शीतोष्ण कोणधारी वन जीवोम

इस जीवोम को टैगा वन जीवोम तथा नुकीली पत्ती वाला वन जीवोम भी कहते हैं इस वन जीवोम विस्तार 500 उत्तरी से 650 उत्तरी अक्षांश के मध्य पाया जाता है। उत्तरी कनाडा तथा यूरेशिया में स्काटलैंड से लेकर पूर्वी साइबेरिया तक के भाग इसके अंतर्गत आते हैं। यूरेशिया में यह जीवोम कहीं-कहीं 1600 कि.मी. तक चौड़ा है। यह जीवोम दक्षिणी गोलार्द्ध में नहीं पाया जाता है। कोणधारी वृक्षों की बहुलता के कारण इस जीवोम को कोणधारी वन जीवोम कहते हैं।

जलवायु—जलवायु इस जीवोम की ज्यादा शीतल है। यहाँ की शीत ऋतु अधिक कठोर तथा लम्बी और ग्रीष्म ऋतु लघु अवधि की होती है। शीत ऋतु में तापमान हिमांक से भी नीचे चला जाता है। शीत ऋतु में 2 मीटर की गहराई तक मिट्टी जम जाती है। जिससे परमाफ्रास्ट सतह का निर्माण हो जाता है। विश्व का सबसे ज्यादा शीतल स्थान वरखोयान्स्क इसी जीवोम में स्थित है जहाँ शीत काल में तापमान -65° से.ग्रे. तक चला जाता है। ग्रीष्म ऋतु में 25° से.ग्रे. से लेकर शीत ऋतु में -40°

से.ग्रे. तक तापमान नीचे चला जाता है। यहाँ जल वर्षा कम होती है। जो भी जल वर्षा होती है वह ग्रीष्म ऋतु के पहले हो जाती है। शीत ऋतु में हिम वर्षा ज्यादा होती है। हिम वर्षा की बार्षिक मात्रा 25 से 100 से.मी. तक होती है। इस जीवोम के उत्तरी सीमा पर पौधों के वृद्धि का समय 50 दिनों तथा दक्षिणी सीमा पर 100 दिनों का होता है।

वनस्पति—आवृत्तबीजी कोणधारी वृक्ष इस जीवोम में सबसे ज्यादा पाये जाते हैं। इन वृक्षों की पत्तियाँ नुकीली होती हैं ताकि वाष्पोत्सर्जन द्वारा आर्द्रता नष्ट हो सके तथा बर्फ पत्तियों पर बिना टिके शीघ्र ही फिसल कर नीचे चली जाय। शंक्वाकार होने के कारण वृक्षों के तूफानों से रक्षा हो जाती है। वृक्षों की छालें कठोर पाले से रक्षा करती हैं। यहाँ के वृक्ष सदा हरे-भरे रहते हैं। पेड़ों की ऊँचाई सामान्यतया 12 से 21 मीटर तक होती है। लेकिन पर्वतीय भागों में 100 मीटर तक ऊँचे वृक्ष पाये जाते हैं। इस जीवोम में कहीं कोणधारी वृक्षों के साथ-साथ शीतोष्ण पर्णपाती कठोर लकड़ी वाले वृक्ष भी मिलते हैं जिनमें आल्डर, बर्च, आल्मस, पापुलर बेटुला, आदि प्रमुख हैं। शीतोष्ण कोणधारी वनों में फर, स्प्रूस, लार्च, पाइन, बर्च, बिलो,चीड़ आदि वृक्ष पाये जाते हैं। धरातल पर काई, लाइकेन, व झाड़ियाँ ज्यादा पाई जाती हैं। ग्रीष्म काल में प्रकाश संश्लेषण के कारण वृक्षों का तेजी से विकास होता है। सतह के जनदीक ही वृक्षों की जड़ें फैली रहती हैं ताकि वृक्ष आर्द्रता की प्राप्ति कर सके। वन विरल होते हैं। यहाँ एक जाति के वृक्ष विस्तृत क्षेत्रकर पाये जाते हैं। जिससे उनका विदोहन आसान हो जाता है। ये वृक्ष मुलायम लकड़ी वाले होते हैं। इसी कारण इन वनों का सबसे ज्यादा आर्थिक महत्त्व है।

प्राणी जीवन—इस जीवोम में अनेक प्रकार के शाकाहारी व मांसाहारी जीव तथा कीट पतंगे पाये जाते हैं। वनों में वन्य जानवरों की संख्या कम होती है। भालू हिरन, बारह सिंगा, खरगोश, कैरीबाऊ, लोमड़ी, गिलहरी, विविध पक्षी, कीट-पंतगें इत्यादि वनों में पाये जाते हैं। इस जीवोम में समूर दार जानवर भी मिलते हैं जिनमें मार्टेन, मिंक, विजल वीवर, आदि प्रमुख हैं। जिनमें मार्टेन, मिंक, वीवर, विजल आदि प्रमुख हैं। इनके बाल और खाल इस प्रकार के होते हैं कि कड़ाके की ठंड से उनकी रक्षा हो सके। ज्यादा ठंडक के कारण यहाँ पशु व पक्षी मौसमी प्रवास करते हैं। पक्षियां बहुत दूर तक मौसमी प्रवास करती हैं। जैसे साइबेरिया से पक्षी भरतपुर के पक्षी बिहार तक चले आते हैं। यहाँ प्राणियों के लिए आहार की समस्या होती है। जब धरातल पर हिमाच्छादन हो जाता है तो कुछ प्राणी भूमि के नीचे निष्क्रिय पड़े रहते हैं तो कुछ

बर्फ के नीचे छिपे रहते हैं और मासेस से अपना भोजन प्राप्त करते हैं। वीवर जीव शीत ऋतु के आगमन के पूर्व अपना भोजन इकट्ठा कर लेते हैं इस जीवोम में जैव भार कम पाया जाता है।

वन जीवोम भूमध्य सागरीय क्षेत्र के

30° से 45° अक्षांशों के बीच दोनों गोलार्द्धों में महाद्वीपों के पश्चिमी भागों में इस जीवोम का विस्तार मिलता है। मुख्य रूप से भूमध्य सागर के चतुर्दिक स्थिति के कारण ही इसे भूमध्य सागरीय वन जीवोम कहा जाता है। इसके अंतर्गत पुर्तगाल, द. स्पेन, इटली, फ्रांस, युगोस्लावियाई देश, अल्बानियां (दक्षिणी यूरोप), सीरिया, साइप्रस, इजरायल, टर्की, जार्डन, लेबनान (पश्चिमी एशिया), ट्यूनीशिया, उत्तरी मिस्र, अल्जीरिया, व केप प्रान्त (अफ़्रीका), मध्य चिली (द. अमेरिका), कैलीफोर्निया (उ. अमेरिका), दक्षिणी-पश्चिमी न्यूजीलैंड आस्ट्रेलिया, आदि आते हैं।

1. वनस्पति—घासें, छोटे-छोटे वृक्ष, तथा रसदार वृक्ष इस जीवोम की प्रमुख वनस्पतियाँ हैं। रसदार पौधों में अंगूर, जैतून, अंजीर, अखरोट, खुबानी, नीबू, नारंगी इत्यादि प्रमुख हैं। बालनट, चेस्टनट, पाइन, सीडर, स्प्रूस फर, अन्य मुख्य वृक्ष हैं। इस जीवोम की वनस्पतियों की संरचना इस प्रकार की होती है कि वे शुष्कता को सहन कर सकें।

तीन लम्बवत वनस्पति स्तर यूरोपियन भूमध्यसागरीय जीवोम में पाये जाते हैं। सबसे ऊपरी स्तर में सदाबाहार पर्णपाती, ओक, बीच, ओक, फर पाइन, आदि मध्य स्तर में सघन मारक्विस झाड़ियाँ तथा अन्य विभिन्न झाड़ियाँ और निचले स्तर में शाकीय पौधे पाये जाते हैं। मारक्विस झाड़ियाँ कम वर्षा और अनुपजाऊ मिट्टी में उत्पन्न होती हैं। इन झाड़ियों की ऊँचाई 2 मीटर से ज्यादा होती है। दक्षिणी फ्रांस में ऊँचे-ऊँचे वृक्षों, झाड़ियों, लताओं, घासों तथा काई के स्तर पाये जाते हैं।

अनेक जातियों के ओक वृक्ष और चैपरेल झाड़ियाँ केलीफोर्निया जीवोम में उगती हैं। ओक वृक्षों की ऊँचाई 6 से 23 मीटर के मध्य भिन्न-भिन्न होती हैं। मध्य चिली में एस्पिनो व पीनियन ओक पाये जाते हैं इनका छत्रक बड़ा होता है। यहाँ चैपरेल झाड़ी के समान माटोरल (Mattoral) झाड़ियाँ पाई जाती है।

अफ़्रीका भूमध्यसागरीय जीवोम में पुष्पी पौधों का बाहुल्य है जिनका आकार छोटा होता है। यहाँ कड़ी तथा मोटी पत्ती वाली फिनबास(Fynbos) झाड़ियाँ पर्याप्त

मात्रा में उगती हैं। कोप प्रांत में फर व सिडार वृक्ष पाये जाते हैं जिनकी ऊँचाई 70 फीट तक होती है।

आस्ट्रेलिया के इस जीवोम में अनेक जाति के यूकेलिप्टस व कारी वृक्ष पाये जाते हैं। जिनकी ऊँचाई 70 मीटर तक होती है तथा ये सदा हरे-भरे रहते हैं। इस जीवोम में दक्षिण-उत्तर की ओर जाने पर वनस्पति आवरण बदलता जाता है। सबसे ज्यादा वर्षा वाले तटीय भाग में सदाबहार यूकेलिप्टस उसके उत्तर में घासें तथा सबसे उत्तर में मुलगा, माली, कैक्टस चैपरेल, आदि झाड़ियाँ पाई जाती हैं।

इस जीवोम की वनस्पतियों की प्रमुख विशेषताएँ निम्नलिखित हैं—

1. वृक्षों की पत्तियाँ चिकनी तथा कड़ी होती हैं। चिकनी पत्तियों के कारण ताप परावर्तित हो जाता है तथा कड़ी पत्ती के कारण वाष्पोत्सर्जन नहीं हो पाता है।

2. सदाबहार खुले वन पाये जाते हैं।

3. गर्मी तथा शुष्कता के कारण पौधे छोटे-छोटे तथा बिखरे होते हैं।

4. प्रमुख रूप से वनस्पतियाँ मरुभिद (शुष्कानुकूलित) संरचना वाली होती हैं। अर्थात् मोटी छाल, ग्रांथिल रोएँ, काँटे जैसी पत्तियाँ बन्द रन्ध्र, आदि।

5. वृक्षों के तने व डालें मोटी तथा चिकनी होती हैं ताकि वाष्पोत्सर्जन अधिक न हो सके।

6. पौधों की जड़ें लम्बी होती हैं ताकि वे गहराई से भी नमी ग्रहण कर सकें।

7. यहाँ रंग-बिरंगे फूल वाले पौधे उगते हैं जो वसन्त काल में खिलकर बाटिकाओं की शोभा बढ़ाते हैं।

8. पादप समुदाय में वृक्ष तथा झाड़ियाँ मुख्य होती हैं।

2. जलवायु—शुष्क ग्रीष्म ऋतु तथा आर्द्र शीत ऋतु यहाँ की जलवायु की प्रनुख विशेषताएँ हैं। ग्रीष्म काल में औसत तापमान 20° से 26° से.ग्रे. तथा शीत ऋतु में 7° से 12° से.ग्रे. के बीच रहता है। वार्षिक तापान्तर 15° से 17° से.ग्रे. रहता है। ग्रीष्म काल लम्बा व स्वच्छ आकाश वाला होता है तथा दिन में सूर्य की किरणें तेज होती हैं। ग्रीष्म ऋतु में दैनिक तापान्तर ज्यादा होता है। इस जीवोम में शीत ऋतु में वर्षा होती है। औसत वार्षिक वर्षा 40 से 60 से.मी. वार्षिक वर्षा होती है। ग्रीष्म काल में वर्षा न होने के कारण शेष नमी भी समाप्त हो जाती है। जिससे ग्रीष्म काल में वनस्पतियों की वृद्धि बाधित हो जाती है।

3. प्राणी जीवन–इस जीवोम में घास व झाड़ियों पर निर्भर रहने वाले शाकाहारी जन्तु पाये जाते हैं। जिनमें भेंड़े बकरियां, घोड़े, गिलहरी, गायल, सूअर, खच्चर, खरगोश, कंगारू, चूहे, लोमड़ी, आदि मुख्य हैं।

यूरोप व कैलीफोर्निया के इस जीवोम में हिरन, खच्चर, कोंपल चरने वाले जन्तु, गुआनाकास (चिली) आदि शाकाहारी जीव पाये जाते हैं। कोयोट छिपकली, चील, सर्प, फेल्कन (Falcon) गिद्ध आदि मांसाहारी जीव भी इस जीवोम में मिलते हैं।

आस्ट्रेलियाई इस जीवोम में कंगारू, वालाबई एवं चूहों की विविध जातियाँ पाई जाती हैं। यहाँ शहद खाने वाली तथा अनेक प्रकार के पक्षी मिलते हैं।

भूमध्य सागरीय जीवोम में शिकार के कारण कई जीवों का विलोपन हो गया है। अफ्रीका के क्यूगा (Qugga) गधा जैसा जानवर व बोनटेबोक (एक प्रकार का हिरन) का विलोपन हो गया है तथा पहाड़ी भेड़िया, शेर, भूरे रंग वाला रीछ आदि दुर्लभ जन्तु हो गये हैं। इस जीवोम में प्राणी जीवन अधिक देखने को नहीं मिलता है।

घास जीवोम

पृथ्वी के लगभग 19% भाग पर घास जीवोम का विस्तार है। इसके अंतर्गत उष्ण कटबंध व शीतोष्ण कटिबंध के घास क्षेत्र आते हैं। उष्ण कटिबंध में सवाना, लानोस तथा कम्पास तथा शीतोष्ण कटिबंध में प्रेयरी, स्टेप्स, पम्पास, डाउन्स व वेल्ड्स प्रमुख घास क्षेत्र हैं। इस जीवोम में मिट्टी आर्द्रता, वायु, सौर्यिक ऊर्जा प्रमुख अजैविक संघटक हैं। घासें जैविक संघटक के अंतर्गत प्रमुख उत्पादक हैं। इसके अलावा इसमें प्राथमिक, द्वितीयक व तृतीयक उपभोक्ता और वियोजक जीव जैव संघटक हैं। प्रमुख घास जीवोमों का विवरण निम्नलिखित है–

सवाना घास जीवोम

सवाना शब्द स्पैनिश शब्द ZAVANA से लिया गया है जिसका अर्थ है घास युक्त मैदान। इस जीवोम का विस्तार 5° से 25° उत्तरी अक्षांश तथा 5° से 25° दक्षिणी अक्षांश के मध्य मिलता है। इसके अंतर्गत ओरीनीको बेसिन, ब्राजील का पठार, गायना का पठार, पूर्वी अफ्रीका का पठार, सूडान, उत्तरी आस्ट्रेलिया आदि क्षेत्र आते हैं। इस घास जीवोम को ब्राजील पठार पर 'कम्पास', ओरीनीको बेसिन में 'लानोस', अफ्रीका में 'कर्टिंगा' व 'सवाना' तथा आस्ट्रेलिया में 'सावना' कहा जाता है। सवाना की उत्पत्ति के संबंध में विद्वानों का मानना है कि प्राकृतिक पर्यावरण को मानव ने

अत्यधिक हस्तक्षेप व परिमार्जन द्वारा निर्मित किया है। भारत में पर्णपाती वनों के चतुर्दिक सवाना का विकास हुआ है। लेकिन भारत के सवाना में घासों के स्थान पर झाड़ियाँ काफी ज्यादा पाई जाती हैं।

1. वनस्पति–इस जीवोम में उच्च तापमान सामान्य वर्षा के कारण घासें काफी मात्रा में उगती हैं। घासें स्थूल, कड़ी खुरदरी तथा चिमड़ी होती हैं। इनकी पत्तियाँ चपटी होती हैं। इनकी लम्बाई 1 मीटर तथा ऊँचाई 3 मीटर तक होती है। इन घासों में हाथी घास प्रमुख है जिसकी ऊँचाई 5 मीटर तक होती है तथा गुच्छेदार होती है। घासों की जड़ें काफी गहराई तक जाती हैं। इस जीवोम में पइरोफाइट वनस्पतियों की अधिकता इनमें अग्नि अवरोधक क्षमता होती है और ये 100° से 135° से.ग्रे. तक का तापमान सहन कर लेती हैं। इागं लगने के बाद भी इनमें बीज पुनः उगने लगते हैं। इस जीवोम की घासों की पत्तियों द्वारा शुष्क और आर्द्र ऋतु में घासे सूख जाती हैं। लेकिन आर्द्र ऋतु आने के साथ उनमें हरील पत्तियाँ निकलने लगती हैं और संपूर्ण भूदृश्य हरा भरा हो जाता है।

2. जलवायु–गर्म आर्द्र जलवायु इस जीवोम में पाई जाती है, वर्ष भर ऊंचा तापमान रहता है तथा ज्यादा सूर्यातप की प्राप्ति होती है। औसत तापमान ग्रीष्म ऋतु में 28° से 33° से.ग्रे. तथा शीत ऋतु में में 18° सें 23° से.ग्रे. के मध्य रहता है। वार्षिक तापान्तर 5° से 10° से.ग्रे. तक रहता है। इसमें शीत शुष्क, उष्ण शुष्क तथा उष्णतर तीन ऋतुएँ होती हैं। उष्णतर ऋतु में पूरे वार्षिक वर्षा का 90% तक होता है। वार्षिक वर्षा की औसत मात्रा 50 से 100 से.मी. होती है। लेकिन ब्राजील की सवाना क्षेत्र में 75 से 200 से.मी. तथा लानोस मे 200 से 400 से.मी. तथा भारत के सवाना में 150 से.मी. वार्षिक होती है।

सदाबहार तथा पर्णपाती दोनों प्रकार के वृक्ष इस जीवोम में पाये जाते हैं। सदाबाहर वृक्षों की पत्तियों की संरचना इस प्रकार की होती है कि उनसे वाष्पोत्सर्जन कम होता है। परिणामतः उनका सदाबहार स्वरूप बना रहता है। लेकिन जिन वृक्षों में जल संचित रखने के गुण नहीं होते हैं। वे शुष्क ऋतु में पत्तियों को गिरा देते हैं। साधारणतया वृक्षों की जड़ें 5 से 20 मीटर तक ही गहराई तक पहुँचती हैं ताकि वे गहराई से भूमिगत जल प्राप्त कर सकें।

ब्राजील में सवाना निम्नलिखित पाँच वर्ग पाये जाते हैं–

1. कम्पोस्वजो(Composwjo)–इसमें झाड़ियों की बाहुल्य होती है तथा वृक्ष दूर-दूर पाये जाते हैं।

2. पैन्टैनैल घासें—दलली क्षेत्रों में घासें पाई जाती हैं।

3. सावना सिराडो—इसमें विस्तृत घास क्षेत्र में 10-12 मीटर ऊँचे सदाबहार वृक्ष पाये जाते हैं।

4. कैम्पो-लिम्पो—यहाँ काफी कम झाड़ियाँ मिलती हैं।

5. कैम्पो सिराडो—इसमें लम्बी-लम्बी घासें पाई जाती हैं और बीच-बीच में 5 से 10 मीटर ऊँचे एकाकी वृक्ष पाये जाते हैं।

मनुष्य ने सवाना घास क्षेत्र को अपने क्रियाकलापों द्वारा शुरू से प्रभावित करता चला आ रहा है। प्रतिवर्ष मानव द्वारा घासों को जलाया जाता है ताकि घासों को घना आवरण उत्पन्न हो सके। घासों को जलाये जाने के कारण बड़े आकार वाले जानवरों की संख्या घटती जा रही है तथा वृक्ष नष्ट होते जा रहे हैं। मानव जनसंख्या में वृद्धि के कारण सवाना घास क्षेत्रों पर कृषि का विस्तार किया जा रहा है जिससे यह क्षेत्र सिमटता जा रहा है।

प्राणी जीवन—इसमें शाकाहारी व मांसाहारी दोनों प्रकार के प्राणी पये जाते हैं। जेब्रा, जिराफ, गंगारू, हिरन, हाथी, गुरिल्ला, खरगोश, भैंस आदि शाकाहारी जन्तु हैं। जबकि शेर, चीता आदि मांसाहारी प्राणी हैं। इसमें विविध प्रकार के सर्प, चिड़ियां, मक्खियाँ, टिड्डी, छिपकली, मकड़ा, दीमक, बिच्छू आदि झुंडों में पाये जाते हैं अफ्रीका के उ.पू. पठारी भाग में वाक जाति का सूअर पाया जाता है। आस्ट्रेलिया में 50 जातियों वाले कंगारू पाये जाते हैं। ओरीनीको बेसिन में हिरन, गुआनाको, तोता, कठफोड़वा अधिक संख्या में पाये जाते हैं।

इस जीवोम के जीवों में गतिशीलता ज्यादा होती है। ये तीव्रगति से दौड़ने वाले होते हैं तथा उनकी श्रवण शक्ति तीव्र होती है। उनके आहार ग्रहण की आदतों में विभिन्नता पाई जाती है। जैसे हिरन सबसे छोटी घासों को चरता है, जेब्रा घासों के ऊपरी भागों व झाड़ियों को खाता है, जिराफ वृक्षों पत्तियों का भोजन करता है, जंगली बैल मध्यम ऊँचाई की घासों को चरता है।

यहाँ के निवासी घास व पानी की खोज में मौसमी प्रवास करते हैं।

घास जीवोम के शीतोष्ण कटिबन्धीय

शीतोष्ण कटिबन्ध में यह घास जीवोम 25° से 55° अक्षांशों के मध्य पाया जाता है। इस घास के मैदान को यूरोप तथा मध्य एशिया के समशीतोष्ण भाग में

स्टेपी, उत्तरी अमेरिका में प्रेयरी, दक्षिणी अमेरिका के अर्जेन्टाइना तथा यूरुग्वे में पम्पास दक्षिणी अफ्रीका के उच्च पर्वतीय भाग में वेल्ड, दक्षिणी-पूर्वी आस्ट्रेलिया के मरे डार्लिंग बेसिन में डाउन्स कहते हैं। न्यूजीलैंड के कैन्टरबरी मैदान में भी यह घास जीवोम मिलता है।

1. वनस्पति–इस जीवोम में घास उगने की उचित दशाएँ पाई जाती हैं। परिणामतः सभी क्षेत्रों में घासो प्रमुख वनस्पति समुदाय है। ये घासें चरम समुदाय की प्रतीक हैं। घासों के अतिरिक्त कुछ बिखरे हुए वृक्ष एवं झाड़ियाँ पाई जाती हैं। घासों में शुष्कता सहन करने की शक्ति होती है। आर्द्र भागों में घासें लम्बी-लम्बी तथा शुष्क भागों में छोटी छोटी होती हैं। घासें मुलायम एवं स्वादिष्ट होती हैं। जिन्हें मवेशियाँ रुचि से चरती हैं। घासें गुच्छेदार होती हैं।

घासें यूरेशिया के स्टेप्स प्रदेश में 1 मीटर तक ऊंची होती हैं। यूरोप के स्टेपी भाग में ओक, एल्म, लाइम तथा मैपिल वृक्ष और पश्चिमी साइबेरिया में विलों, बर्च, व आस्पेन वृक्ष भी यहाँ मिलते हैं। मीडो स्टेपीज में टर्फ घासें तथा घास स्टेपी में गुच्छेदार घासें व झाड़ियाँ मिलती हैं।

गर्मी के दिनों में वर्षा होने पर घासों का अत्यधिक विकास होता है इस घास क्षेत्र पर मानव गेहूँ की खेती कर रहा है।

कनाडा के संयुक्त राज्य अमेरिका प्रेयरी घास क्षेत्र में वर्षा की मात्रा पूर्व से पश्चिम की ओर कम होती जाती है। परिणामतः घासों की ऊँचाई पूर्व से पश्चिम की ओर कम होती जाती है। यहाँ घासों का स्तरीकरण पाया जाता है। 60 से 80 से.मी. वार्षिक वर्षा वाले भागों में 3 मीटर लम्बी घासें, 50 से 60 से.मी. वार्षिक वाले भागों में 1.5 मीटर लम्बी घासें व इससे कम वर्षा वाले भागों में 1/2 मीटर लम्बी घासें उगती हैं यहाँ की घासें गुच्छेदार होते हैं। इस घास क्षेत्र को मानव साफ कर कृषि फार्मों का विकास कर रहा है। दक्षिणी अमेरिका के पम्पास क्षेत्र के पूर्वी भाग में जहाँ 40 से 80 से.मी. वार्षिक वर्षा होती है, घासें ज्यादा उगती हैं। तथा लम्बी-लम्बी होती हैं। यहाँ ब्रिजा, पैनिकम, लोलियम इत्यादि जाति की घासें पाई जाती हैं। लेकिन मानव ने ज्यादा पम्पास क्षेत्र की घासों को साफ कर दलहनी पौधों और गेहूँ की कृषि का विकास किया है।

अफ्रीका के वेल्ड घास क्षेत्र का विस्तार दक्षिणी ट्रांसवाल, ओरेंज फ्रीस्टेट व लीसोथो राज्यों के 1500 से 2000 मीटर ऊँचे भागों पर मिलता है। अनुकूल जलवायु दशाओं के होने के कारण यहाँ चरम घास समुदाय का विकास हुआ।

घासों की प्रमुखता आस्ट्रेलिया के डाउन्स घास क्षेत्र में है। लेकिन यहाँ घासों के साथ-साथ यूकेलिप्टस वृक्ष व झाड़ियाँ भी उगते हैं। मानव ने यहाँ की मौलिक घासों को साफ कर क्लोवर पौधों तथा ब्रोमस, हार्डियम इत्यादि घासों को लगाया जिससे यहाँ की मौलिक घासों वाली कई जातियाँ समाप्त हो गई हैं।

2. जलवायु—इस जीवोम में जलवायु महाद्वीपीय जलवायु पाई जाती है यहाँ ग्रीष्म ऋतु छोटी तथा गर्म और शीत ऋतु लम्बी तथा शीतल होती है। यहाँ औसत तापमान जाड़े में 5° से 15° से.ग्रे. तथा ग्रीष्म ऋतु में 26° से 32° से.ग्रे. तक रहता है। उत्तरी गोलार्द्ध में समुंद्री प्रभात के कारण शीत ऋतु अधिक शीतल नहीं होती है और इस ऋतु में आधिक शीतल नहीं होती है और इस ऋतु में तापमान 1° से 12° से.ग्रे. के बीच रहता है। यहाँ दैनिक और वार्षिक तापान्तर अधिक होता है। उत्तरी गोलार्द्ध में स्टेप्स में वार्षिक तापान्तर 40° से.ग्रे. तक ही रहता है। यहाँ पाला रहित दिनों की संख्या 100 होता है। यहाँ वार्षिक वर्षा 25 से 75 से.मी. तक होती है। ज्यादा वर्षा ग्रीष्म काल में होती है।

3. प्राणी जीवन—घास पर निर्भर रहने वाले शाकाहारी जन्तु इस जीवोम में अधिक पाये जाते हैं। यहाँ के जन्तुओं को निम्नलिखित वर्गों में रखा जा सकता है—

(1) **शाकाहारी पक्षी**—इस वर्ग के पक्षी ग्रीष्म ऋतु समाप्त होने पर प्रवास करते हैं। इनमें प्रेयरी चिकन, मिडो लार्क, (Meadow Laarks), बाज इत्यादि प्रमुख पक्षी हैं।

(2) **मांसाहारी पक्षी**—इसके अंतर्गत प्रेयरी रैटलर, भेड़िये, बुलस्त्रोक, शेर, लोमड़ी कायोट्स, वीजेल्स, शृगाल, फेरेट्स, गरुण (Eagles) उल्लू आदि आते हैं।

(3) **तेज धावक जन्तु**—वे जन्तु इसके अंतर्गत आते हैं जो छलांग लगाकर तेज दौड़ते हैं ताकि वे शिकारी जन्तुओं से रक्षा कर सकें। इनमें हिरन और खरगोश मुख्य हैं। मांसाहारी जन्तुओं से रक्षा के लिए प्रकृति ने इन्हें तीव्र दौड़ने और तीव्र श्रवण की शक्ति प्रदान की है।

(4) **अन्य**—उक्त जन्तुओं के अतिरिक्त इस जीवोम में कीड़े, मकोड़े, भी पाये जाते हैं जिनमें टरमाइट्स, (Termites), लोकस्ट, (Locysts), मधुमक्खियाँ आदि प्रमुख हैं।

(5) **बिलकारी जन्तु**—इस वर्ग के जन्तु भूमि में बिलें बनाकर रहते हैं। ये जन्तु दिन भर शिकारी जन्तुओं से रक्षा के लिए बिलों में रहते हैं और रात में

आहार की खोज में बाहर निकलते हैं। गिलहरी, लोमड़ी, प्रेयरी कुत्ते, चूहे, पाकेट गोफर ऐसे ही बिलकारी जन्तु हैं।

(6) **शाकाहारी जन्तु**–इसके अंतर्गत एन्टीलोप, कंगारू, गजेला, घोड़ा, बाइसान, जेब्रा, गाय आदि जंतु आते हैं।

(7) **झुंड में रहने वाले जन्तु**–प्रांग हार्न, जंगली भैंस, हिरन इत्यादि इसके अंतर्गत आते हैं। अपेक्षाकृत इनकी संख्या बहुत कम होती है। ये शिकारी जानवरों से सुरक्षा हेतु झुंड बनाकर रहते हैं।

उपर्युक्त विश्लेषण के आधार पर कहा जा सकता है कि शीतोष्ण कटिबन्धीय घास जीवोम में विविध प्रकार का प्राणी जीवन मिलता है। लेकिन जब से मानव ने इन क्षेत्रों में घास को साफ कर खेती का विकास किया है। तब से तन्तुओं की संख्या में काफी कमी आई है। कुछ जन्तुओं का इतना शिकार किया गया है कि उनकी जातियां समाप्त हो गई हैं या दुर्लभ हो गई हैं। उदाहरण के तौर पर स्टेप्स में जंगली घोड़ों, प्रेयरी में वइसान व प्रांग हार्न, अफ्रीकी वेल्ड में गेम जेब्रा, एन्टीलोप, चीता, शेर, शृगाल आदि जन्तुओं का विलोप हो गया है। डाउन्स जीवोम में लाल कंगारू, भूरे कंगारू और बालारूस कंगारू ज्यादा संख्या में पाये जाते हैं और यहाँ के प्रमुख स्तनधारी जन्तु हैं। यहाँ यूरोप से खरगोश लाये गये। अब इनकी संख्या में काफी ज्यादा वृद्धि को रोकने के लिए शिकारी लोमड़ी को लाया गया है। लेकिन आवश्यक परिणाम सामने नहीं आ रहा है।

जीवोम मरुस्थलीय के प्रकार

पृथ्वी के लगभग 17% भाग पर मरुस्थलों का विस्तार है। 25 से.मी. से कम वार्षिक वर्षा वाले भागों को उष्ण मरुस्थल व न्यून तापमान व हिमाच्छादित भागों को शीत मरुस्थल कहा जाता है। उष्ण मरुस्थलीय जीवोम को शुष्क मरुस्थलीय जीवोम व अर्द्ध शुष्क मरुस्थलीय जीवोम में तथा शीत मरुस्थल जीवोम को आर्कटिक टुंड्रा जीवोम तथा अल्पाइन टुंड्रा जीवोम तथा अल्पाइन टुंड्रा जीवोम में विभाजित किया जाता है। इनमें प्रमुख जीवोमों का विवरण निम्नलिखित प्रकार से है–

जीवोम उष्ण मरुस्थलीय

भूतल के अत्यल्प वर्षा वाले भागों को मरुस्थल कहा जाता है। इनमें वार्षिक वर्षा 25 से.मी. से कम होती है। यह जीवोम कर्क व मकर रेखाओं पर महाद्वीपों के

पश्चिमी भागों में पाया जाता है। सहारा व कालाहारी (अफ्रीका), थार (भारत), पश्चिमी आस्ट्रेलिया इसके अंतर्गत आते हैं। सहारा 91 लाख वर्ग कि.मी. क्षेत्र पर विस्तृत है। तुर्किस्तान, ईरान, तारिम बेसिन, गोबी, लद्दाख, वोलीविया आदि ठंडे मरुस्थल हैं जहाँ बालू का साम्राज्य पाया जाता है।

1. वनस्पति–ज्यादा तापमान व शुष्कता के कारण इस जीवोम में वनस्पतियों का अभाव है। यहाँ कैक्टी व एकेशिया जाति के पौधे मुख्य रूप से पाये जाते हैं। जहाँ कुछ अनुकूल दशाएँ मिलती हैं। वहाँ मरुद्भिद बनस्पति मिलती हैं। सेजब्रूश, नागफनी, क्रियोस्ट, सैक्सोल, कंटीली झाड़ियों कीकर में बेर, टेंटी आदि प्रमुख हैं। इनकी जड़ें गहरी होती हैं ताकि गहराई से नमी ग्रहण कर सके। इनकी पत्तियाँ चिकनी, छोटी, चमकदार, कड़ी तथा मोटी होती हैं ताकि वाष्पीकरण अधिक न होने पाये। कुछ पौधों की पत्तियाँ रोएँदार तथा छाले मोटी होती हैं। पौधों की डालें व तने कांटेदार होते हैं ताकि पशु उन्हें चर न सके। नखलिस्तानों में खजूर व बबूल उगते हैं। कुछ पौधे रात में पंखुड़ियाँ बन्द कर लेते हैं तथा कुछ पौधे रात में खिलते हैं।

ठंडे मरुस्थलों में आटेमिसिया, कैमल सेज, कंटीली झाड़ियाँ तथा कटीली घासें पाई जाती हैं।

2. जलवायु–सहारा तुल्य जलवायु यहाँ पाई जाती है। यहाँ की जलवायु अत्यन्त विषम है। ये विश्व के सबसे गरम भाग हैं। विश्व के सबसे ज्यादा गरम स्थान जेकोबाबाद व अजीजिया इसी जीवोम में स्थित हैं। कर्क व मकर रेखाओं पर हवाओं के उतरने के कारण ये भाग अत्यधिक गरम हो जाते हैं। वार्षिक औसत तापमान 25° से 30° से.ग्रे. रहता है लेकिन ग्रीष्म काल में तापमान कहीं कहीं 50° से.ग्रे. तक चला जाता है। दैनिक तापान्तर 10° 20° से.ग्रे. रहता है।

शुष्कता इस जीवोम की प्रमुख विशेषता है। वार्षिक वर्षा 25 से.मी. से कम होता है। कई स्थानों पर लगातार कई वर्षों तक वर्षा नहीं होता है। तेज धूलभरी आधियाँ चलती हैं। पवन वेग 18 से 70 कि.मी. प्रति घंटा होता है।

3. प्राणी जीवन–वर्षा की कमी वनस्पति के अभाव के कारण यहाँ बहुत कम जन्तु पाये जाते हैं। कुल मिलाकर यहाँ जीव भार बहुत कम होता है। यहाँ का मानव अत्यधिक पिछड़ा है। कालाहारी के बुशमैन आज भी शिकार करके जीवन यापन करते हैं इस जीवोम का प्रमुख जन्तु ऊँट है जिसे रेगिस्तान का जहाज कहते हैं। यह यातायात व सामान ढोने के काम आता है। यह एक सप्ताह तक बिना पानी के रह

जाता है यहाँ भेंड़ व बकरियाँ भी कुछ भागों में पाई जाती हैं। इस जीवोम में कुछ बिलकारी जीव भी पाये जाते हैं।

थार के मरुस्थल में जल तथा थल में रहने वाली टोड जातियाँ व मेंढकों की पांच जातियाँ, पाई जाती हैं जिनमें इंडियन बुल फ्रग, क्रिकेट फ्राग, बिलकारी फ्राग मुख्य हैं। रेंगकर चलने वाली छिपकली की 18 और सर्पो की 18 जातियाँ पाई जाती हैं। मांसाहारी जीवों में भेड़ियाँ, लाल लोमड़ी एशियाटिक सियार, मुख्य हैं।

टुण्ड्रा जीवोम

परिचय—टुण्डा का अर्थ दलदली भूमि (Marshy land) होता है। कुछ लोगों के अनुसार टुण्ड्रा का अर्थ बंजर भूमि (Barren land) होता इस जीवोम का विस्तार 60° उत्तरी अक्षांशा के उत्तर में करीब 5 मिलियम एकड़ भूमि पर मिलता है। उत्तरी अमेरिका में उत्तरी कनाडा व अलास्का तथा यूरेशिया में उत्त्री भाग इसके अंतर्गत आता है। इसके अलावा आर्कटिक द्वीपों पर भी इस जीवोम का विस्तार पाया जाता है।

1. वनस्पति—वर्ष भर सूर्याताप तथा प्रकाश के अभाव, कम तापमान तथा निरन्तर हिमावरण के कारण यहाँ वृक्षों का अभाव पाया जाता है। यहाँ मुख्य रूप से मांसेस, लाईकेन, बौने शाकीय बौनी झाड़ियाँ, पौधे तथा नरकुल (Sedges) वनस्पतियाँ उगती हैं। लाईकेन को रेनडियर मांस भी कहते हैं। यहाँ की वनस्पतियों में शीत सहने की क्षमता होती है। अर्थात् ये शीतानुकूलित होती हैं। यहाँ ग्रीष्म ऋतु में जब हिम पिघलती है तो कुछ पौधे व घासें उगती हैं। यहाँ के पौधों का जीवन कुछ सप्ताहों का होता है। प्रोफेसर शिमपर के अनुसार यहाँ ज्यादा पौधे केवल दो सप्ताह के अल्पकाल में ही उगते, बढ़ते और वृद्ध होकर मर जाते हैं। लेकिन कुछ पौधे 150 से 300 वर्ष की आयु वाले होते हैं जो इतने शीतल वातावरण में एक आश्र्चर्य ही है।

इस जीवोम में काफी कम पादप पाये जाते हैं। इनकी ऊँचाई 5 से 8 से.मी. तक होती है। पादप ज्यादा गुच्छेदार होते हैं। हिम ढेरों के छाया क्षेत्र में कुछ बौनी झाड़ियाँ उगती हैं ताकि तेज बर्फीले तूफानों से रक्षा हो सके। अलास्का में आर्कटिक बिलों तथा छोटे वर्च वृक्ष मिलते हैं।

2. जलवायु— यहाँ की जलवायु काफी शीतल होती है। यहाँ ग्रीष्म ठंडी तथा शीत ऋतु ज्यादा होती है। ग्रीष्म ऋतु छोटी तथा शीत ऋतु लम्बी होती है। कई दिनों तक यहाँ सूर्य का दर्शन नहीं होता है। शीत ऋतु में तापमान -50° से.ग्रे. तक चला जाता है। सबसे गर्म माह में तापमान 10° से.ग्रे. कम रहता है। वर्ष भर यहाँ तेज

बर्फीले तूफान चलते हैं। यहाँ वर्षा हिम के रूप में होती है। वार्षिक वर्षा लगभग 25 मि.मी. व बढ़ने की अवधि वर्ष में 50 दिनों से अधिक नहीं होती है।

3. प्राणी जीवन—इस जीवोम में ज्यादा शीतल जलवायु तथा आकार की कमी होने के कारण प्राणियों का अभाव है। यहाँ शाकाहारी व मांसाहारी तथा कुछ बिलकारी जीव पाए जाते हैं। रेनडियर कस्तूरी बैल, कैरी बाऊ, (Musk ox) ध्रुवीय हिरन, बारहसिंगा, आदि शाकाहारी एवं आर्कटिक लोमड़ी, ध्रुवीय भालू, भेड़िया, एयर माइन मांसाहारी तथा बर्फ में बिल बनाकर रहने वाले जीव लेमिग, छुछून्दर (Shrews), कृतंक प्राणी, मूषक जीव (Voles) आदि हैं।

इस जीवोम के प्राणियों के शरीर के बाहरी भाग की संरचना ऐसी होती है कि वे अति शीत से अपनी रक्षा कर सकें। कस्तूरी बैल के शरीर पर कोमल ऊन का सघन आवरण पाया जाता है और मोटे बाल बाहर निकले रहते हैं तथा ये बाल इतने लम्बे होते हैं कि वे जमीन को छुए रहते हैं इससे ये अति शीत व नमी से अपनी रक्षा कर लेते हैं। गर्मी के मौसम में बाल का धनावरण गिर जाता है। आर्कटिक लोमड़ी के शरीर पर फर का घना आवरण रहता है। कैरीबाऊ के शरीर की संरचना ऐसी होती है कि उसके शरीर के ऊष्मा बाहर न निकल सके। यहाँ के प्राणी वर्ष में अपना रंग बदलते रहते हैं। जैसे आर्कटिक लोमड़ी का रंग शीत काल में सफेद गर्मी के समय भूरा हो जाता है।

प्राणी इस जीवोम के मौसमी प्रवास करते हैं। कैरीबाऊ तथा रेनडियर ऐसे ही प्राणी हैं जो ग्रीष्म काल में झुंड बनाकर सुदूर उत्तर की ओर भोजन की खोज में चले जाते हैं और शीत काल में दक्षिण की ओर कोणधारी वनों में चले आते हैं। कुछ पक्षी भी मौसमी प्रवास करती हैं। जल कुक्कुट हंस तटीय पक्षियाँ ऐसी ही पक्षियाँ हैं जो ग्रीष्म काल में उत्तर की ओर और शीत काल में दक्षिण की ओर प्रवास करते हैं। आर्कटिक टर्न एक ऐसा पक्षी है जो शीत काल में अन्टार्कटिक तक जाता है। ग्रीष्म काल में मक्खियाँ और मच्छर भी पैदा हो जाते हैं।

मानव इस जीवोम में काफी पिछड़ा है और एस्किमो आज भी आखेट करके अपना जीवनयापन करता है।

अल्पाइन जीवोम

ऊँचे पर्वतों पर काष्ठ रेखा तथा हिम रेखा के बीच के क्षेत्र को अल्पाइन जीवोम कहा जाता है। यह आर्कटिक टुंड्रा जीवोम से मिलता-जुलता है। लेकिन अन्तर यह

है कि यहाँ परमाफ्रसास्ट नहीं मिलता है तथा कई व लाईकेन का महत्त्व कम होता है और फूल वाले पौधों का बाहुल्य रहता है। इस जीवोम का विस्तार रॉकी, आल्पस, एण्डीज, हिमालय आदि पर्वतों के ऊँचे भागों पर मिलता है।

1. वनस्पति—पर्वतीय ढालों पर निचले भागों में इस जीवोम उष्ण कटिबन्धीय सदाबहार वन से लेकर ऊँचे भागों में काई व लाईकेन तक पाये जाते हैं। हिमालय पर्वत पर 300 से 1500 मीटर तक सघन उष्णाद्र वन, 1500 से 4000 मीटर तक कोणधारी वन तथा 4000 से 5000 मीटर तक अल्पाइन घासें और इससे ऊँचे भागों पर टुंड्रा वनस्पति मिलती हैं।

2. जलवायु—इस जीवोम में पर्वतीय ढालों पर विषुवत रेखा से ध्रुव तक पाई जाने वाली सभी जलवायु मिलती हैं। इस जीवोम में ऑक्सीजन की कमी, जलवाष्प की कमी, ओषोण तत्वों का आधिक्य, विरल वायु आदि पाई जाती हैं दिन में तापमान ज्यादा रहता है लेकिन रात में तापमान कम हो जाता है।

3. प्राणी जीवन—इस जीवोम में वनस्पति मेखलाओं के अनुसार जन्तु पाये जाते हैं। इनमें बाघ, भेंड़, हाथी, याक, सांभर, बन्दर, मधुमक्खियाँ, पक्षियाँ, कीड़े मकोड़े आदि जीव-जन्तु पाये जाते हैं।

8

वन विनाश और पारिस्थितिक तंत्र

वन एवं इनका मध्यम

वन पारिस्थितिक तंत्र के नियामक हैं। ये पारिस्थितिक तंत्र के नियामक होते हैं। पारिस्थितिक तंत्र की संरचना व क्रियाशीलता को बनाये रखने में वनों की प्रमुख भूमिका है। वनों का महत्त्व निम्नलिखित प्रकार से है–

1. वन्यजीव वनों से भोजन प्राप्त करते हैं तथा वंश वृद्धि करते हैं।
2. मानव को कन्दमूल, फल, जड़ी-बूटियाँ तथा लकड़ियों की प्राप्ति होती है।
3. यह वन्य जीवों को निवास्य प्रदान करता है।
5. वनों में शाकाहारी जीव रहते हैं जिनका शिकार मांसाहारी जीव कहते हैं।
6. कुटीर उद्योग जैसे मधुमक्खी पालन, बाँस की चटाई, शहद, बास्केट बनाने, पत्तल बनाने आदि वनों पर ही निर्भर होते हैं।
7. वन उत्पादों पर अनेकों उद्योग जैसे पेन्ट्स, तारपीन तेल, कागज, रेजिन, लाख आदि निर्भर करते हैं।
8. अनेकों व्यक्ति शान्ति, सौन्दर्य व मनोरंजन के लिए वनों का दर्शन करते हैं।
9. वनों के हरे पौधे भोजन उत्पादक जैव हैं और भोजन शृंखला के प्राथमिक उत्पादक हैं। ये प्रकाश संश्लेषण की क्रिया द्वारा सौर्य ऊर्जा प्राप्त करते हैं जिसका संचरण विविध पोषण स्तरों से होकर जीवों तक होता है।
10. पल्प व प्लाईवुड उद्योग के लिए कच्चा माल वनों से प्राप्त होता है।
11. वन पवित्र स्थल तथा रक्षा स्थल प्रदान करते हैं।
12. वनों से कृषि भूमि प्राप्त होती है।

13. वर्षा वनों के कारण होती है।
14. वन ज्यादा-से-ज्यादा मात्रा में कार्बन-डाई-आक्साइड का अवशोषण करते हैं।
15. वनों मिट्टी अपरदन से रक्षा करते हैं तथा बाढ़ को रोकते हैं।
16. वन जैविक व पोषक तत्वों से भरपूर मिट्टियों का निर्माण करते हैं।
17. वन मरुस्थलों के विस्तार को रोकते हैं।
18. वन भवन निर्माण के लिए लकड़ी प्रदान करते हैं।
19. प्राकृतिक वनों में पेड़-पौधों की जड़ें मिट्टी को बाँधती हैं तथा ज्यादा वर्षा जल ह्यूमस या पौधों के तन्तुओं में रह जाता है। इस प्रकार वन वर्षा जल को सोखकर जल चक्र के संचालन में प्रमुख भूमिका निभाते हैं।

वनों के उपर्युक्त महत्त्व को देखते हुए यह कहा जा सकता है कि वन राष्ट्र की अति मूल्यवान सम्पत्ति तथा जीवन रेखा होते हैं क्योंकि किसी देश की समृद्धि तथा कल्याण उस देश विशेष की स्वस्थ एवं समृद्ध वन सम्पत्ति पर प्रत्यक्षतः आधारित होता है।

लेकिन चिंता का विषय यह है कि वर्तमान मानव ने वन सम्पदा के महत्त्व को भुला दिया है और वनों का विनाश इतना ज्यादा कर दिया है कि उसका कुप्रभाव परिलक्षित होने लगा है। पारिस्थितिकीय दृष्टिकोण से देश के सम्पूर्ण क्षेत्रफल के 33% भाग पर वनों का विस्तार होना चाहिए। लेकिन संयुक्त राज्य के अमेरिका 33%, पश्चिमी यूरोप के 30%, कनाडा के 25% सोवियत संघ के 25%, दक्षिणी-पूर्वी एशिया के 60%, दक्षिणी अमेरिका के 50% तथा भारत के 23% भाग पर वनावरण है। विश्व संदर्भ में भारत में वनाच्छादन बहुत ही कम है तो निम्नलिखित सारणी से स्पष्ट है—

विश्व के कुछ देशों में वनान्तर्गत भूमि

देश	*कुल भूमि का प्रतिशत*	*विश्व के कुल वन क्षेत्र का प्रतिशत*
हिन्देशिया	63.5	03.4
ब्राजील	56.7	13.4
संयुक्त राज्य अमेरिका	32.8	07.0

अफ्रीका	27.0	23.3
भारत	22.8	01.2
स्वीडन	56.0	00.7
जापान	62.0	00.7

भारत के कुल क्षेत्रफल के 228% भाग पर वनावरण है। लेकिन सेटेलाइट इमेजरज से प्राप्त आकड़ों के अनुसार भारत में वनाच्छादन देश की कुल भौगोलिक क्षेत्रफल के मात्र 13% भाग पर ही है जो काफी चिन्ताजनक है। यदि देश को कुल भौगोलिक क्षेत्रफल के 33% भाग पर वनाच्छादन का लक्ष्य हालिस करना है तो उसे 70 मिलियन हेक्टेयर अतिरिक्त पर वृक्षारोपण करना होगा और उसके लिए वृक्षारोपण की वार्षिक दर 28 गुना अधिक करनी पड़ेगी जो देश के लिए बहुत बड़ी चुनौती है।

वन विनाश संबंधी आकड़े

विश्व में प्रतिवर्ष लगभग 170 लाख हेक्टेयर वन क्षेत्र काटे जा रहे हैं जिनमें से 110 करोड़ हेक्टेयर वनक्षेत्र केवल उष्ण प्रदेशों में काटे जा रहे हैं। प्रतिवर्ष अफ्रीका में 36 लाख हेक्टेयर लैटिन अमेरिका में 53 लाख हेक्टेयर तथा एशिया में 18 लाख हेक्टेयर वन क्षेत्र समाप्त किये जा रहे हैं। प्रति वर्ष नाइजीरिया में 5%, नेपाल में 4%, यूराग्वे में 4.7%, श्रीलंका में 3.5% जमैका में 3%, तथा एंल सल्वाडोर में 2. 8% वन साफ किए जा रहे हैं। ब्राजील व आमेजन के वनों को काटकर बड़े-बड़े पशुपालन फार्म स्थापित किये जा रहे हैं। आमेजन के जंगलों में 120 लाख हेक्टेयर वन क्षेत्र के वनों को काटकर पशुफार्म स्थापित किया जा रहा है। भारत में 1972 से 1980 के बीच 9.17 मिलियन हेक्टेयर के वनों को साफ किया जा चुका है। नीचे की सारणी से भारत में वन विनाश स्पष्ट है -

भारत में वनाच्छादन (मिलियन हेक्टेयर)

वनों का प्रकार	*1972-1975*	*1980 - 1991*
कुल वन क्षेत्र	55.52	46.35
संरक्षित वन	46.42	36.02
असंरक्षित वन	8.77	10.06
मैनग्रोव वन	0.33	0.26

भारत में तेजी से हो रहे वन विनाश का कारण मनुष्य व पशुओं का वन क्षेत्र

पर बढ़ता दबाव है। जैसे भारत का कुल क्षेत्रफल विश्व का 2% जिस पर विश्व की 16% जनसंख्या व 14% पशु निवास करते हैं।

वन विनाश का इतिहास

मनुष्यों अति प्राचीन काल से वनों का विविध रूपों में उपयोग करता चला आ रहा है। पाषाण कालीन मानव वनों से प्राप्त कन्द मूल फल तथा शाकाहारी पशुओं के शिकार पर निर्भर करता था। इसके पश्चात् मनुष्य ने पशुओं को पालतू बनाकर तथा फसलों को उगाकर अपनी भौतिक आवश्यकताओं की पूर्ति करना प्रारंभ किया। फसल क्षेत्रों की प्राप्ति के लिए उसे वनों को साफ करना पड़ा और वन विनाश प्रारंभ हुआ। लेकिन उन दिनों मानव की संख्या बहुत कम थी, उसकी जरूरतें भी काफी थीं। परिणामतः वन विनाश उन दिनों समस्या नहीं थी। लेकिन मानव सभ्यता के विकास के साथ-साथ उसकी संख्या बढ़ी उसकी आवश्यकताएँ बढ़ी और उसने स्थायी निवास के लिए वनों को साफ किया, कृषि क्षेत्रों के विस्तार के लिए वनों को काटा, तथा खनिज पदार्थों की प्राप्ति के लिए वनों का विनाश करना शुरू किया। 5 लाख वर्ष पूर्व मानव ने आग का आविष्कार किया। फलतः मानव ने जलाने के लिए, नौकाएँ बनाने के लिए, मकान बनाने इत्यादि के लिए व्यापक पैमाने पर वनों से लकड़ी काटना शुरू किया। लेकिन इन सबके बावजूद 18 शताब्दी के पूर्व नगरों, उद्योगों, जनसंख्या इत्यादि के कम होने के कारण वन विनाश का कोई विशेष कुप्रभाव नहीं पड़ा। लेकिन 18वीं शताब्दी में औद्योगिक क्रान्ति का श्रीगणेश हुआ और 19वीं शदी में इस क्रान्ति का प्रभाव पूरे विश्व पर हो गया तथा ज्यादा वन विनाश किया जाने लगा, क्योंकि--

1. औद्योगिक क्रान्ति के उपरांत नगरों की संख्या व आकार बढ़ा जिनके लिए वनों को साफ कर भूमि प्राप्त की जाने लगी तथा नगरवासियों के लिए जलावन ईंधन, मकान निर्माण इत्यादि के लिए वनों को साफ किया जाने लगा।

2. द्वितीय विश्व युद्ध के बाद धीरे-धीरे उद्योगो स्वतंत्र होने लगे और वहाँ भी औद्योगीकरण शुरू हुआ। अतः ऐसे नव स्वतंत्र राष्ट्र विदेशों से भारी मात्रा में मशीनरी, उपकरण आदि मँगाने लगे। परिणामतः आयातित मालों का भुगतान करने के लिए निर्धनतावश खनिजों व लकड़ी का निर्यात करना पड़ रहा है। इससे भी वनों का सफाया हुआ है।

3. रेल यातायात के विस्तार के लिए, यथा रेल के डिब्बे बनाने, स्लीपर बनाने, रेल इंजनों में लकड़ी का कोयला प्रदान करने के लिए वनों का काटना आवश्यक हो गया।

4. विश्व की तीव्र गति से बढ़ती हुई जनसंख्या को खाद्यान्न प्रदान करने के लिए वनों को साफ कर कृषि क्षेत्रों का विस्तार किया गया।

5. विभिन्न प्रकार के उद्योगों के उपरांत खनिजों को प्राप्त करने के लिए वनों को साफ करना अनिवार्य हो गया।

वनों के विलोप होने के कारण

1. स्थानान्तरणशील कृषि (Shifting Agriculture)—इस कृषि के अंतर्गत कृषि भूमि प्राप्त करने के लिए वनों को काटा जाता है। वनों के काटे जाने पर प्राप्त भूमि में कुछ वर्षों तक कृषि की जाती है। लेकिन जैसे ही उस भूमि का उपजाऊपन समाप्त हो जाता है, उसे छोड़कर अन्यत्र वन काटकर कृषि भूमि प्राप्त की जाती है। कभी-कभी आग से वन भाग को जलाकर कृषि भूमि प्राप्त की जाती है। इस प्रकार वन क्षेत्रों में भूमि प्राप्त करने व छोड़ने की प्रक्रिया निरन्तर चलती रहती है। फलतः इस प्रक्रिया से विशाल वन क्षेत्र विनष्ट होते चले जाते हैं। उष्ण कटिबन्धीय वन क्षेत्रों विशेषकर अफ्रीका व एशिया के वनाच्छादित क्षेत्रों में रहने वाले आदिवासी इसी विधि से खेती करते हैं। भारत में इस कृषि विधि को झूमिंग विधि कहते हैं। भारत में झूमिंग विधि से कृषि मुख्य रूप से उड़ीसा व पूर्वोत्तर राज्यों में की जाती है। भारत के वन सर्वेक्षण विभाग की एक रिपोर्ट के अनुसार इस कृषि द्वारा हर वर्ष उड़ीसा में 5298 वर्ग कि.मी., मेघालय में 703 वर्ग कि.मी. क्षेत्र प्रभावित होता है।

स्थानान्तरणशील कृषि वाले क्षेत्रों में भूमि शीघ्र ही अनुपजाऊ हो जाती है जिससे उस भूमि को छोड़ना आवश्यक हो जाता है।

(i) उष्ण प्रदेशों की मिट्टी सामान्यतया उपजाऊ नहीं होती है।

(ii) मिट्टी का जीवांश वनों में आग लगाने से नष्ट हो जाता है।

(iii) उष्ण कटिबन्धों में मूसलाधार वृष्टि के कारण मिट्टी का अपरदन अधिक होता है।

(iv) वनस्पति आवरण के अभाव में अपक्षालन की क्रिया में वृद्धि हो जाती है।

1. वनों में आग लगना—कृषि के लिए वनाच्छादित क्षेत्रों में नई भूमि अवाप्त करने के लिए आग लगाई जाती है। आग लगाने के बाद उसे बुझाने का प्रयास नहीं किया जाता है। वर्षा होने पर ही आग स्वयं बुझाती है। कभी-कभी मनुष्य की असावधानी जैसे जलते सिगरेट, चिनगारी आदि के फेंकने से भी वनों में आग लग जाती है। जो आग सतह पर लगती है उससे केवल सतह पर की ही पत्तियाँ व घासें जलती हैं और इस आग से कम क्षति होती है। लेकिन शीर्षाग्नि (Crown Fire) लगने पर समम्त क्षेत्र जलकर नष्ट हो जाता है तथा सम्पूर्ण जीव समुदाय जल कर विनष्ट हो जाता है। मृत्तिका अग्नि (Soil Fire) लगने पर मृदा में वर्तमान सभी जैव पदार्थ जल जाते हैं तथा भविष्य में पेड़-पौधों के उगने की संभावना समाप्त हो जाती है और मिट्टी निर्माण प्रक्रिया भंग हो जाती है जिसे पुनर्स्थापित होने में ज्यादा समय लगता है। इस तरह आग जैसे भी लगे और जिस प्रकार की लगे, उससे विशाल वन क्षेत्र विनष्ट हो जाता है।

2. कीड़ों व बीमारियों का प्रकोप—वर्तमान समय में कीड़ों, महामारियों, और फुंगी के प्रकोप के कारण भी वन विनाश हो रहा है। वनों में असंख्य कीड़े, दीमक, फंजाई इत्यादि होते हैं जो वृक्षों को क्षति पहुँचाते हैं। चूँकि इन्हें देख पाना आसान नहीं होता है। अतः ये बिना किसी गति से वृक्षों को नुकसान पहुँचाते हैं। नव अंकुरित पौधे गोलकृमि (Nematodes) के आक्रमण से नष्ट हो जाते हैं। वनों में अनेकों बीमारियाँ यथा Heart Rot, Blister Rust, Oak Wilt, Dutch Elm इत्यादि फैलती हैं जिससे वन सूखकर असमय नष्ट हो जाते हैं।

3. व्यापारिक कृषि—उष्ण प्रदेशों में निर्यात बढ़ाने के लिए बागवानी कृषि के लिए सरकार द्वारा प्रोत्साहन दिया जा रहा है। यह कृषि वनों को साफ कर की जा रही है तथा रबर, तम्बाकू, नारियल, चाय, कहवा आदि व्यापारिक फसलें उगाई जा रही हैं। उदाहरणार्थ तंजानिया में वनों को काटकर तम्बाकू की कृषि का विस्तार किया जा रहा है। इस प्रकार व्यापारिक फसलों की कृषि के लिए वनों को साफ करने के कारण वन क्षेत्र संकुचित होते जा रहे हैं।

4. औद्योगीकरण का प्रभाव—खनिज पदार्थों के उत्पादन तथा रेल परिवहन के आधार पर औद्योगीकरण मुख्यतः संभव हो सका है। औद्योगीकरण का अप्रत्यक्ष रूप से वन विनाश पर प्रभाव पड़ता है। जैसे रेल परिवहन में लकड़ी की अधिक आवश्यकता होती है और उसकी आपूर्ति वनों को काट कर की जाती है। इसी प्रकार वनों को साफ कर खनिजों का उत्पादन किया जाता है औद्योगीकरण के कारण वायु

प्रदूषण होता है जो वनों के विनाश में मददगार होता है। जैसे वायुमंडल में सल्फर डाई-आक्साइड की मात्रा बढ़ जाने पर अम्लीय वर्षा (Acid Rain) होती है जिससे वन रुग्ण हो जाते हैं और नष्ट हो जाते हैं। यूरोप व संयुक्त राज्य के कुछ क्षेत्र पर अम्लीय वर्षा के कारण वन रुग्ण होकर विनष्ट हो गये हैं।

5. वनों का व्यापारिक उद्देश्य से कटान—उष्ण कटिबन्धीय सदाबहार वन व पतझड़ वनों वाले अल्प विकसित देश में अपने निर्यात को बढ़ाने तथा ऋण भुगतान के लिए विकसित देशों को लकड़ी काटने का अधिकार दिए गए हैं। जैसे सिपरालियोन के गोला वनों से लकड़ी काटने के लिए इटली की फर्म SILET TI को, मध्य अफ्रीका के वनों से लकड़ी काटने के लिए जर्मनी की फर्म DANZER तथा FELD MEYER लैटिन अमेरिका में संयुक्त राज्य की फर्मों को लकड़ी काटने का ठेका दिया गया है ये फर्में केवल परिपक्व पेड़ों को काटने के लिए ही अधिकृत हैं। लेकिन इन वृक्षों को काटने व ढोने के लिए रास्ता बनाना पड़ता है तथा अन्य लता वितानों को भी काटना पड़ता है। फलतः वनों के व्यापारिक कटान से विशाल वन क्षेत्र विनष्ट होते जा रहे हैं।

6. ईंधन लकड़ी की माँग—अल्प विकसित देशों ईंधन व जलावन का प्रमुख स्रोत लकड़ी है। एशिया, अफ्रीका तथा लैटिन अमेरिका के अल्प विकसित देशों में कुल लकड़ी उत्पादन का 75% से ज्यादा खाना पकाने के लिए जलावन के रूप में उपयोग किया जाता है। अतः इन देशों में जलावन की लकड़ी की अधिक माँग होने के कारण वनों को काटा जा रहा है जिससे वन विनष्ट होते जा रहे हैं।

7. हरित क्रान्ति—हरित क्रान्ति द्वारा विकासशील देश खाद्यान्न उत्पादन में आत्मनिर्भर होने के लिए प्रयत्नशील हैं। हरित क्रान्ति के लिए कृषि क्षेत्र का विस्तार, उर्वरक, उत्तम बीज, सिंचाई आदि की जरूरत पड़ती है। कृषि क्षेत्र का विस्तार वनों को काटकर किया जा रहा है। सिंचाई के लिए पर्वतीय भागों में नदियों पर बाँध बनाकर वृहद जलाशय बनाने के लिए वनों को साफ किया जाता है जिससे विस्तृत वन क्षेत्र विनष्ट हो जाता है। बाँध बनाने में भी वनों को काटना पड़ता है। परिणामतः वृहद पैमाने पर वन विनाश हो जाता है। यही कारण है कि टेहरी बाँध परियोजना, नर्मदासागर परियोजना, सरदार सरोवर परियोजना इत्यादि का जनता द्वारा विरोध किया जा रहा है।

8. वन क्षेत्र का चरागाहों में परिवर्तन—दक्षिणी अमेरिका उत्तरी अमेरिका, तथा अफ्रीका के भूमध्य सागरीय तथा शीतोष्ण प्रदेशों में फार्मों का विस्तार व विकास

किया गया है जिसके लिए वनों को साफ कर चरागाहों का निर्माण किया गया है। इस प्रकार वनों को साफ कर चरागाहों में परिवर्तन से भी वनों का क्षय हुआ है।

9. पशुचारण—उपोष्ण तथा उष्ण कटिबन्धों, तथा शुष्क अर्द्ध शुष्क प्रदेशों में पशुओं के अति चारण से वन विनष्ट हो चुके हैं तथा उनके नष्ट होने का सिलसिला जारी है। इन प्रदेशों के पशु अनार्थिक होते हैं तथा इनकी संख्या काफी अधिक होती है। ये दिन भर वनों में रहते हैं और पौधों, झाड़ियों, घासों इत्यादि को चराकर समाप्त कर देते हैं। वनभूमि इनके खुरों से इतनी दब जाती है कि उसमें नये पौधे उग नहीं पाते हैं, तथा छोटे पौधों का प्रस्फुटन नहीं हो पाता है और उगते पौधे नष्ट हो जाते हैं। कई देशों में भेड़ों व बकरियों के झुडों द्वारा घास क्षेत्रों का सफाया कर दिया गया है।

वन विनाश का पर्यावरण पर दुष्प्रभाव

वन विनाश का दुष्प्रभाव केवल विनष्ट वन क्षेत्रों तक ही सीमित नहीं रहता है बल्कि जैव-भू-रसायन चक्रों द्वारा परस्पर आबद्ध होने के कारण इसका कुप्रभाव दूरस्थ क्षेत्रों पर भी पड़ता है भविष्य में भी इनका कुपरिणाम होता है। वन विनाश का दुष्प्रभाव प्रत्यक्ष व अप्रत्यक्ष दोनों प्रकार का होता है जिनका विवरण निम्नलिखित है—

1. ज्यादा उत्पादकता के लिए मूल पौधों व मूल पशुओं से शंकर बीज व शंकर पशु उत्पन्न किये जा रहे हैं। लेकिन मूल पौधों और मूल पशुओं के स्पीसीज के विनष्टीकरण के साथ-साथ प्राकृतिक जीन भण्डार समाप्त होते जा रहे हैं जो भविष्य के लिए खतरा है। एक अनुमान के अनुसार वन क्षेत्र में 10% ह्रास होने पर इसमें रहने वाले स्पीसीज का 50% विलुप्त हो जाता है।
2. अनेकों उद्योग-धन्धे वनों पर आधारित होते हैं जो वनों के विनष्ट होने पर बन्द हो सकते हैं।
3. अनेकों जीवनदायी औषधियाँ वनों से प्राप्त होती हैं। वनों के नष्ट होने पर उनका मिलना असंभव हो जाएगा।
4. व्यापक पैमाने पर वनों की व्यापारिक कटाई के कारण घरेलू ईंधन, जलावन लकड़ी का अभाव होता जा रहा है। इस अभाव का सबसे ज्यादा कुप्रभाव अल्प विकसित देशों तथा निर्धन जनता पर पड़ रहा है।
5. वन विनाश के कारण लकड़ी की कीमतों में ज्यादा वृद्धि होती जा रही है जिससे निर्धन लोगों के लिए मकान बनवाना कठिन हो गया है।

6. पर्वतीय भागों में वन विनाश के कारण भूस्खलन की घटनाएँ होने लगती हैं।
7. वन विनाश के कारण वन क्षेत्रों से स्वीसीज समाप्त होती जा रही हैं जिसका पारिस्थितिक संतुलन बनाये रखने में अपूर्व योगदान होता है।
8. वन विनाश से बाढ़ का खतरा बढ़ जाता है।
9. वन विनाश रो गरुस्थलों का विस्तार होने लगता है।
10. वन सौर्य ऊर्जा ग्रहण करके प्रकाश संश्लेषण क्रिया द्वारा विभिन्न जैव पदार्थों का निर्माण करते हैं जो वनों के विनष्ट होने पर संभव नहीं है।
11. जीवांश की मात्रा मिट्टी में ज्यादा रहने पर उत्पादन अधिक होता है। मिट्टी में जीवांश की प्रचुरता वनस्पतियों के अपघटन से होती है। इस प्रकार वनों के अभाव में वनस्पतियों का अपघटन न होने के कारण जीवांश की मात्रा मिट्टी में कम हो जाएगी जिससे उत्पादन में कमी आएगी।
12. वन विनाश से मिट्टी अपरदन में वृद्धि होती है जिससे कृषि उत्पादन प्रभावित होता है।
13. वन कार्बन को अवशोषित करके जैव पुंज का निर्माण वनों द्वारा किया जाता है तथा ऑक्सीजन उत्पन्न करते हैं। वनों के विनष्ट होने पर वायुमंडल में कार्बन की मात्रा बढ़ेगी। ऐसा आकलन है कि वायुमंडल में कार्बन की मात्रा 2000 ई. तक 7 से 13 अरब टन तथा 2030 ई. तक 10 से 30 अरब टन हो जाएगी जिसका कुप्रभाव जलवायु पर विशेष रूप से पड़ेगा। हरित गृह प्रभाव से वायुमंडल का तापमान बढ़ता जाएगा। परिणामतः हिमनदियाँ व हिमाच्छादित क्षेत्र पिघलने लगगें तथा समुद्री जल स्तर ऊपर उठने से अनेकों समुंद्र तटीय स्थित नगर जलमग्न हो जाएँगे।
14. पारिस्थितिक तंत्र को संतुलन बनाये रखने में वनों की विशेष भूमिका होती है। लेकिन इनके नष्ट होने पर तंत्र के असन्तुलित होने का खतरा उत्पन्न हो जाता है जो जीवधारियों के विनाश का कारण बनता है।
15. वनों के नष्ट होने पर सम्पूर्ण जैव-भू-रसायन चक्र के भंग होने का खतरा बढ़ जाता है।

इस तरह वन विनाश के कारण उत्पंन्न कुप्रभावों से बचने के लिए वन विनाश को रोकना व वनों को संरक्षण प्रदान करना अत्यावश्यक है।

वन संरक्षण के उपाय

वन विनाश के दुष्प्रभावों को देखते हुए उनका संरक्षण आवश्यक है क्योंकि वन संरक्षण से वन सम्पदा अक्षुण्ण बनी रहती है तथा निरन्तर अधिकाधिक लाभ प्राप्त होता रहता है तथा पर्यावरण संतुलन बना रहता है। वन संरक्षण में पारिस्थितिक तंत्र के विविध उपयोगों को ध्यान में रखा जाता है जो निम्नलिखित हैं–

(i) वन क्षेत्रों में खाली क्षेत्रों में पशुचारण।

(ii) मौसमी पक्षी प्रवास के लिए निवास्य बनाना।

(iii) लकड़ी व आर्थिक दृष्टि से महत्त्वपूर्ण वन उत्पादों, जैसे–फल, रेशे, इत्यादि की प्राप्ति।

(iv) वन्य जीवों का संरक्षण तथा संवर्द्धन।

(v) जल चक्र का उचित रखरखाव।

(vi) मनोरंजन स्थल का निर्माण।

पारिस्थितिकीय दृष्टि से किसी भी देश के 33% भाग पर वनाच्छादन काफी अनिवार्य है। लेकिन वनों की अन्धाधुन्ध कटाई के कारण यह प्रतिशत कम होता जा रहा है। इसलिए वन संरक्षण के लिए निम्नलिखित विधियाँ अपनाई जा सकती हैं।

1. आग की वनों में रोकथाम–सभी वनों विशेषकर सूखे वनों में आग लगने की संभावना बनी रहती है। शुष्क मौसम तथा बीहड़ वन क्षेत्रों में यह संभावना और ज्यादा रहती है। मनुष्य की असावधानी से यह आग लगती है और सम्पूर्ण वन क्षेत्र जलकर राख हो जाता है या झुलस जाता है तथा उसमें के वन्य जीव भस्म हो जाते हैं या पलायन कर जाते हैं। वनों में आग लगने पर उसकी शीघ्र ही रोकथाम आवश्यक है जिसके लिए निम्नलिखित उपाय किये जा सकते हैं।

(i) वनों में आग की रोकथाम के लिए अग्नि रक्षा पथ (Fire Lanes) तथा अग्नि अवरोधक पथ की व्यवस्था होनी चाहिए। इससे आग का प्रसार रुक जाएगा।

(ii) जन सामान्य में जागरूकता लायी जानी चाहिए ताकि गलती से वनों में आग लगने न पाये।

(iii) आग लगने पर शीघ्र ही उसे बुझाने के लिए अग्निशामक यंत्रों की व्यवस्था होनी चाहिए।

(iv) वनों की ज्वलनशीलता, मौसम, धरातल की दशा इत्यादि की भी जानकारी रखनी चाहिए।

(v) वन क्षेत्रों के बीच-बीच में निरीक्षण मीनारें (Watching Tower) बनानी चाहिए ताकि आग लगने पर उसे शीघ्र देखा जा सके। इसके लिए वायुयानों का भी उपयोग किया जा सकता है।

(vi) वनों में आवगमन की व्यवस्था रहनी चाहिए।

2. चयनात्मक कटाई (Selective Harvesting)—प्रा।कृतिक मिश्रित वनों में, जहाँ विविध प्रकार तथा आयु के पेड़-पौधे, झाड़ियाँ, घासे आदि पाई जाती हैं, वहाँ यह कटाई अधिक उपयोगी होती है। इसमें केवल परिपक्व वृक्षों को काटा जाता है। लेकिन कभी-कभी रोगी, हानिकारक तथा ज्यादा शीर्ष विस्तार वाले पेड़ों को भी काटना जरूरी होता है। ऐसे पेड़ों को काट लेने पर अन्य विकासशील वृक्षों को ज्यादा स्थान, खाद, पानी, इत्यादि मिलने लगते हैं। सघन वनों में ऐसे भी कई बड़े वृक्ष होते हैं जो वांछित प्रकाश व जगह के अभाव में मर जाते हैं या जिनका विकास रुक गया है या जो पूर्ण विकसित हो गये हैं तो उनको काटना आवश्यक हो जाता है, क्योंकि ऐसे वृक्षों को काट लेने से खाली स्थान में नये वृक्ष उगने व बढ़ने लगते हैं। इस प्रक्रिया के तहत ज्यादा आयु वाले वृक्षों को मालूम करके उनको भी काटना चाहिए। इससे खाली स्थानों में नये पौधों को लगाया जा सकता है। चयनात्मक कटाई से वन उत्तम किस्म के हो जाते हैं तथा उनसे निरन्तर लाभ मिलता रहता है। ऐसी कटाई को स्वास्थ्यकर कटाई (Sanitation Cutting) भी कहते हैं।

3. तांगिया पद्धति–(Taungua System)–इस पद्धति से बागवानी वनों को लगाना व्यय साध्य होता है। इसलिए इस खर्च से बचने के लिए वन संस्कृति (forest Culture) और कृषि को मिलाकर एक पद्धति का आविष्कार किया गया है जिसे भारत में तांगिया पद्धति कहते हैं। इसके अंतर्गत साफ स्थल में पहले वर्ष में फसलें उगाते हैं और वर्ष भर फसलें प्राप्त करते हैं। दूसरे वर्ष में ये लोग उस स्थल में पंक्तियों में पौधों को लगाते हैं। प्रत्येक दो पौध पंक्तियों के बीच की भूमि में फसल उगाते हैं। यह क्रम दो या तीन वर्षों तक चलता है। जब पौधों की जड़ें एक मीटर या उससे अधिक गहराई तक चली जाती हैं तो उस स्थल को छोड़ दिया जाता है तथा मजदूरों को दूसरे साफ स्थल में स्थानान्तरित कर दिया जाता है इस पद्धति के अपनाने से मजदूरों को फसल उत्पादन के लिए मुफ्त भूमि मिल जाती है तथा वन विभाग को वन लगाने के लिए तथा काटने के लिए घासें उगाई जाती हैं। लेकिन अतिचारण से पौधों को हानि पहुँचने की संभावना बनी रहती है।

4. प्रखण्डात्मक कटाई (Block Cutting)—यह कटाई बागवानी वनों में की जाती है जहाँ सभी वृक्ष एक ही प्रकार व समान आयु वाले होते हैं। ऐसे वनों में फसल चक्र पद्धति को अपनाना आवश्यक होता है। मान लिया जाय कि उस वन में वृक्षों को पूर्ण विकसित होने में 20 वर्ष लगते हैं तो उस क्षेत्र को 20 प्रखण्डों में बाँट लेना चाहिए तथा हरवर्ष उसमें के एक प्रखण्ड के वनों को काटकर खाली स्थान में उसी किस्म के पौधों को लगा देना चाहिए। यह प्रक्रिया निरंतर जारी रहनी चाहिए। इस प्रकार एक प्रखण्ड में निरन्तर कटाई के लिए वृक्ष उपलब्ध होते जाते हैं तो दूसरे प्रखण्ड में नये वृक्ष विकसित होते जाते हैं। इस प्रकार वनों से लगातार लाभ मिलता रहता है।

5. वन रोगों की रोकथाम—वर्तमान समय में कीड़ों-मकोड़ों, महामारी, तथा फंजाई के आक्रमण से भी वन विनाश हो रहा है। वनों में अनेकों रोग भी फैलते हैं जिससे वन नाश होता है। वनों में रोग परजीवी फंजाई, किट्टायण (Rusts), नेमाटोड्स वाइरस, आदि के कारण लगते हैं। तना गलन, (Heart Rot), प्रतिहदाही कीट्टायण (Blister Rust) ओक विल्ट, डच एल्म आदि वनों में लगने वाली प्रमुख बीमारियाँ हैं। निम्न विधियों द्वारा वन रोगों को नियंत्रित किया जा सकता है—

(i) डी. डी. टी. के छिड़काव द्वारा।

(ii) कीटाणुओं को मारकर।

(iii) रोग पोषकों के उन्मूलन द्वारा।

(iv) उचित कीटनाशक दवाओं के प्रयोग द्वारा।

(v) सहनशील पौध किस्मों के प्रयोग द्वारा।

6. स्थानान्तरणशील कृषि पर रोक—इस प्रकार की कृषि से भी वन विनाश विस्तृत पैमाने पर हो रहा है। कई कृषक कृषि भूमि प्राप्त करने के लिए वनों को साफ कर देते हैं। ऐसी कृषि पर प्रतिबंध लगाना चाहिए और कृषकों को उसी भूमि पर ऐसी कृषि पद्धति अपनाकर खेती करनी चाहिए ताकि मिट्टी की उर्वरता बनी रहे और उसका उपयोग कृषकों द्वारा लगातार होता रहे।

7. वृक्षारोपण—पारिस्थितिक संतुलन बनाये रखने की दृष्टि से सम्पूर्ण भू-भाग के 33% भाग पर वनों का विस्तार होना चाहिए।

लेकिन वनों की ज्यादा कटाई के कारण यह प्रतिशत घटता जा रहा है। सम्पूर्ण भूमि का एक-तिहाई भाग वनाच्छादित होना चाहिए, इस तथ्य के महत्त्व को स्वीकार

करने पर वर्तमान वन क्षेत्रों का विस्तार बढ़ती हुई जनसंख्या की लकड़ी की मूल आवश्यकता की पूर्ति के लिए गाँवों के चतुर्दिक वृक्षों को लगाना आवश्यक हो गया है। यह वृक्षारोपण द्वारा ही संभव है। शासकीय पौधशालाओं से कम लागत पर या मुफ्त में पौधे लोगों को देकर वृक्षारोपण कार्यक्रम को सफल बनाया जा सकता है। शिक्षण संस्थाओं तथा स्वयं सेवी संगठनों का भी वृक्षारोपण में सहयोग लिया जाना चाहिए। बंजर भूमि, सड़क व रेल पथ के किनारे, ग्राम समाज की भूमियों, कृषि अयोग्य पर्वतीय ढालों, औद्योगिक क्षेत्रों बाँधों आदि में वृक्षारोपण किया जाना चाहिए। रेल पथों के किनारे बड़े आकार वाले वृक्षों को नहीं लगाना चाहिए क्योंकि रेल पथों पर ऐसे वृक्षों के आँधी तूफान में गिर जाने पर आवागमन अवरुद्ध हो जाते हैं, या आँधी तूफान में गिर जाते हैं या रोग व कीड़ों द्वारा नष्ट कर दिये जाते हैं तो ऐसे क्षेत्रों में पुनः वन लगाने चाहिए।

8. सामाजिक वानिकी कार्यक्रम—वन विनाश की समस्या को ध्यान में रख कर दि नेशनल कमीशन आन एग्रीकल्चर ने सामाजिक वानिकी कार्यक्रम की संस्तुति प्रदान की है। इस कार्यक्रम का मुख्य उद्देश्य ग्रामीण लोगों को ईंधन लकड़ी, पशुओं के लिए चारा, रेशेदार फसलें और इमारती लकड़ी प्रदान करना है। इसमें वन्य जीवन संरक्षण का भी कार्य शामिल है। **श्री के.एम.तिवारी,** अध्यक्ष फारेस्ट रिसर्च इन्स्टीट्यूट, देहरादून के अनुसार "सामाजिक वानिकी एक संकल्पना, एक कार्यक्रम है जिसका उद्देश्य लोगों विशेषकर ग्रामीण लोगों को पारिस्थितिक, सामाजिक और आर्थिक सुरक्षा सुनिश्चित करना है तथा मुख्य रूप से नियोजन से लेकर कटाई तक लाभप्रद अधिकार प्रदान करना है। इसका लक्ष्य स्वउपभोग तथा कुटीर उद्योग के लिए लकड़ी, रेशेदार फसल, घास, चारा, फल तथा अन्य कच्चा पदार्थ आदि का मिश्रित उत्पादन करना है।" इस कार्यक्रम के प्रमुख लक्ष्य निम्नलिखित हैं—

(i) प्रखण्ड बाग लगाना।

(ii) निवास्यों के समीपी क्षेत्रों में ह्रासोन्मुख वनों को संरक्षण प्रदान करना तथा वृक्षारोपण करना।

(iii) बंजरभूमि में ईंधन के लिए वृक्षों को लगाना।

(iv) कृषि फसलों के साथ-साथ कृषि भूमि में मेड़ों पर वृक्षों को लगाना।

(v) नगरीय व औद्योगिक क्षेत्रों में खुले स्थानों पर पार्क, बगीचे, इत्यादि को लगाना।

(vi) वृक्षों तथा झाड़ियों को लगाकर अपरदन पर नियंत्रण करना।

(vii) नहरें, सड़क, रेल पथ आदि के किनारे वृक्ष लगाना।

(viii) निवास्य क्षेत्रों के चतुर्दिक वृक्ष लगाना तथा चरागाह का विकास करना।

इस कार्यक्रम को यदि प्रभावकारी ढंग से चलाया जाय तो निश्चय ही ग्रामीणों को ईंधन लकड़ी आदि की मौलिक आवश्यकताओं की पूर्ति होगी तथा पारिस्थितिक सुरक्षा आदि आँधी, अपरदन, प्रदूषित जल व वायु से रक्षा और वन्य जीवों के लिए वांछित निवास्य सुनिश्चित होगा। इस कार्यक्रम से बाढ़ व सूखा से भी राहत मिलेगी।

इनके अलावा इमारती लकड़ी के गुणों को सुधार कर हानिप्रद कटाई को लाभदायी कटाई में बदलकर शीघ्र विकसित होने वाले पौधों को लगाकर, उत्तम किस्मों का विकास करके, लोगों को वन विनाश की समस्या से परिचय कराकर तथा सहयोग लेकर, जंगली व पर्वतीय भागों में वन्य विहारों को विकसित करके, हरे-भरे वृक्षों की कटाई को कानून द्वारा नियंत्रित करके वनों का संरक्षण व संवर्द्धन किया जा सकता है।

9. समन्वित संरक्षण शोध संघठन—संयुक्त राज्य अमेरिका के समन्वित संरक्षण शोध संगठन ने यूनेस्कों के मैन एन्ड बायोस्कोप कार्यक्रम के अंतर्गत वन संरक्षण के अनेक कार्यक्रम चलाये हैं जिनका उद्देश्य है—(i) उष्ण, उपोष्ण व विकासशील देशों में वनों के वृक्षों की जातियों की विविधता को बनाये रखना (ii) -सरकारी संरक्षण में वन क्षेत्रों का विस्तार। इस प्रकार उपर्युक्त कार्यक्रम का प्रचार प्रसार अन्य देशों में करके वनों का संरक्षण व संवर्द्धन किया जा सकता है।

10. चिपको आन्दोलन तथा वन बचाओ आन्दोलन—भारत में श्री सुन्दर लाल बहुगुणा के नेतृत्व में चिपको आन्दोलन तथा उत्तर प्रदेश के उत्तराखंड के रेतीग्राम की महिलाओं द्वारा वन बचाओं आन्दोलन चलाया जा रहा है। इसके अंतर्गत ठेकेदारों को वनों को काटने से रोका जा रहा है। ठेकेदारों के न मानने पर वृक्षों को काटने से रोकने के लिए उसके चारों तरफ चिपका जा रहा है। वहाँ की वन सम्पदा को इस प्रकार सुरक्षित किया जा रहा है। इसी प्रकार पश्चिमी घाट बचाओ, हिमालय की रक्षा करो, अस्वस्थ गंगा को बचाओ जैसे नारों से भी वन संरक्षण से मदद मिल रहा है। ऐसे नारे व आन्दोलन अफ्रीका तथा लैटिन अमेरिका के देशों तक पहुँच गये हैं और वहाँ वनों की कटाई रोकने के लिए जनान्दोलन प्रारंभ हो गया है।

9

जन्तु जगत तथा पारिस्थितिक तंत्र

जन्तु पारिस्थितिक तंत्र के घटकों में से एक हैं। पारिस्थितिक तंत्र की गतिशीलता को बनाये रखने में जन्तु का अत्यंत महत्वपूर्ण योगदान होता है। ये जन्तु स्थलीय तथा जलीय दोनों प्रकार के होते हैं तथा अत्यधिक गतिशील होते हैं। सभी जन्तु परपोषी व उपभोक्ता होते हैं। इनमें से कुछ शाकाहारी, कुछ मांसाहारी व कुछ विशेषकर मानव सर्वाहारी होते हैं। जन्तुओं के भौगोलिक अध्ययन को जन्तु भूगोल या प्राणि भूगोल कहते हैं।

घरेलूकरण पशुओं का

पशुओं के घरेलूकरण का तात्पर्य वन पशुओं को पालतू बनाने से है। यदि मानव पशुओं के प्रजनन को नियंत्रित करने लगता है, उसके शारीरिक लक्षणों व व्यवहार में परिवर्तन लाने लगता है, पशु मानव पर भोजन व शरण के लिए निर्भर होने लगते हैं, मानव उपयोगिता की दृष्टि से पशुओं की देखभाल करने लगता है तो इन दशाओं को पशुओं को पूर्ण पालतू उनका पूर्ण घरेलूकरण माना जाता है।

ऐसा विश्वास किया जाता है कि पुरा मानव ने पशुओं के घरेलूकरण की शरुआत आर्थिक उद्देश्यों की पूर्ति के लिए नहीं किया था। बाद में चलकर पशुओं के घरेलूकरण का आर्थिक आधार हो गया। कुछ विद्वानों का मत है कि पुरा मानव ने धार्मिक उद्देश्यों की पूर्ति के लिए कुछ पशुओं व पक्षियों का सर्वप्रथम घरेलूकरण किया ! ऐसा भी संभव है कि मानव का पशुओं व पक्षियों के साथ अनचाहे परस्पर सहतीव्रिता संबंधों के कारण उनका घरेलूकरण किया हो। कुछ लोगों को यह विश्वास है कि पुरा मानव आखेट द्वारा अपनी उदर पूर्ति करता था। कभी-कभी शिकार न मिलने की दशा में पुरा मानव को क्षुधा पूर्ति में परेशानी हुई होगी। अतः उसने मांस प्राप्त के लिए कुछ वन्य पशुओं की पालतू बनाया होगा अथवा पुरा मानव ने पशुओ

के बच्चों को अपनी माताओं का दूध पीते देखा होगा और उसने दूध की प्राप्ति के लिए दुधारू पशुओं का घरेलूकरण किया होगा।

अदिकाल में मनुष्य ने सर्वप्रथम किन पशु पक्षियों का घरेलूकरण किया? इस संबंध में निर्विवाद रूप से कुछ भी नहीं कहा जा सकता है। फिर भी ऐसा अनुमान है कि आदि मानव ने सर्वप्रथम कुत्ता, बिल्ली, सूअर, मुर्गी तथा कुछ कबूतरों का घरेलूकरण किया। इसके संबंध में तर्क दिया जाता है कि पुकारा मानव आखेट में प्राप्त पशुओं का मांस खाने के पश्चात् उच्छिष्ट मांस, हड्डियों आदि को अपने आवास के पीछे फेंक देता था जिसे कुत्ते, बिल्ली, सूअर आदि खाते थे। इस प्रकार ये पशु स्वेच्छया मानव से जुड़ गये होंगे। पहले तो प्राक् मानव ने उन्हें स्वीकार नहीं किया होगा। लेकिन बाद में उन्हें पाल लिया होगा। इस घरेलूकरण के पीछे बाद के समय में आर्थिक उद्देश्य आ गया होगा। इन पशुओं के कुत्ते तथा कबूतर आज भी अपनी इच्छा रखते हैं और प्रजनन या मौसमी प्रवास के लिए जंगली पर्यावरण में जाना पसन्द करते हैं। वर्तमान समय में मानव तथा बिल्ली के सहजीवी संबंध में लाभ बिल्ली को है लेकिन प्राक मानव बिल्ली का भक्षण करता था। इसलिए उनमें परस्पर संबंध आ गया होगा।

निश्चित रूप से यह कहना मुश्किल है कि मानव ने पशुओं का घरेलूकरण कब प्रारंभ किया। फिर भी कुछ लोगों का मानना है कि जब दक्षिणी-पश्चिमी एशिया में स्थायी कृषि शुरू की गई तो उसके साथ ही पशुओं का प्रथम घरेलूकरण प्रारंभ हुआ। इसके पक्ष में यह प्रमाण दिया जाता है कि पालतू पशुओं-यथा-मवेशियों, सूअरों, भेड़ों व बकरियों के वन्य पूरब में इराक व ईरान के पार मध्य एशिया तक फैली मेखला में रहते थे। इसी मेखला या इसके समीपवर्ती क्षेत्र में प्रथम पशुओं का घरेलूकरण शुरू हुआ। दक्षिणी-पश्चिमी एशिया में सर्वप्रथम कृषकों ने कृषि तंत्र में पशुओं और पौधों का घरेलूकरण किया तथा कृषि क्षेत्रों का विस्तार किया और कृषि भूमि का कुछ अंश पशु चारे के लिए छोड़ देता था।

कुछ लोगों का मानना है कि फसल उत्पादन के शुरू में पशुओं का घरेलूकरण शुरू हुआ और प्राक् मानव ने सबसे पहले पशुओं और चिड़ियों के बच्चों को घोसलों से प्राप्त करके पालना शुरू किया। प्राग मनुष्य ने पहले उन्की पशु-पक्षियों का घरेलूकरण किया जो मानव के साथ सहजीवी संबंध रखते थे और जब मनुष्य ने कुछ पशुओं को पालना शुरू किया तो उस घरेलूकरण की कड़ी में अन्य पशुओं को भी जोड़ने लगा। पुरा पाषाण कालीन (Paleolithic) मनुष्य कुछ पशुओं और पक्षियों को रखने, प्रजनन, उनकी व्यवस्था करने और उनको नियंत्रित रखने से परिचित हो

चुका था और आर्थिक दृष्टि से उपयोगी व महत्वपूर्ण पशुओं का घरेलूकरण कर लिया था।

पुरातात्विक साक्ष्यों के आधार पर कहा जाता है कि मानव ने भेड़ों व बकरियों से सहजीवी संबंध होने के कारण शुरू में उनका घरेलूकरण किया। पुरातात्विक खोजों में जीवों के अस्थि अवशेषों में श्रेणीकरण मिला है जिससे पता चलता है कि वन्य पशु क्रमशः पालतू पशुओं गें बदलते गये। भेड़ व बकरियाँ शक्तिशाली होती थीं तथा सामानों को ढोने में उपयोगी थीं।

एच. जी. वेल्स द्वारा अपनी पुस्तक 'आउट लाइन ऑफ वर्ल्ड हिस्ट्री' में यह कहा गया है कि पाषाण कालीन मानव पशुओं के स्वभाव से परिचित हो चुका था। ऐसा समझा जाता है कि तत्कालीन मानव घोड़ों का मांस खाता था इसलिए सबसे पहले उसने घोड़ों का घरेलूकरण किया। लेकिन इसे भी सही-सही नहीं कहा जा सकता है कि उसने घोड़ों को पालतू बनाया होगा। उनके अनुसार नव पाषाण काल में ही मुख्य रूप से पशुओं का घरेलूकरण हुआ और सर्वप्रथम कुत्ते पाले गये और इसके इसके प्रश्चात् भेड़, बकरी तथा सूअरों का घरेलूकरण किया गया। स्विटजरलैंड के निकट प्राप्त पुरावशेषों से पता चलता है कि मानव बकरी के साथ गाय भी पालता था। उनके अनुसार मुर्गी का घरेलूकरण किया गया। स्विटजरलैंड के निकट प्राप्त पुरावशेषों से पता चतला है कि मानव बकरी के साथ गाय भी पालता था। उनके अनुसार मुर्गी का घरेलूकरण सर्वप्रथम बर्मा में हुआ।

जी. आई. चाइल्ड के अनुसार 3200 वर्ष ई.पू. उत्तरी अफ्रीका में बोझा ढोने के लिए गदहे को पालतू बनाया गया था।

डेरिल फोर्ड का मानना 3200 वर्ष ई. पू. ऊँट व साड़िनी को पालतू बना लिया गया था।

बड़े पशुओं का घरेलूकरण कब हुआ था? यह बताना काफी मुश्किल काम है। फिर भी पुरातात्विक शोध कार्यों से पता चलता है कि बड़े पशुओं में क्रमशः मवेशियों, गदहा, घोड़ा व रेन्डियर को 6000 ई. पू. पालतू बनाया गया।

पुरा पाषाण कालीन मानव ने जंगली पशुओं को हाँकने, उनको दिशा देने, खड़ा करने आदि का ढंग सीख लिया था। वह इन अर्द्धनियंत्रित पशुओं से भोज्य सामग्री प्राप्त करता था। इसलिए उसने पशुओं को हाँकते समय कुछ का आखेट करना प्रारम्भ किया और कुछ पशुओं को पालतू बना लिया।

जब पाषाण कालीन (Neolithic) मानव को पशुओं के घरेलूकरण से उत्पादन का वैकल्पिक स्रोत प्राप्त हुआ। इससे शुष्क भागों में, जहाँ कृषि संभव नहीं थी, पशुपालन संभव हुआ। इस प्रकार पशुपालन व पौध पालन से मानव की आर्थिक क्षमता में वृद्धि हुई और प्रकृति पर उसकी निर्भरता कम हुई। इससे विश्व के प्रत्येक क्षेत्र में मानव का विस्तार संभव हो सका।

सामाजिक विज्ञान के प्राचीन साहित्य में यह वर्णन मिलता है कि मानव पहले आखेटक तत्पश्चात् पशुचारण और बाद में कृषि कार्यों में संलग्न हुआ। लेकिन ऐसा भी उल्लेख मिलता है कि आखेटक मानव ने पहले कृषि करना सीखा और उसके बाद पशुचारण द्वारा अपने को समृद्ध किया। लेकिन सच्चाई यह है कि नव पाषाण कालीन मानव विषुवत रेखीय उष्ण प्रदेशों में कृषि करता था लेकिन कई जानवरों को नहीं रखता था। उत्तरी अफ्रीका, दक्षिणी-पश्चिमी एशिया और मध्य एशिया के शुष्क घास क्षेत्रों में नव पाषाण कालीन मानव पशुओं को पालता था लेकिन नखलिस्तानों को छोड़कर अन्य जगह कृषि नहीं करता था।

पशुपालन के प्रारम्भिक समय में नव पाषाण कालीन मानव ने अपने अनुभवों के आधार पर पशुओं की शारीरिक संरचना में सुधार करना सीख लिया था। इससे नव पाषाण कालीन कुछ मानवों ने चट्टानी व ऊबड़ क्षेत्रों में बकरी की जातियों का विकास किया तथा घास चारण की उपयुक्त दशाओं वाले क्षेत्रों में तदनुकूल भेड़ों की जातियों का विकास किया और उत्तरी यूरेशिया में रेन्डियर पालन पर बल दिया। मनुष्य ने घास की तलाश में इधर-उधर पशुओं के साथ घूमना शुरु किया जिससे मौसमी पशु प्रवास प्रारंभ हुआ जब दक्षिणी-पश्चिमी एशिया और उत्तरी अफ्रीकी अतिशय कृषि उतपादन व अतिशय पशु चारण के कारण वन विहीन हो गया तो वहाँ एक हजार वर्ष ई. पू. ऊँट क़ा पालन हुआ।

ज्यादा आर्द्र व सघन वनों वाले उष्ण प्रदेशों में केवल हाथी पाया जाता था लेकिन यह अर्थव्यवस्था का आधार नहीं बन सका। दक्षिण-पूर्वी एशिया में कुछ पशु और पक्षी अवश्य पाले जाते थे लेकिन वे भी अर्थव्यवस्था का आधार नहीं बन पाये। जलभैंसे का उपयोग भारत के बाहर विलम्ब से शुरू हुआ। केवल उत्तरी पश्चिमी भारत, तुर्किस्तान और सम्पूर्ण दक्षिणी-पश्चिमी एशिया में पशुपालन अर्थव्यवस्था का आधार बना। जिन क्षेत्रों में मांस, दूध, बाल, ऊन, खून, हड़डी, सींग, चर्म उत्पाद, उर्वरक, व ईधन के स्त्रोत के रूप में जंगली पशुओं का स्थाई पालतू पशुओं ने ले लिया उन क्षेत्रों में पशुपालन अर्थव्यवस्था का आधार बन गया। इस प्रकार नव पाषाण कालीन मानव प्राकृतिक बंधन से मुक्त हुआ और विविध संस्कृतियों को जन्म दिया।

क्षेत्रीय वितरण पशुओं के घरेलूकरण का

पशुओं के घरेलूकरण के क्षेत्रों का निर्धारण करना काफी मुश्किल कार्य है। एक बार पशुओं के घरेलूकरण की प्रक्रियो शुरु हुई और उसके पश्चात् हुई और उसके पश्चात् इस प्रक्रिया का दक्षिणी पूर्वी एशिया से अटलांटिक तक विसरण हो गया। सभी विद्वान इस विचार से सहमत हैं कि पशुओं के घरेलूकरण के लिए परिस्थितियों पुरानी दुनियां के उत्तरी अफ्रीका, मध्यपूर्व, भारत या दक्षिणी-पूर्वी एशिया में ज्यादा अनुकूल थीं। अतः इन क्षेत्रों में पशुओं के घरेलूकरण के लिए कोशिश किये गये। नई दुनियां के देशों में पशुओं का घरेलूकरण बाद में प्रारंभ हुआ।

प्रो. स्पेन्सर तथा थामस द्वारा अपनी पुस्तक 'कल्चरल जाग्रफी' में पशुओं के घरेलूकरण के निम्नलिखित क्षेत्रों का वर्णन किया है -

1. दक्षिणी तथा पूर्वी एशिया व हिमालय यांगटिसीक्यांग घाटी के दक्षिण का क्षेत्र—इस क्षेत्र में बिल्लियों, सूअरों, चिकेन, कुत्ते, मोर, बत्ताख इत्यादि का घरेलूकरण किया गया।

2. आन्तरिक यूरेशिया, हिमालय के उत्तर तथा मुख्य चीन के पश्चिम का क्षेत्र—इसमें बकरियों, ऊँटों, घोड़ों, भेड़ों, याक, रेन्डियर इत्यादि पशुओं का घरेलूकरण किया गया।

3. मध्यपूर्व भूमध्यसागरीय बेसिन व उत्तरी-पूर्वी-अफ्रीका क्षेत्र—इसमें सूअर, बिल्ली, कबूतर, बत्तख, गदहा, कुत्ते, घोड़ा, बकरी, भेड़, खरगोश, सफेद चूहा आदि को पालतू बनाया गया।

4. एन्डीज सहित मध्य अमेरिका क्षेत्र—इसमें लामा, अलपाका, गिनी सूअर, मसकोबी बत्तख, अर्की इत्यादि पशुओं को पालतू बनाया गया।

5. अन्य मिश्रित व सीमान्त क्षेत्र—विश्व के विभिन्न अन्य क्षेत्रों में हंस, हाथी, जंगली गदहा या गोरखर (Onager), मधुमक्खी, लाख के कीड़े इत्यादि को पालतू बनाया गया। गोरखर ऐतिहासिक घरेलूकरण का उदाहरण है। लेकिन वर्तमान में इनका विलोप हो गया है।

पारिस्थितिक तंत्र पर पशुओं के घरेलूकरण का प्रभाव

आदि पाषाण काल में मनुष्य कन्दमूल फल तथा जंगली जानवरों के आखेट द्वारा उदर पूर्ति करता था। आदि मानव आखेट करने में पेड़ों की टहनियों तथा

शाखाओं व कंकड़ों पत्थरों का अस्त्र के रूप में प्रयोग करता था। लेकिन आदि माानव द्वारा जंगली पशुओं के आखेट करने का पारिस्थतिक तंत्र पर कोई कुप्रभाव नहीं पड़ा। नव पाषाण काल में आदि मानव द्वारा पशुओं का घरेलूकरण प्रारंभ किया गया। इसी काल में आग का भी आविष्कार हुआ। आग के आविष्कार के बाद वह जानवरों के मांस को भून कर खान लगा। मांस पकाने के लिए वह जंगल से लकड़ी प्राप्त करता था। पशुओं का बाड़ा बनाने के लिए वह पेड़ों की टहनियों तथा कटीली झाड़ियों का प्रयोग करता था। इस प्रकार आदि मानव ने जंगलों से कन्दमूल व फल संग्रह द्वारा, मांस पकाने, पशु बाड़ा बनाने, पालतू पशुओं के लिए चारा संग्रह द्वारा, लकड़ी का अस्त्र बनाने तथा जानवरों के आखेट द्वारा प्रकृति का विदोहन शुरु किया। मांस पकाते समय कभी-कभी असावधानीवश आग लग जाने से पौधों व जीवों का विनाश शुरु हुआ जिसे पर्यावरण विनाश का प्रारंभिक चरण माना जा सकता है। काल क्रमानुसार मानव पालतू पशुओं की संख्या बढ़ती गई। फलतः प्राकृतिक पर्यावरण के संसाधनों का उपयोग भी बढ़ता गया। लेकिन मानव व पशुओं की संख्या कम होने के कारण पर्यावरण विदोहन का कोई दुष्प्रभाव नहीं पड़ता था। यदि कहीं मानव तथा पशुओं द्वारा प्राकृतिक पर्यावरण की क्षति की पूर्ति स्वयं कर लेती थी। फिर भी आदि मानव ने जंगली जानवरों के आखेट द्वारा, कुछ पशुओं की संख्या बढ़ाकर तथा कुछ पशुओं के लिए चारे का संग्रह करके कुछ पशुओं को एक स्थान से दूसरे स्थान को स्थानान्तरित करके व वनों को जलाने संबंधित पारिस्थितिकी तंत्र में बदलाव करके प्राकृतिक पर्यावरण को न्यूनाधिक मात्रा में कुप्रभावित किया। पशुओं के घरेलूकरण व पशुचारण की प्रक्रिया चलती रही और पर्यावरण कुप्रभावित होता गया। फिर भी पर्यावरण में सन्तुलन बना रहा और मानव तथा प्रकृति का संबंध मैत्रीपूर्ण ही रहा।

औद्योगिक क्रान्ति के उपरांत पशुओं के घरेलूकरण का पर्यावरण पर कुप्रभाव पड़ना शुरु हुआ। औद्योगिक मानव ने वैज्ञानिक तरीके से पशुपालन प्रारंभ किया। पशुओं की नस्लों में सुधार किया तथा उनके आवास के लिए क्षेत्र विस्तार किया। इसके लिए वनों को साफ कियां गया तथा चरागाहों का विकास किया गया जिससे वन क्षेत्र सिमटने लगे तथा पर्यावरण अवनयन होने लगा।

कुछ देशों में पशुपालन अर्थव्यवस्था का मूलाधार बना। वहाँ पशुओं से मक्खन, दूध, पनीर आदि प्राप्त किया जाने लगा। अन्य पशु उत्पादों जैसे मांस, चमड़ा इत्यादि प्राप्त करने के लिए बूचड़खानों की स्थापना की गई जिससे वहाँ का पर्यावरण प्रदूषित

होता जा रहा है। इसी प्रकार उन देशों में गोबर के उचित रखरखाव न होने के कारण जल व वायु प्रदूषित होने लगे हैं।

औद्योगिक क्रान्ति के उपरांत अत्याधुनिक उपकरणों द्वारा वन्य पशुओं का अत्यधिक शिकार किया जाने लगा जिससे अनेकों वन्य पशुओं की संख्या कम हो गई है। तथा कुछ का विलोप हो गया है जिससे पारिस्थितिक तंत्र में असंतुलन उत्पन्न होने लगा है और वन्य पशु संरक्षण की समस्या उत्पन्न हो गई है। भारत मे वन्य पशु संरक्षण संवर्द्धन किया जा रहा है ताकि पारिस्थितिक संतुलन बंना रहे।

आधुनिक काल में पशुओं के ज्यादा चारण से वन विनाश हो रहा है तथा उससे मिट्टी अपरदन बढ़ता जा रहा है जिसके अनेकों दूरगामी दुष्परिणाम हो सकते हैं।

उपरोक्त तथ्यों से स्पष्ट है कि एक तरफ पशुओं के घरेलूकरण से अनेकों लाभ हो रहे हैं तो दूसरी तरफ पारिस्थितिक तंत्र में असंतुलन उत्पन्न हो रहा है।

जन्तुओं का विसरण

किसी भी जन्तु जाति के जीवित रहने के लिए उनका विसरण एक जरूरी उद्देश्य है। जन्तुओं में विलक्षण प्रतिभा के कारण उनमें अस्तित्व के लिए संघर्ष होता है। फलतः उनका विभिन्न दिशाओं में विसरण हो जाता है। इस प्रकार अपने मूल स्थान से जन्तुओं के दूसरे क्षेत्र में गमन जन्तु अच्छे ढंग से जीते है तो अपने पर्यावरण से अनूकूलन कर लेते हैं।

जन्तु विसरण के प्रकार

1. मौसमी विसरण–कुछ पक्षी प्रतिकूल मौसम में अपने वास्य क्षेत्र से अन्यत्र चले जाते हैं और अनुकूल मौसम होने पर वापस चले आते हैं। ऐसे गमनागमन को मौसमी विसरण कहते हैं। जाड़े के मौसम में साइबेरिया से पक्षी भारत में भारतपुर के पक्षी बिहार में चली आती हैं और ग्रीष्म ऋतु में वापस चली जाती है।

2. मानव जन्य विसरण–मानव भी अपनी आवश्यकताओं की पूर्ति के लिए पशुओं का विसरण करता है। यूरोप से खरगोशों कों न्यूजीलैंड ले आना इसका उदाहरण है। भैसों, गायों आदि पालतू पशुओं का विसरण मानव करता है।

3. मन्द विसरण–इसमें जन्तुओं का विसरण एक स्थान से दूसरे स्थान को मन्द गति से दीर्घकाल तक चलता रहता है।

4. बलात विसरण—कभी-कभी आकस्मिक प्रलयंकारी घटनाओं यथा ज्वालामुखी उद्‌गार, बाढ़, सुखा, वनाग्नि, जलवायु परिवर्तन इत्यादि के कारण पशु पक्षियों को भोजन की खोज में अन्यत्र गमन करना पड़ता है। ऐसे विसरण को बलात् विसरण कहते हैं।

5. तीव्र विसरण—इसमें जन्तुओं का समूह अपने मूल स्थान से अन्यत्र तीव्र गति से विसरण करता है। लेकिन नये क्षेत्र में अचानक अधिक संख्या में आ जाने के कारण उनको स्थायित्व नहीं मिल पाता है जिससे उनका विनाश हो जाता है। टिड्डयों व पतंगों का विसरण इसका उदाहरण है।

जन्तु विसरण के साधन

1. हवायें—अनुकूल हवा के साथ कभी-कभी तरणशील वायुचर जैसे पक्षी, कीड़े, चमगादड़ दूर तक विसरण कर जाते हैं।

2. प्राकृतिक बेड़ा (Raft) **व बहता नट्ठा**—कुछ जन्तु बहते हुए पदार्थों जैसे बर्फ पर बैठकर लम्बी दूरी तक विसरण करते हैं। नदी अपरदन के कारण कभी-कभी पेड़ नदी में गिर जाते हैं जिन पर बन्दर, बिल्ली, चीते, गिलहरी, सरीसृप (Reptiles) सर्प इत्यादि बैठ कर दूर तक विसरण कर जाते हैं।

3. स्थल सेतु (Land bridges)—पनामा नहर के पूर्व उत्तरी अमेरिका व दक्षिणी अमेरिका के बीच तथा स्वेज नहर के पूर्व एशिया व अफ्रीका महाद्वीपों के बीच स्थल सेतुओं से जन्तुओं का खूब विसरण हुआ। लेकिन वर्तमान समय में जल मार्गों से जलीय जीवों का का विसरण हो रहा है।

4. प्रवास—स्थायी गमन या मौसमी प्रवास के द्वारा भी जन्तुओं का विसरण होता है।

जन्तु विसरण में व्यवधान

प्रत्येक प्रदेश के अपने विशिष्ट जन्तु होते हैं तथा एक प्रदेश व दूसरे प्रदेश के जन्तुओं में समरूपता नहीं पाई जाती है। जन्तुओं के इस असमान वितरण के लिए विविध अवरोध उत्तरदायी हैं जिनका विवरण निम्नलिखित है—

1. धरातललीय अवरोध—पर्वत श्रेणियाँ, वृहद दलदल गहरी घाटियाँ रेगिस्तान इत्यादि इसके अंतर्गत आते हैं जो जन्तुओं के विसरण में अवरोध उत्पन्न करते हैं।

यही कारण है कि हिमालय पर्वत के उत्तरी व दक्षिणी भागों तथा राकी व एन्डीज के पूर्व व पश्चिमी भागों के जन्तुओं में अन्तर पाया जाता है।

2. जलीय अवरोध—जलीय अवरोधों जैसे—झीलें आदि के कारण जन्तु विसरण में बाधायें आती हैं। स्थलीय जन्तु तैरने वाले होते हैं लेकिन वे भी वृहद जलाशयों को पार नहीं कर सकते हैं और ऐसा करने के प्रयास में कुछ दूरी तक जाने के बाद वे मर सकते हैं। लेकिन जलीय जन्तुओं के विसरण में जलीय भाग प्रेरक और सहायक होते हैं।

3. जलवायुवीय अवरोध—जलवायु जन्तुओं के विसरण में बाधा उत्पन्न करता है। यही कारण है कि ऊष्ण प्रदेशों में स्थल-जलचर व सरीसृप शीतोष्ण प्रदेशों की तुलना में ज्यादा पाये जाते है और ध्रुवों की ओर इनकी संख्या कम होती जाती है।

4. वनस्पति अवरोध—वनस्पति एक जैविक प्रकार का अवरोध है तो जन्तुओं के वितरण को प्रत्यक्ष तथा अप्रत्यक्ष रूप में प्रभावित करता है। पौधे जन्तुओं को भोजन व शरण प्रदान करते हैं। इसलिए अपनी रुचि वाले निवास में जन्तु सीमित रहते हैं। यथा बन्दर (Primates) उष्ण प्रदेशों में रहना पसन्द करते हैं जहाँ उन्हें अपनी रुचि के अनुसार फूल, कोमल पत्तियाँ, फल, नट, चिड़ियाँ, कीड़े आदि भोजन के लिए मिल जाते हैं। अतः ये बन्दर अन्य वनस्पति क्षेत्रों में नहीं जा सकते हैं। इसी प्रकार कुछ जन्तु ऊँचे वृक्षों पर अण्डे देते हैं। ऐसे जन्तु कम ऊँचाई वाले वृक्षों पर नहीं जा सकते हैं।

जन्तुओं के उद्भाव एवं विकास का इतिहास

पृथ्वी के भूगर्भिक इतिहास को महाकल्प (Eras), कल्प (Periods) और युगों में विभाजित किया जाता है जिनमें जन्तुओं का उद्भव व विकास इतिहास निम्नलिखित है—

(क) आरकियोजोइक महाकल्प—इस महाकल्प में जीवन के बहुत ही कम साक्ष्य मिलते हैं। आज से लगभग 1000 मिलियन वर्ष पूर्व अन्तिम पूर्व कैम्ब्रियन युग में प्राचीनतम जीवों के अवशेष अफ्रीका के जाम्बिया देश में 1976 में मिले हैं। उस समय पौधों व जन्तुओं का रूप प्राटोजोआ और प्राटोजोआ जैसा एक कोशकीय (Unicellular) था। तत्कालीन जीव मलबा से आहार ग्रहण करते थे।

(ख) पैलियोजोइक महाकल्प—1. कैम्ब्रियन युग—आज से करीब 600 मिलियन वर्ष पूर्व इस युग में सर्वप्रथम जलीय जीवों का प्रादुर्भाव हुआ जिनमें Trilolectes और Brachiopods प्राणि महत्वपूर्ण थे।

2. आर्डोविसियन युग—आज से करीब 500 मिलियन वर्ष पूर्व इस युग में खोल में रहने वाले जीवों जैसे—मछलियों और Nautilids का विकास हुआ। इसी युग में प्रथमतः रीढ़वाले का अलवणीय जल में प्रादुर्भाव हुआ था। उक्त दोनों युगों को मजबूत अस्थि कवच वाले अकशेरूकी (Invertebrates) जीवों का युग कहा जा सकता है।

3. सिलूरियन युग—आज से करीब 440 मिलियन वर्ष पूर्व द्विश्वासी मछलियों (Lung fishes) व बिच्छुओं का विकास हुआ।

4. डिवानियन युग— आज से करीब 350 मिलियन वर्ष पूर्व इस युग में प्राचीनशार्क, Echinoderms, आदि रेप्टाइल्स, आधुनिक कीटों, एमोनाइटीस (Ammonites) और स्थल कशोरुकी का अविर्भाव हुआ। हिमानीकरण के कारण अनेकों जीवों का विलोप हो गया और जो जीव बच गये थे वे शक्तिशाली रूप में विकसित हुए। कारबोजीफेरस युग को जल चर जीवों का युग कहा जा सकता है।

(ग) मेसोजोइक महाकल्प—1. ट्रियासिक युग—आज से करीब 225 मिलियन वर्ष पूर्व इस युग में डायनासोर, जल में तैरने वाले रेप्टाइल्स आदि का विकास हुआ। रीढ़ विहीन प्राणियों की संख्या में ज्यादा वृद्धि हुई।

2. जुरैसिक युग—आज से करीब 180 मिलियन वर्ष पूर्व इस युग में पक्षियों व उड़ने वाली रेप्टाइल्स आदि छिपकली तथा आधुनिक घड़ियाल का विकास हुआ। इसी युग में आदि स्तनधारी जीवों का विकास का प्रारंभ हो गया था।

3. क्रिटैसियस युग—आज से करीब 135 मिलियन वर्ष पूर्व इस युग में बड़े रेप्टाइल्स का विलोप हो गया और विशेष तरह के रेप्टाइल्स का विकास हुआ। इस युग में डायनासोर का चरम विकास हुआ। स्तनधारी प्राणियों का धीमी गति से विकास-क्रम जारी रहा। जलीय भाग में अस्थियुक्त मछलियों की भिन्न-भिन्न जातियों तथा स्थलीय भाग पर पूँछयुक्त जहरीले तथा रेंगने वाले प्राणियों का अविर्भाव हुआ। उपरोक्त तीनों को रेप्टाइल्स का युग कहा जा सकता है।

(घ) कैनोजोइक युग—1. टर्शियरी कल्प—आज से करीब 70 मिलियन वर्ष पहले इस कल्प का आगमन हुआ था। इस कल्प को निम्नलिखित चार युगों में विभाजित किया जाता है—

(i) इन्योसीन युग—आज से करीब 70 मिलियन वर्ष पहले इस युग में स्तनधारी जन्तुओं की संख्या, जाति वस्थलीय विस्तार में काफी विकास हुआ। लेकिन प्राचीनतम स्तनधारी जन्तुओं का विलोप हो गया। इस युग में समान खुरवाले जन्तुओं

जैसे हिरन और असमान खुरवाले जन्तुओं यथा–घोड़ा, गैंडा इत्यादि का भी विकास हुआ। इस युग के प्रारंभिक काल में आदि प्रासीमियन्स (Primate Prosimians) की उत्पत्ति हुई जिससे इस युग के अंत में शुद्ध प्रासीमियन्स तथा मानव सदृश जन्तुओं का विकास हुआ।

(ii) आलीगोसीन–आज से करीब 40 मिलियन वर्ष पहले इस युग में आधुनिक स्तनधारी जन्तुओं का विकास हुआ। इस युग में प्रासीमियन्स से वृक्ष पर रहने वाली छछूंदर, लंगूर तथा बन्दर (Lemurs) का निकास हुआ। मानव सदृश जन्तुओं से नई दुनिया के बन्दरों पुरानी दुनिया के बन्दरों तथा बैबून (Baboon) का विकास हुआ। इसी युग में आदि प्रासीमियन्स से नरपशु का विकास हुआ।

(iii) मायोसीन युग–आज से करीब 25 मिलियन वर्ष पहले इस युग में स्तनधारी जन्तुओं की संख्या तथा जाति में वृद्धि हुई।

(iv) प्लीस्टोसीन युग–यह युग आज से करीब 100,000 वर्ष पहले इस युग में नरपशु (Hominoidea) से पूँछ विहीन बन्दर (Apes) तथा कपिमानव (Ape Man) का विकास हुआ। स्तनधारी जीवों का भी इस युग में विकास होता रहा।

2. क्वाटर्नरी कल्प–आज से करीब 100,000 वर्ष पहले से वर्तमान समय तक यह युग माना जाता है। इसे वर्तमान वनस्पति का कल्प कहा जाता है। इस कल्प को निम्नलिखित दो युगों में बाँटा जाता है–

(i) प्लीस्टोसीन युग–यह युग आज से करीब 100,00 वर्ष पहले से 1 मिलियन वर्ष पूर्व के बीच माना जाता है। यह महा हिम काल का युग कहा जाता है। इसमें चार बार हिम चादरों का विस्तार तथा चार बार निवर्तन हुआ। हिम चादरों के विस्तार व निवर्तन के कारण बड़े आकार के तन्तु यथा डायनासोर का विलोप हो गया तथा तेज चलने वाले जन्तुओं का विसरण हुआ जिससे कई नितियों का उ्भवन हुआ। इस युग में स्थल सेतुओं का विसरण हुआ जिससे कई जातियों का उद्भवन हुआ। इस युग में स्थल सेतुओं से जन्तुओं का खूब विसरण हुआ। उत्तरी अमेरिका से बिल्ली, घोड़े, भालू, मांसाहारी रीछ, सुअर आदि का विसरण दक्षिणी अमेरिका की ओर हुआ जिससे दक्षिणी अमेरिका के कई जीवों का विलोप हो गया। इसी तरह एशिया से उत्तरी अमेरिका कीं ओर ओरिंग जल डमरू मध्य के रास्ते बारहसिंगा, जंगली भैंसा, भालू, पहाड़ी भेड़ तथा बकरी, ध्रुवीय बैल, विशालकाय पूरा हाथी, (Mammoths), श्वेत पूँछ वाले हिरन इत्यादि का विसरण हुआ। वर्तमान समय

में उत्तरी अमेरिका से ये जन्तु विलुप्त हो गये हैं। उत्तरी अमेरिका से यूरेशिया की ओर वन बिलाव व ऊँटों का विसरण हुआ।

प्लीस्टोसीन युग के अन्त में पूँछ विहीन बन्दरों से आरैंग, गोरिल्ला तथा चिम्पैजी का विकास हुआ और कपि मानव से आधुनिक मानव का विकास हुआ।

(ii) होलोसीनयुग—यह हिम के पीछे हटने का युग है। इसे मानव का युग कहा जाता है। इसी युग में मानव सभ्यताओं एवं मानव मस्तिष्क का सबसे ज्यादा विकास हुआ है।

विश्व के जन्तु प्रदेश

आर. वैलेस महोदय ने सर्वप्रथम 1876 में विश्व को जन्तु प्रदेशों में विभाजित किया। उसके बाद 1957 में पी. जे. डारलिंगटन ने, एस. सी. केन्देढ़ ने 1961, डब्यू जार्ज ने 1992 तथा जे. इलीस ने 1974 में विश्व को जन्तु प्रदेशों में बाँटा। लेकिन आज भी आर. वैलेस का वर्गीकरण सबसे ज्यादा मान्य है। उनके अनुसार विश्व में निम्नलिखित 6 जन्तु प्रदेश पाये जाते हैं—

1. इथीयोपियन जन्तु प्रदेश—सम्प्रर्ण अफ्रीका, अरेबिया, मालागासी और मारिशश इसके अंतर्गत आते हैं। इस प्रदेश में जन्तुओं में सबसे ज्यादा विविधता पाई जाती है। इसमें स्थलीय कशेरुकी के लगभग 161 परिवार पाये जाते हैं जिसमें इस प्रदेश के 30 देशज जन्तु भी शमिल हैं। इन देशज जन्तुओं में आयी, स्वर्णिम छछूँदर, छछूँदर चूहे, कूदने वाले अफ्रीका उड़न गिलहारी, जिर्राफ, खरगोश आदि आते हैं। इसके अलावा रीढ़ वाले जन्तुओं के 174 परिवार, स्तनधारी जन्तुओं के 140 वंश और पक्षियों के 294 वंश पाये जाते हैं जिनमें क्रमशः 22, 90 और 179 विचित्र प्रकार के हैं। इसको पूर्वी अफ्रीका, पश्चिमी अफ्रीका, दक्षिणी अफ्रीका और मालासी चार उपप्रदेशों में विभाजित किया जाता है।

2. प्राच्य प्रदेश—एशिया के अंतर्गत एशिया का उष्ण भाग जैसे श्रीलंका, मलयेशिया, दक्षिणी चीन, जावा, भारत, सुगामा, वोर्नियो, फिलीपाइन्स इत्यादि इस प्रदेश के अंतर्गत आते हैं। इस प्रदेश की जलवायु में विविधता पाई जाती है। इस प्रदेश के ज्यादा भाग पर सघन वनस्पतियां पाई जाती हैं। इसमें स्थलीय कशेरुकी के 153 परिवार पाये जाते हैं जिनमें 10 परिवार जद्वितीय हैं जिनमें 4 स्तनपायी, एक पक्षी और 5 रेप्टाइल्स हैं।

3. पुरा आर्कटिक प्रदेश—यह सबसे बड़ा जन्तु प्रदेश है जिसका विस्तार सम्पूर्ण यूरोप, जापान, उत्तरी चीन, सोवियत रूस तथा अफ्रीका के उत्तरी भाग, पर है। इसको यूरोपीय, भूमध्य सागरीय, साइबेरियन व मन्चूरियन पाँच उप प्रदेशों में विभाजित किया जाता है। इस प्रदेश में स्थलीय कशेरुकी या रीढ़ वाले जन्तुओं के 135 परिवार, जिसमें स्तनपायी के 33, पक्षियों के 68, रेप्टाइल्स के 24 और जल सलिचरों व मछलियों के 10 परिवार शामिल हैं। इनके अलावा रीढ़वाले जन्तुओं के 3 विचित्र परिवार, शामिल जन्तुओं के 35 विलक्षण वंश तथा पक्षियों के 57 विचित्र वंश पाये जाते हैं।

(क) भारत-चीन उपप्रदेश—चीन, पूरा आर्कटिक सीमा के दक्षिण का भाग, बर्मा, थाइलैंड, अन्डमान द्वीपसमूह, ताइवान आदि इसके अंतर्गत आते हैं। यहाँ जन्तुओं के 138 परिवार पाये जाते हैं जिनमें गैंडा, (Rhinoceros), Ailurus, Budocras, Hapalomy, Moless, Gibbons, Salamanders इत्यादि प्रसिद्ध हैं।

(ख) भारत-मलाया उपप्रदेश—मलाया प्रायद्वीप, जावा, सुमात्रा, बोर्नियो, निकोबार द्वीप आदि इसके अंतर्गत आते हैं। यहाँ जन्तुओं के 132 परिवार मिलते हैं जिनमें वृक्ष छछून्दर,, गिब्बन आदि प्रसिद्ध हैं।

(ग) भारत उपप्रदेश—सम्पूर्ण भारत इसमें शामिल है। इसमें स्थलीय कशेरुकी के 123 परिवार पाये जाते हैं। इसमें कोलब्राइन सर्प की एक ही जाति Elachistodonidae)अद्वितीय है। स्तनपायियों में चार सींग वाले एन्टीलोप, भारतीय भालू और आदि इस प्रदेश की विशेषताये है।

(घ) श्रीलंका उपग्रदेश—इस प्रदेश के जन्तुओं में (Shield-tails, Lion', Spinyrats, Leaf insects, Kalima, Mimetic Butterflies -इत्यादि उल्लेखनीयहै।

प्रमुख जन्तु—(क) रेपाटाइल्स—इनके 35 परिवार मिलते हैं जिनमें कई प्रकार के व्याल (Viper), कछुवे, स्वच्छ जल सर्प, सागर सर्प, वृक्ष सर्प, घड़ियाल, जल छिपकली इत्यादि महत्वपूर्ण हैं।

(ख) पक्षी—इनके 71 परिवार पाये जाते हैं जाते हैं जिनमें कबूतर, उल्लू, मयूर, इत्यादि महत्वपूर्ण हैं।

(ग) मछली—स्वच्छ जल मछलियों के 13 परिवार पाये जाते हैं जिनमें Notopterids, Silurids, Anabantids, Cyprinoids Nandidate आदि भी शामिल हैं।

(घ) **थल जलचर**–इन जन्तुओं के 9 परिवार मिलते हैं जिसे Caceilians, Rhacophoids, True Frogs, Salamanders इत्यादि आनन्ददायक हैं।

4. आस्ट्रेलियन प्रदेश–सम्पूर्ण आस्ट्रेलिया, न्यूजीलैंड, न्यूगिनी, सोलोमन व समोआ द्वीपों को इसके अंतर्गत शामिल किया जाता है। इस प्रदेश में उष्ण और शीतोष्ण दोनों प्रकार की जलवायु मिलती है। इसमें स्थलीय कशेरूकी के 124 परिवार मिलते हैं जिनमें स्तनपायियों के 8, पक्षियों के 17, रेप्टाइल्स के 3 और स्थल जलचर जन्तुओं के परिवार शामिल हैं। इस प्रदेश में गर्भ में शिशुओं को आहार प्रदान करने वाले (Placental) स्तनपायी जन्तु करीब समाप्त हो गये हैं। अपने उदर के बाहरी भाग में थैली धारण करने वाले (Marsupials और Monotremata) जन्तु ज्यादा पाये जाते हैं। मारसुपियल्स के अंतर्गत विविध प्रकार के कंगारू आते है तथा मोनोट्रीमाटा में आदि आते हैं। इस प्रदेश में कंगारू, आदि विशिष्ट जन्तु है। इनके अलावा चूहे और जावा भी पाये जाते हैं। स्थल जलचर जन्तुओं में भेड़ व मेंढ़क आते हैं जबकि कुछ मछलियाँ भी पायी जाती है। स्तनपायी में वंश ज्यादा पाये जाते थे जो समाप्त हो गये हैं। इस प्रदेश को आस्ट्रो-मलाया-पालीनेशियन, आस्ट्रेलियन और न्यूजीलैंड उपप्रदेशों में बांटा जाता है।

5. नव अयनर्ती प्रदेश (Neotropical Region)–दक्षिणी मैक्सिको, मध्य व दक्षिणी अमेरिका, पश्चिमी द्वीप समूह, गालापगास द्वीपों को इसके अंतर्गत शामिल किया जाता है। यह उष्ण कटिबंधीय पय्यावरण वाला प्रदेश है जिसमें खूब वनस्पतियाँ पाई जाती हैं। इसमें स्थलीय कशेरुकी के 155 परिवार पाये जाते हैं जिनमें 39 इस प्रदेश के लिए अद्वितीय हैं। इसमें 23 पक्षी, 10 स्तनपायी, 2 रेप्टालस और 4 स्थल जलचर जन्तुओं के वंश अद्वितीय हैं। इस प्रदेश को चीली, ब्राजील, मैक्सिको और अर्जेन्टाइना उप प्रदेशों में विभाजित किया जाता है।

6. नव आर्कटिक प्रदेश (Neo-arctic Region)–उत्तरी अमेरिका व ग्रीनलैंड को इसके अंतर्गत शामिल किया जाता है। इसमें स्थलीय कशेरुकी के 120 परिवार पाये जाते हैं जिनमें पक्षियों के 59, स्तनपायी के 26, रेप्टाल्स के 21 और स्थल जलचर जन्तुओं के 14 वंश शामिल हैं। स्तनपायियों में 5 परिवार अद्वितीय हैं जिनमें Haplodontidae और Prong-buck विशेष उल्लेखनीय हैं। पक्षियों में ren & tits, रेप्टाल्स में Anillidae और स्थल-जलचर जन्तुओं में Siredidae अद्वितीय परिवार हैं। इस प्रदेश के जन्तुओं की जातियों में पर्याप्त मिश्रण हुआ है। यही कारण है कि यूरोप व अमेरिका के Bison लैंगिक सम्पर्क क्षरा प्रजनन करते हैं। इस प्रदेश को राकी पर्वत, कैलीफोर्निया, रॉकी पर्वत व कनाडा उपप्रदेशों में विभाजित किया जाता है।

10

ऊर्जा एवं पारिस्थितिक तंत्र

ऊर्जा वह शक्ति है जो किसी भी कार्य को संभव बनाती है। कोई भी वस्तु चाहे निर्जीव हो या सजीव उसमें ऊर्जा का प्रयोग करने पर ही वह कार्य करती है। यथा—मोटर तभी चलती है जब पेट्रोल में संचित ऊर्जा दहन द्वारा मुक्त होकर प्रयोग में लाई जाती है। ऊर्जा की प्राप्ति सौर्य विकिरण, गुरुत्व बल, पृथ्वी की आंतरिक शक्तियों, पुरा जैव ईंधन आदि से होती है। ऊर्जा के निम्नलिखित दो रूप होते हैं।

(क) गतिज ऊर्जा—किसी वस्तु की गति के कारण उसमें कार्य करने की जो क्षमता होती है उसे गतिज ऊर्जा कहते हैं। जैसे—खरगोश का तेजी से छलांग लगाकर दौड़ना इसका उदाहरण है। बन्दुक से निकली गोली में गतिज ऊर्जा है। दौड़ती रेलगाड़ी में गतिज ऊर्जा है।

(ख) स्थितिज ऊर्जा—किसी वस्तु की स्थिति के कारण उसमें कार्य करने की जो क्षमता होती है उसे स्थितिज ऊर्जा कहते हैं। जैसे—पर्वतों पर बांध द्वारा एकत्रित जल में स्थितिज ऊर्जा होती है। पर्वत पर टिके पत्थर के टुकड़े में स्थितिज ऊर्जा है। तनी हुई कमानी में स्थितिज ऊर्जा है।

उपरोक दोनों ऊर्जा के कई प्रकार होते हैं जैसे—रासायनिक ऊर्जा, विद्युत, यांत्रिक ऊर्जा आदि।

ऊर्जा के सिद्धान्त

1. ऊर्जा के रूपान्तरण की प्रक्रिया पूर्णरूपेण दक्ष नहीं होती है।
2. ऊर्जा न तो नष्ट होती है और न ही उत्पन्न होती है।
3. ऊर्जा का प्रवाह एक दिशा में होता है।

महत्व

सूर्य सौर्यिक ऊर्जा का प्रमुख स्रोत है। सूर्य के बाहरी समूह का अनुमानित तापमान 6000^0 से.ग्रे. है। इससे जितना भी सौर्यिक विकिरण होता है उसका 1/2,000,000,000 (1/2 अरब) भाग ही धरातल की ओर आता है। यह अल्प मात्रा 23 ट्रिलियन अश्व शक्ति के बराबर होती है। यदि इस मात्रा को 100 मान लिया जाए तो इसका भी सिर्फ 51% भाग ही पृथ्वी को प्राप्त होता है। शेष 49% में से 35% का वायुमंडल द्वारा परावर्तन तथा 14% का वायुमंडलीय गैसों तथा जलवायु द्वारा अवशोषण कर लिया जाता है। यही अत्यल्प सौर्य ऊर्जा (51%) पारिस्थितिक तंत्र के जैव व अजैव संघटकों के लिए अलावा होती है।

ऊर्जा- के प्रमुख स्रोत सूर्य के अतिरिक्त ब्रह्माण्ड विकिरण, भूतापीय ऊर्जा, जीवाश्म खनिजों के भण्डारों से मुक्त ऊर्जा इत्यादि हैं।

पारिस्थितिक तंत्र में कार्यशीलता ऊर्जा प्रवाह के कारण ही बनी रहती है। इसी से जैव भू-रसायन चक्र कार्यशील रहता है तथा भोजन शृंखला कायम रहती है। औद्योगिक क्रांति ऊर्जा के कारण ही संपन्न हुई। हरित क्रांति के मूल में भी ऊर्ता है। हरे पौधे सौर्य ऊर्जा को प्राप्त करते हैं और प्रकाश संश्लेषण द्वारा अपना भोजन बनाते हैं।

धरातल पर वर्षण पवन संचार, वाष्पीकरण तथा जलीय चक्र के मूल में सौर्य ऊर्जा ही है। इसी के कारण समुंद्री धाराओं का मौसम प्रवाह, तथा जलवायु काराविर्भाव, उच्चावचों का निर्माण, मिट्टी की उत्पत्ति व विकास आदि होता है। इस प्रकार पारिस्थितिक तंत्र के जैव तथा अजैव संघटकों के लिए सौर्य ऊर्जा अति महत्वपूर्ण है।

स्रोत

सूर्य ऊर्जा का मूल स्रोत है। लेकिन सौर्यक ऊर्जा की अपार राशि होने के बावजूद भी उसके पूर्ण उपयोग लायक तकनीक विकसित नहीं हो पाई है। ऊर्जा के अन्य स्रोतों को निम्न दो वर्गों में रखा जा सकता है–

1. **परम्परागत स्रोत**–कोयला, पेट्रोल, लकड़ी आदि इसके अंतर्गत आते हैं।

2. **वैकल्पिक ऊर्जा स्रोत**–जल विद्युत शक्ति, नाभिकीय ऊर्जा, तापीय शक्ति, प्राकृतिक गैस, बायो गैस, फसल जन्य अल्कोहल इत्यादि इसके अंतर्गत आते हैं।

ऊर्जा के स्रोत तथा पारिस्थितिक तंत्र

कोयला–पुरा जैव ईंधन के अंतर्गत यह आता है। कोयला जो कभी व्यर्थ का पत्थर समझा जाता था वह अब काला सोना समझा जाने लगा है। विश्व में लगभग 4 अरब मैट्रिक टन कोयले का उत्पादन प्रति वर्ष होता है और सभी स्रोतों से प्राप्त ऊर्जा का 45 प्रतिशत अकेले कोयले से प्राप्त होता है। कोयल के कारण ही 1860 में औद्योगीकरण की शुरूआत हुई। वर्तमान में औद्योगिक नगरीय व कृषि विकास कोयले पर आधारित है। यह सदा से ऊर्जा प्राप्ति का प्रमुख स्रोत रहा है। कुल ऊर्जा का कोयले से 1900 में 98%, 1925 में 66%, 1948 में 60%, 1975 में 50% और वर्तमान में 45% प्राप्त हो रहा है। लेकिन इतने महत्वपूर्ण कोयले का संचित विश्व भण्डार अति सीमित है। एक बार समाप्त हो जाने पर कोयले का निर्माण जल्दी संभव नहीं है क्योंकि इसका निर्माण लाखों वर्षों में प्राकृतिक प्रक्रियाओं के कारण हो पाता है। अतः कोयला ऊर्जा का अनवीकरणीय स्रोत है। जिस मात्रा में कायला का उत्पादन हो रहा है पुनः उसकी आपूर्ति निकट भविष्य में हो पाना संभव नहीं है। यदि कोयला खपत की वर्तमान दर जारी रही तो 300 वर्षों तक ही इसकी आपूर्ति संभव हो सकेगी। भारत में कोयले की वर्तमान खपत दर कायम रहने पर 150 वर्षों तक ही इसकी आपूर्ति हो सकेगी।

कोयला एवं पारिस्थितिकीय समस्यायें

1. कोयला अनव्य ऊर्जा का स्रोत है। अतः निकट भविष्य में इसका पुनर्जनन संभव नहीं है।

2. कोयले की धूम्र से वनस्पतियों को हानि पहुंचती है।

3. वर्तमान में कोयला खुली खदानों से निकाला जा रहा है। अतः ऊपर ही चट्टानों को हटाकर अन्यत्र संगृहीत किया जा रहा है जो कठिन व व्ययसाध्य कार्य है। जैसे–एक टन कोयला निकालने में पांच टन मलबा निकलता है। एक अनुमान है कि प्रति वर्ष लगभग 115 घन मीटर मलवा प्रति वर्ष निकलेगा। जिसको रखने के लिये प्रतिवर्ष पर्याप्त स्थान की जरूरत पड़ेगी। इस प्रकार जहाँ मलवा का ढ़ेर इकट्ठा किया जा रहा है वहाँ नीचे की भूमि बेकार हो जा रही है। नदी में पहुंचकर मलवा तल को उथला बना रहा है तथा जल को प्रदूषित कर रहा है। मलवा नदी में पहुंचकर तल को उथला बना रहा है तथा जल को प्रदूषित कर रहा है। कभी-कभी इस ढ़ेर के खनिज, राख तथा धूल उड़कर कहीं ओर निक्षेपित हो रहे हैं जिससे वहां

की मिट्टी की उत्पादकता समाप्त हो रही है जिससे खाद्यात्र उत्पादन प्रभावित हो रहा है।

4. कोयला दहन द्वारा ताप विद्युत शक्ति पैदा करने में पर्याप्त जल की खपत होती है। जब तप्त जल ताप विद्युत गृहों से छोड़ा जाता है तो वह तप्त जल नदी नालों में पहुंचकर जल को प्रदूषित करता है जिससे जलीय जीव जन्तु मर जाते हैं।

5. वजन में कोयला भारी होता है। अतः खपत क्षेत्रों तक इसे पहुंचाने में परिवहन व्यय ज्यादा पड़ता है।

6. कोयले को जलाने से कार्बन डाई ऑक्साइड की अत्यधिक मात्रा वायुमंडल में पहुंचकर वायु प्रदूषण के साथ-साथ हरित गृह प्रभाव उत्पन्न कर रही है जिससे पारिस्थितिकी तंत्र के असंतुलित होने का खतरा बढ़ता जा रहा है तथा मानव जीवन में संकटापन्न होता जा रहा है।

7. कोयला में मिश्रित एसिड वायुमंडल में पहुंचकर वर्ष के साथ अम्ल वर्षा करता है जिससे पर्यावरणीय समस्यायें उत्पन्न हो रही हैं।

उपरोक्त विवरण से स्पष्ट है कि कोयला अनव्य ऊर्जा स्त्रोत है और इसके उपयोग से पारिस्थितिकीय समस्यायें उत्पन्न हो रही हैं जो मानव के लिए शुभ लक्षण नहीं हैं।

खनिज तेल

वर्तमान समय में खनिज तेल व प्राकृतिक गैस का ज्यादा महत्त्व है। खनिज तेल निकालने का प्रथम तेल कूप 1859 में पेंसिलवानियां के वर्तमान टीडुसविले नामक स्थान पर खोदा गया। करेबियन खाड़ी क्षेत्र उन दिनों प्रमुख खनिज तेल उत्पादक क्षेत्र था। अब वहां से खनिज तेल मेखला मध्य-पूर्व के देशों तक खिसक आई है और भविष्य में दक्षिणी-पूर्वी एशिया के देशों में इस मेखला के खिसकने की संभावना है। पेट्रोल ऊर्जा से आंतरिक दहन तकनीक विकसित हुई है जिससे स्कूटर व मोटर गाड़ी से लेकर वायुयान, रेल इंजन, सुपर सोनिक जेट विमान आदि का चलाया जाना संभव हो सका है जिससे विश्व की दूरी कम हो सकी है।

आज के समय में पेट्रोलियम उत्पादन 2.65 अरब मैट्रिक टन तथा प्राकृतिक गैस का उत्पादन 1500 अरब घन मीटर से ज्यादा हो रहा है और इस प्रकार कुल ऊर्त्ता का 40 प्रतिशत पेट्रोलियम से प्राप्त हो रहा है। 1900 ई. में पेट्रोलियम व प्राकृतिक गैस का ऊर्जा प्रदान करने में मात्र एक प्रतिशत योगदान था। लेकिन यह

मात्रा लगातार बढ़ती जा रही है जो कुल ऊर्जा का 1925 में 20%, 1948 में 36% और वर्तमान में 40% योगदान हो गया है।

पेट्रोलियम तथा प्राकृतिक गैस पुरा जैव ईंधन हैं और अनव्य हैं तथा भूगर्भ में इनकी सीमित मात्रा है। इस तरह यह यदि समाप्त हो जाता है तो निकट भविष्य में इसकी आपूर्ति असंभव है। यदि 1981 के उपयोग स्तर को आधार माना जाय तो पेट्रोलियम के आगामी 30 वर्षों में ही समाप्त हो जाने की संभावना है। प्राकृतिक गैस की संचित राशि 50 वर्षों से अधिक की नहीं है। यही वजह है कि खनिज तेल उत्पादक देश ओपेक ने खनिज तेल का उत्पादक कम करने तथा कीमत बढ़ाने का निर्णय लिया है जिससे विश्व के खनिज उत्पादन कम करने तथा कीमत बढ़ाने का निर्णय लिया है जिससे विश्व के खनिज तेल आयातक देशों के सामने गंभीर संकट आ गया है।

खनिज तेल तथा पारिस्थितिकीय समस्यायें

1. पेट्रोलियम उत्पादन में ओपेक देशों द्वारा कमी तथा उसका दाम बढ़ाये जाने की घोषणा के कारण विकासशील व अविकसित देशों के अर्थतंत्र पर कुप्रभाव पड़ रहा है। खनिज तेल आयातक देश अपनी आवश्यकताओं की पूर्ति के लिए विदेशी कर्ज लेकर महंगी दर पर खनिज तेल खरीद रहे हैं और दूसरी तरफ कर्ज की अदायगी के लिए अपने कच्चे मालों को सस्ती दरों पर निर्यात कर रहे हैं जिससे विकसित व विकासशील देशों के बीच आर्थिक खाई चौड़ी होती जा रही है तथा विश्व अर्थतंत्र में असंतुलन पैदा होता जा रहा है।

2. खनिज तेल व प्राकृतिक गैस कभी-कभी कूओं में आग लगा दी जाती है या अपने आप आग लग जाती है जिससे वायुमंडल प्रदूषित हो जाता है और यह प्रदूषण सीपवर्ती अन्य देशों को भी दुष्प्रभावत करता है। खाड़ी युद्ध के अंतर्गत कुवैत के खनिज तेल कूपों में आग लगा दी गई जिसका धूम्र वायुमंडल में पहुंच गया जिससे पश्चिमी भारत तक वायु प्रदूषण का खतरा बढ़ गया है।

3. कहीं-कहीं समुद्री के तल से खनिज तेल निकाला जाता है। ऐसे स्थानों में विस्फोट होने पर खनिज तेल की परत समुद्री जल पर फैल जाती है और अनेकों जीव-जन्तु मर जाते हैं।

4. भूगर्भ से जहां खनिज तेल निकाला जाता है वहां भूमि के नीचे धसकने की संभावना रहती है। कैलीफोर्नियाँ के विलमिंगटन तेल क्षेत्र 8 मीटर नीचे धंस गया है जिससे उस क्षेत्र की समुद्री फैलाव से रक्षा के लिए बांध बनाया गया है।

उपरोक्त तथ्यों से स्पष्ट है कि खनिज तेल के कारण भी पारिस्थितिकीय समस्यायें बढ़ती जा रही हैं।

ईंधन लकड़ी तथा पारिस्थितिकीय समस्यायें

यह परम्परागत ऊर्जा का नव्यकरणीय स्रोत है। इसके नष्ट होने पर वनों का विकास किया जा सकता है। लेकिन जितनी मात्रा में वनों का विनाश हो रहा है उतनी मात्रा में वनारोपण संभव नहीं हो पा रहा है। अल्पविकसित देशों में लकड़ी ऊर्जा का मुख्य स्रोत है। और इन देशों की करीब दो तिहाई जनसंख्या लकड़ी को ही जलावन के रूप में प्रयोग करता है। बढ़ती जनसंख्या व अन्य कारणों से लकड़ी की मांग बढ़ते जाने के कारण वन नाशन व्यापक पैमाने पर हो रहा है। और वन नाशन से अविकसित देशों में जलावन तथा ईंधन लकड़ी का अभाव पैदा हो रहा है। पौधों व अन्य जीवों की जातियों का विलोप हो रहा है, मिट्टी अपरदन बढ़ रहा है जिससे मिट्टी की उत्पादकता खत्म हो रही है, अवर्षण की समस्यायें बढ़ती जा रही हैं। वायुमंडल में कार्बन डाई ऑक्साइड, कार्बन मोनो डाई आक्साइड, सल्फर आई आक्साइड की मात्रा बढ़ती जा रही है जिससे कार्बन चक्र की क्रियाशीलता बाधित हो रही है। इस प्रकार लकड़ी के ज्यादा प्रयोग से अनेकों पर्यावरणीय समस्याएं उत्पन्न हो रही हैं जो मनुष्य जाति के लिए खतरे की घण्टी हैं।

नाभिकिय ऊर्जा तथा पारिस्थितिकीय समस्यायें

विकसित तथा कुछ विकासशील देशों में पुरा जैव ईंधन के समाप्त होने के डर से तथा ज्यादा कीमती होते जाने के कारण नाभिकीय ऊर्जा का विकास किया जा रहा है। नाभिकीय उर्जा मुख्य रूप से यूरेनियम, थोरियम, प्लुटोनियम व स्टोन्टियम से उत्पन्न की जाती है। इससे प्रचुर मात्रा में ऊर्जा की प्राप्ति होती है लेकिन इसके लिए आधारभूत उक्त खनिज अति सीमित मात्रा में ही सुलभ हैं।

1975 तक संयुक्त राज्य अमेरिका में 60 नाभिकीय ऊर्जा संयंत्रों का विकास किया गया था जिससे कुल ऊर्जा का 50% नाभिकीय ऊर्जा से प्राप्त होता है। लेकिन यहां की बाउन्सफेरी (अलबामा) व श्रीमाइल आईलैंड (28 मार्च, 1979, पेंसिलवानिया) में दो नाभिकीय संयंत्रों में भीषण दुर्घटनाएँ हुईं जिससे यहां नाभिकीय ऊर्जा का विरोध होने लगा। इसका नजीता यह हुआ कि आस्ट्रिया व डेनमार्क ने अपने अणु संयंत्रों पर प्रतिबंध लगा दिया। सोवियत रूस में 27 अप्रैल, 86 में

चेरनोबिल अणु संयंत्र में रिसाव की दुर्घटना हुई जिससे पूरा विश्व भयभीत होग गया। दुर्घटना के भय से वहाँ तीन अणु संयंत्र बंद कर दिये गये हैं। भारत में भी कोटा, ट्राम्बे, तारापुर, कालापक्कम, नरोरा आदि स्थानों पर भी नाभिकीय संयंत्र लगाये गये हैं जिनका विरोध शुरू हो गया है।

नाभिकीय ऊर्जा के समर्थकों के अनुसार यह सबसे सुरक्षित व उपयुक्त ऊर्जा का स्रोत है। लेकिन इसके उपयोग से निम्नलिखित पारिस्थितिकीय समस्यायें उत्पन्न हो रहीं हैं।

1. काफी रेडियोधर्मी तत्व नाभिकीय ऊर्जा से निकलते हैं। ये तत्व वायु में पहुंच कर वायु प्रदूषण पैदा करते हैं और मानव को बुरा प्रभाव डालते हैं।

2. अणु संयंत्रों से निःसृत रेडियोधर्मी कचरे का भण्डारण अति कठिन है। यह अत्यधिक खतरना प्रदूषण है।

3. कभी-कभी अणुसंयंत्रों में रिसाव होने पर भयंकर दुर्घटनायें हो जाती हैं।

4. इन संयंत्रों में प्रयुक्त जल गर्म हो जाता है तथा नदी-नालों में छोड़े जाने पर वहां जल प्रदूषण पैदा करता है।

5. रेडियोधर्मी तत्वों के कारण जीन की हानि होती है तथा अपंग या विकृत बच्चे पैदा होते हैं। जापान के नागासाकी व हिरोशिमा नगरों पर संयुक्त राज्य अमेरिका द्वारा बम विस्फोट किये जाने के बाद आज भी वहां अपंग विकृत बच्चे पैदा हो रहे हैं।

उपरोक्त कारणों से विकसित देशों में नाभिकीय ऊर्जा के विकास का विरोध हो रहा है।

जल विद्युत शक्ति तथा पारिस्थितिकीय समस्यायें

जल विद्युत शक्ति वर्तमान ऊर्जा स्रोतों में सबसे मुख्य है। यह ऊर्जा का अजस्त्र स्रोत है और नव्यकरणीय ऊर्जा के अंतर्गत आता है। जब तक सूर्य व चन्द्रमा वर्तमान रहेंगे पृथ्वी जल पर वर्षा होती रहेगी और जल विद्युत शक्ति का उत्पादन होता रहेगा। जल विद्युत शक्ति के उत्पादन के लिये जरूरी है कि वृ्ष भर वर्षा हो ताकि नदियों में पर्याप्त जल प्रवाह होता रहे । नदी मार्ग में जलप्रपात होने पर बांध बनाने की जरूरत नहीं पड़ती है। जल विद्युत शक्ति उत्पादन केंद्रों के पास ही मांग क्षेत्र भी होने चाहिये। लेकिन उक्त सभी आदर्श दशाओं का मिलना असंभव

है। केवल कांगो बेसिन में जल विद्युत शक्ति उत्पादन की अनुकूल दशायें मिलती हैं। लेकिन कम आबादी व औद्योगीकरण के अभाव में यहां जल विद्युत शक्ति की माँग काफी कम है।

जिन देशों में अनुकूल भौगोलिक दशाएँ नहीं पाई जाती हैं लेकिन आबादी अधिक होती है और औद्योगिक विकास की अन्य अनुकूल दशायें विद्यमान होती हैं तो पर्वतीय भागों में नदियों पर बड़े-बड़े बांध बनाकर जलाशय बनाये जाते हैं और जल विद्युत शक्ति उत्पन्न करके मांग क्षेत्रों तक विद्युत तारों के द्वारा पहुंचाया जाता है लेकिन बड़े बांधों तथा जलाशयों के निर्माण से निम्नलिखित पारिस्थितिकीय समस्यायें उत्पन्न हो रही हैं–

1. बांधों तथा विशाल जलाशयों का निर्माण अत्यधिक व्ययसाध्य है। भारत में 1980 तक 105 अरब रुपये बाधों के निर्माण पर खर्च किये जा चुके हैं। सरदार सरोवर बांध के निर्माण के लिए विश्व बैंक ने 63 अरब रुपयों का ऋण प्रदान किया है। इस प्रकार जो देश ऋण जाल में फंस जा रहा है उससे उसका निकलना कठिन होता जा रहा है और ऋणदाता देश द्वारा विभिन्न रूपों में दोहन किया जा रहा है।

2. बांधों तथा जलाशयों के निर्माण से बहुत बड़ी आबादी को हटना पड़ता है। अतः उन्हें पुनः बसाना एक कठिन समस्या है। यथा नर्मदा सागर व सरदार सरोवर बांध व जलाशयों के निर्माण से दो लाख लोगों के विस्थापित होने की संभावना है।

3. बांध तथा जलाशय वाले क्षेत्रों में दबाव के कारण भूकम्प आने की सम्भावना होती है। कोयना भूकम्प व टिहरी भूकम्प इसके उदाहरण हैं।

4. बड़े बांधों तथा जलाशयों के निर्माण से विस्तृत वन क्षेत्रों को साफ करना पड़ता है जिससे अनेकों पारिस्थितिकीय समस्यायें उठ खड़ी हो रही हैं।

5. बड़े बांधों तथा जलाशयों के निर्माण से विस्तृत क्षेत्र जलमग्र हो जाता है। जैसे सरदार सरोवर बांध से 40 हजार हेक्टेयर भूमि के जलमग्र होने की संभावना है।

6. जल विद्युत उत्पादन केंद्रों से मांग क्षेत्रों तक विद्युत पहुंचाने में दूरी के अनुसार विद्युत ह्रास होता है।

7. जलाशयों में जल जमाव से अनेकों बीमारियों के होने की संभावना होती है।

उपरोक्त तथ्यों से स्पष्ट है कि जल विद्युत उत्पादन से जितना लाभ नहीं है उससे कहीं ज्यादा पर्यावरणीय हानि हो रही हैं। इसलिए इन बड़ी परियोजनाओं का सर्वत्र विरोध किया जा रहा है। यही कारण है कि आज बड़ी जल विद्युत परियोजनाओं

के स्थान पर लघु बांध व जलाशय बनाने पर बल दिया जा रहा है। चीन छोटे बांधों व जलाशयों का निर्माण कर विद्युत उत्पादन कर रहा है। भारत में भी पारिस्थितिकीय संरक्षण को ध्यान में रखते हुए छोटे बांधों व जलाशयों का निर्माण कर जल विद्युत शक्ति का उत्पादन करना चाहिए।

वैकल्पिक ऊर्जा विकास

उपरोक्त तथ्यों से स्पष्ट है कि ऊर्जा प्राप्ति के विभिन्न हानि स्रोतों से जितना लाभ हो रहा है उससे कहीं अधिक पारिस्थितिकीय हानि हो रही है। इसलिए जरूरी है कि उक्त ऊर्जा स्रोतों के स्थान पर ज्वार ऊर्जा, सौर्य ऊर्जा, बायोगैस, फसल जन्य अल्कोहल ऊर्जा का विकास करना चाहिए तथा अनव्य करणीय ऊर्जा स्रोतों को संरक्षण प्रदान किया जाना चाहिए।

ऊर्जा संकट विश्व में

तीव्र जनसंख्या वृद्धि, कृषि तथा नगरीय औद्योगिक विकास के कारण विश्व स्तर पर ऊर्जा संकट विद्यमान है। विश्व के विकसित देश औद्योगिक क्रांति के कारण कोयला व पेट्रोल का ज्यादा उपयोग किये हैं। ये दोनों ऊर्जा स्त्रोत अनव्यकरणीय है और एक बार समाप्त हो जाने के बाद निकट भविष्य में इनकी क्षतिपूर्ति कर पाना संभव नहीं है। ऐसा अनुमान है कि यदि कोयले का वर्तमान उपयोग दर कायम रहा तो यह 300 वर्षों से ज्यादा के लिये पर्याप्त नहीं होगा। यही दशा पेट्रोलियम के साथ भी है। यह भी अनव्यकणीय ऊर्जा स्त्रोत है। यदि 1981 का पेट्रोलियम उपयोग का स्तर कायम रखा जाय तो ऐसा मानव है कि इसका आगामी 30 वर्षों में भण्डार समाप्त हो जाएगा।

एक अनुमान के अनुसार 2110 तक पेट्रोलियम उत्पादन में कमी आयेगी तथा कीमतों में अपार वृद्धि होगी। 1973 में पेट्रोलियम निर्यातक देश संगठन ओपेक देशों ने खनिज तेल के उत्पादन में कमी कर दी तथा कीमतों में वृद्धि कर दी। जैसे–1972 तक पेट्रोल की कीमत 2 डालर प्रति बैरेल से बढ़कर 1983 में 30 डॉलर प्रति बैरेल हो गया और ऊर्जा संकट पैदा हो गया जो स्थिति आज भी बनी हुई है। इसी बीच खाड़ी युद्ध के कारण मध्य पूर्व के दशों का उत्पादन कम हो गया। इसका भी ऊर्जा संकट उत्पन्न करने में योगदान हो गया। परिणामत विश्व के देशों में पेट्रोलियम आपूर्ति में कमी आने के कारण वाहनों पर दुष्प्रभाव पड़ा और मोटर गाड़ियों के

अनावश्यक संचालन पर नियंत्रण लगाना आवश्यक हो गया तथा कुछ देशों ने पेट्रोलियम बचाओ का अभियान चलाया। प्राकृतिक गैस की भी इसी स्थिति में संकट बना रहेगा।

वैकल्पिक ऊर्जा का विकास कर विकसित देशों ने ऊर्जा संकट से उबरने का प्रयास किया है। लेकिन इसके बावजूद भी इन औद्योगिक देशों में ऊर्जा संकट बना हुआ है। विकासशील देश ऊर्जा स्रोतों के मूल्य वृद्धि से सबसे ज्यादा हुए हैं और उनकी आय का ज्यादा भाग खनिज तेल के आयात में खर्च होने लगा है तथा इन देशों में ऊर्जा संकट गहराता जा रहा है।

एक आंकलन के अनुसार औद्योगिक पूंजीवादी देशों में प्रतिव्यक्ति ऊर्जा का उपयोग 7.01 है। यह ऊर्जा उपयोग की मात्रा विश्व में सुलभ करा दी जाय तो 2025 ई. तक की अनुमानित 825. करोड़ जनसंख्या के लिये कुल ऊर्जा 55 होनी चाहिए। में प्रति व्यक्ति विश्व औसत ऊर्जा का उपयोग 2.11 है। यदि यह स्तर कायम रखा जाय तो 2025 ई. तक के लिए 14 ऊर्जा की आवश्यकता पड़ेगी। इतनी मात्रा में ऊर्जा का प्राप्त होना असभंव है।

इसी तरह अल्प विकसित देशों में प्रतिवर्ष प्रति व्यक्ति 7 कुंतल सूखी लकड़ी का उपयोग हो रहा है। यदि यही उपयोग स्तर जारी रहा तो 2025 ई. तक इतनी ज्यादा लकड़ी की मांग हो जायेगी कि विश्व के अवशेष समस्त वन क्षेत्रों का नाश करना आवश्यक हो जायेगा।

उपरोक्त तथ्यों से स्पष्ट है कि विश्व स्तर पर ऊर्जा संकट विद्यमान है। इसीलिए विकसित देश पुराजैव ईंधन के संरक्षण तथा नये वैकल्पिक ऊर्जा स्रोतों के विकास के लिए प्रयत्नशील हैं।

ऊर्जा संकट भारत में सदैव

भारत एक विकासशील देश है और विकसित देशों की अग्रिम पंक्ति में आने के लिए प्रयत्नशील है। लेकिन देश में ऊर्जा की कमी के कारण आर्थिक विकास में कठिनाई आ रही है। देश में उपलब्ध सभी ऊर्जा स्रोत पेट्रोलियम, कोयला, जल विद्युत शक्ति आदि मांग के संदर्भ में कम पड़ रहे हैं। देश की बढ़ती आबादी, कृषि व नगरीय औद्योगिक विकास इत्यादि के कारण ऊर्जा की मांग निरंतर लगातार जा रही है। जिनकी आपूर्ति करना भारी समस्या है। नीचे की सारिणी से स्पष्ट है—

भारत में प्रमुख ऊर्जा स्रोत व मांग का आकलन

ऊर्जा का स्रोत	इकाई	वर्ष	वर्ष
		(1984-85)	(2004-05)
विद्युत	अरब किलोवाट घंटा	123.52	629.25
कोयला	मिलियन टन	139.93	573
पेट्रोल पदार्थ	मिलियन टन	28.50	92.44 से 101.13
गैर व्यापारिक ईंधन	मिलियन टन	272.00	486.00

कोयला तथा ऊर्जा संकट

कोयला भारत में ऊर्जा का प्रमुख स्रोत है। भारतीय भू-विज्ञान सर्वेक्षण विभाग के आकलनों के अनुसार जनवरी 1989 तक देश में कोयले का भण्डार 17633.04 करोड़ टन है। ऊर्जा प्राप्ति के लिए नित्य नये ताप विद्युत गृहों को स्थापित किया जा रहा है और उसमें कोयला जलाया जा रहा है। वर्ष 1984-85 में यहां कोयले की मांग लगभग 140 मिलियन टन थी जिसके बढ़कर 2004-2005 ई. तक 576 मिलियन टन हो जाने की संभावना है। यदि कोयले की इस मांग की पूर्ति के लिए उत्पादन बढ़ाया जाय तो कोयले का संचित भण्डार शीघ्र ही समाप्त हो जायेगा जो ऊर्जा संकट का सूचक है।

पेट्रोलियम एवं ऊर्जा संकट

पेट्रोलियम भारत में ऊर्जा का महत्वपूर्ण स्रोत है। देश में 1989-90 में शोधित पेट्रोलियम का उत्पादन 454 लाख टन व कच्चे खनिज तेल का उत्पादन 118 लाख टन था। देश में खनिज तेल का संचित भंडार 600 करोड़ टन है। लेकिन इस उत्पादन से मांग की पूर्ति न हो सकने के कारण विदेशों से खनिज तेल का आयात किया जा रहा है। स्वचालित वाहनों की बढ़ती संख्या, जनसंख्या वृद्धि व औद्योगीकरण, नगरीकरण आदि के कारण पेट्रोलियम की मांग निरंतर बढ़ती जा रही है। सम्प्रति प्रति वर्ष 15 मिलियन टन पेट्रोल का आयात किया जा रहा है। 1975 में पेट्रोलियम पदार्थों की मांग 28.50 मिलियन टन थी जिसके 2004-2005 ई. तक बढ़ कर 94 मिलियन टन हो जाने की संभावना है। इस मांग की पूर्ति के लिए 50 मिलियन

टन पेट्रोलियम की क्षमता उत्पन्न करनी पड़ेगी जिसके लिए 4500 अरब रुपये व्यय करने पड़ेंगे।

अरब इजरायल युद्ध, तथा सोवियत संघ के विघटन का भारत के खनिज तेल आयात पर ज्यादा कुप्रभाव पड़ा है। ओपेक देशों ने खनिज तेल का उत्पादन कम कर दिया है तथा पेट्रोलियम की कीमत ज्यादा बढ़ा दी गई है। परिणामतः भारत जो भी विदेशी कर्ज या आयात से लाभ अर्जित कर रहा है उसका ज्यादा विकास कार्यों पर खर्च न होकर खनिज तेल के आयात पर व्यय हो रहा है। इसलिए भारत सरकार ने पेट्रोलियम उत्पादों (कुकिंग गैस छोड़कर) पर 25 प्रतिशत मूल्य बढ़ा दिया है तथा पेट्रोलियम का कम खर्च करने के लिए सूचनायें दे रही हैं। इस प्रकार भारत में खनिज तेल जन्य ऊर्जा संकट वर्तमान है।

विद्युत शक्ति तथा ऊर्जा संकट

ताप विद्युत शक्ति, अणुशक्ति और जल विद्युत शक्ति विद्युत शक्ति के अंतर्गत हैं। ताप विद्युत गृहों में जलाने के लिए पर्याप्त कोयले की आवश्यकता पड़ती है। भारत में कोयला देश के कुछ ही भागों में सीमित है। अतः देश के अन्य भागों में ताप विद्युत गृहों तक कोयला पहुंचाने में ज्यादा खर्च करना पड़ता है। दूसरी तरफ देश में कोयला भण्डार सीमित होने के कारण उसका ज्यादा-से-ज्यादा उपयोग किया भी नहीं जा सकता है। ताप विद्युत गृहों में दूरस्थ कोयला क्षेत्र में कोयले की आपूर्ति में विलंब हो जाने पर विद्युत उत्पादन में भी बाधा पड़ती है। जिससे ऊर्जा संकट में और वृद्धि हो रही है। कभी-कभी झारखण्ड मुक्ति आंदोलन के अंतर्गत आर्थिक नाकेबंदी कर दी जाती है जिससे भी कोयला क्षेत्रों से आपूर्ति तापगृहों को बाधित हो जाती है। जो ऊर्जा संकट कारण बनता है।

परमाणु विद्युत गृहों को भारत में स्थापित किया जा रहा है जिससे आणविक ऊर्जा प्राप्त की जा रही है। लेकिन भारत में परमाणु विद्युत गृहों की संख्या कम है। अभी तक देश में मात्र 6 परमाणु शक्ति गृहों की स्थापना की गई है जिनमें तारापुर, कोटा तथा कालापक्कम विद्युत गृह कार्य कर रहे हैं लेकिन रोरा, ककरापाड़ा (गुजरात), कैगार (कर्नाटक) विद्युत गृह अभी निर्माणाधीन हैं। इनकी क्षमता मात्र 1230 है। इस तरह एक तरह ऐसे परमाणु शक्ति गृहों की संख्या न्यून है तो दूसरी तरफ इनमें प्रयुक्त होने वाले कच्चे मालों की कभी है। इससे पर्यावरण को भी खतरा है जिससे इनका जनता द्वारा विरोध किया जा रहा है। यद्यपि यह जो स्रोत सस्ता

माना जाता है लेकिन इनकी सुरक्षा, अपशिष्टों का निस्तारण आदि में भी अत्यधिक व्यय करना पड़ता है।

जल विद्युत शक्ति भारत में ऊर्जा का कभी न समाप्त होने वाला एक मुख्य स्रोत है। लेकिन ऊर्जा की मांग के अनुसार इसका विकास नहीं हुआ है। भारत गांवों का देश है। लेकिन अब तक केवल 60 प्रतिशत गांवों का विद्युतीकरण किया जा सकता है। जो भी जल विद्युत सुलभ है, उसकी आपूर्ति अनियमित है जिससे सिंचाई सुविधाओं में व्यवधान के कारण खाद्यान्न उत्पादन पर कुप्रभाव पड़ा रहा है। जल विद्युत के अभाव के कारण लोगों को जल आपूर्ति की सुविधायें उपलब्ध नहीं हो रही हैं। जल विद्युत के अभाव में औद्योगिक इकाइयों में भी वांछित उत्पादन वृद्धि नहीं हो रही है। जल विद्युत उत्पादन के लिए बड़े-बड़े बाधों तथा जलाशय का निर्माण करना पड़ता है जिसके लिए पर्याप्त पूंजी की आवश्यकता होती है और उसे प्राप्त करने के लिए विदेशों से कर्ज लेना पड़ रहा है। इन बांधों तथा जलाशयों के निर्माण से पर्यावरण पर दुष्प्रभाव पड़ रहा है।

घरेलू ईधन एवं ऊर्जा संकट

घरेलू ईधन के स्रोत भारत में ईंधन लकड़ी डंठल, कृषिगत अपशिष्ट, भूसी, पुआल, पत्ती, उपले आदि हैं। लेकिन इनमें ईंधन-लकड़ी ही मुख्य ऊर्जा स्रोत है। देश की समस्त ऊर्जा खपत का 50% और 70% ऊर्जा भोजन पकाने के लिये लकड़ी से ही प्राप्त होती है। मिट्टी-तेल की कीमतें बढ़ती जाने तथा सर्वसुलभ न होने के कारण ईंधन-लकड़ी की भोजन पकाने में अत्यधिक खपत हो रही है। दूसरी ओर वन विनाश के कारण लकड़ी भी कठिनाई से मिल रही है। निर्धन लोगों के लिए ईंधन-लकड़ी को खरीदना और कठिन है क्योंकि लकड़ी की कीमतों में अत्यधिक वृद्धि हुई है। इस प्रकार ईंधन-लकड़ी की खपत से कई गुना ज्यादा मांग बनी हुई है। उदाहरणार्थ उत्तर प्रदेश में जलावन लकड़ी की कुल मांग 42 मिलियन घनमीटर है और उसमें से केवल 18 मिलियन घनमीटर लकड़ी की आपूर्ति हो पाती है। इस तरह उत्तर प्रदेश में प्रतिवर्ष 25 मिलियन घनमीटर लकड़ी की कमी है। 2000 ई. तक ईंधन लकड़ी की मांग 65 मिलियन घनमीटर हो जोने की संभावना है।

अगर राष्ट्रीय स्तर पर देखा जाय तो देश में 15 मिलियन टन लकड़ी की जरूरत है लेकिन लगभग 10 मिलियन टन लकड़ी की ही आपूर्ति हो पाती है। इस प्रकार भारत में लगभग 5 मिलियन टन लकड़ी की कमी है। यदि इस कमी की पूर्ति

के लिये वनों को काटा जाय तो भारत में वन विनाश की समस्या जो पहले से ही है और अधिक बढ़ जायेगी।

ईंधन लकड़ी गरीब लोगों के लिए ऊर्जा का सबसे बड़ा संकट है। यही कारण है कि निर्धन परिवार के बच्चे-बच्चियां और औरतें हर रोज दिन भर भोजन पकाने के लिए लकड़ी जुटाने में घूमती रहती हैं। इस प्रकार देश में खाद्यान्न संकट की तुलना में घरेलू ईंधन का संकट अधिक है।

उपरोक्त तथ्यों से स्पष्ट है कि भारत में कोयला, पेट्रोलियम, विद्युत ऊर्जा व घरेलू ईधन का संकट विद्यमान है जो बढ़ती जनसंख्या व नगरीय औद्योगिक विकास के कारण यह संकट और बढ़ता जायेगा। अतएव भारत में ऊर्जा स्त्रोतों का संरक्षण तथा वैकल्पिक ऊर्जा स्त्रोतों के विकास की आवश्यकता है।

भारत में ऊर्जा संरक्षण के वैकल्पिक ऊर्जा श्रेत्र

कोयला संरक्षण

1. भारत में कोयला क्षेत्रों से उत्तम कोयला निकाला जाता है और शेष कोयले को खदानों में छोड़ दिया जाता है। इसलिए जरूरी है कि खदानों से संपूर्ण कोयले को निकाला जाय।
2. कोयले का विकल्प ऊर्जा प्राप्ति के लिए ढूँढ़ा जाना चाहिए।
3. कोयले के संचित भण्डार को विदोहन नियोजित ढंग से किया जाय ताकि कोयले की आपूर्ति अधिकाधिक वर्षों तक होती रहे।
4. कोयला खानों में लगने वाली आग को रोका जाना चाहिए क्योंकि इसका उत्पादन पर कुप्रभाव पड़ता है।
5. भारत में कोयले का अपार संचित भण्डार है। उसका पता लगाया जाना चाहिए।
6. कोयले के उप उत्पादों का प्रयोग किया जाना चाहिए।
7. घटिया किस्म के कोयले का भी उपयोग करने के लिए बढ़िया तकनीक विकसित की जानी चाहिए।
8. कोयला क्षेत्रों के मलवे का उपयोग गड्ढ़ों को भरने, सड़कों व बांधों को बनाने में करना चाहिए।

खनिज तेल संरक्षण

1. भारत में पेट्रोलियम के नये क्षेत्रों की खोज की जानी चाहिए। जैसे–बाम्बे हाई में तेल उत्पादन के बाद अब महानदी, गंगा, गोदावरी, कावेरी आदि नदियों के डेल्टाई भागों में खोज कार्य चल रहा है। गोदावरी घाटी में सफलता भी मिली है।
2. पेट्रोलियम पर निर्भरता कम की जानी चाहिए।
3. ऐसे वाहन इंजनों का विकास किया जाना चाहिए ताकि कम पेट्रोलियग की खपत हो।
4. जैव पदार्थों जैसे–मक्का, गन्ना, लकड़ी, शकरकन्द आदि से एथानोल (अल्कोहल) का उत्पादन करके उनका उपयोग डीजल, नेप्था व गैसोलीन के विकल्प के रूप में किया जाय।
5. तेल निकालने की ऐसी तकनीक विकसित की जानी चाहिए ताकि अति गहराई से भी खनिज तेल निकाला जा सके।
6. देशवासियों में कम-से-कम पेट्रोलियम खर्च करने की भावना जागृत की जानी चाहिए। यह कार्य प्रतिमाह एक दिन मोटरगाड़ियों का न चलाकर किया जा सकता है।
7. शोधनशालाओं तक पहुंचाने में खनिज तेल ज्यादा बर्बाद होता है। इसको रोकना चाहिए।
8. प्राकृतिक गैस का भण्डार देशों में 694 अरब घन मीटर है। प्राकृतिक गैस की प्रतिदिन उत्पादन क्षमता 10.5 करोड़ घन मीटर है। इसका उपयोग विद्युत उत्पादन, स्पात निर्माण उर्वरक उत्पादन, उद्योगों आदि में करके पेट्रोलियम की बचत की जा सकती है।
9. युकन्दर, गन्ना, ज्वार, शकरकन्द, सहित 386 किस्मों के पौधों की पहचान की गई है जिनमें अल्कोहल की मात्रा पाई जाती है। इस प्रकार इन पौधों से अल्कोहल पराप्त कर पेट्रोल की कमी की पूर्ति की जा सकती है।
10. प्रतिदिन देश में कारखानों से लगभग 17 मिलीयन घनमीटर गैस हवा में उत्सर्जित की जाती है। इस गैस का उपयोग विद्युत व उर्वरक कारखानों में करके पेट्रोलियम की बचत की जा सकती है।

घरेलू ऊर्जा संरक्षण

1. कृषिगत अपशिष्टों तथा पुआल, डंठल, गोबर, पत्ता, भूसी आदि से अधिकतम ऊर्जा प्राप्ति का प्रयास किया जाना चाहिए।

2. घरेलू ऊर्जा का 50% ऊर्जा भोजन पकाने में खर्च होता है। अतः ईंधन के लिए लकड़ी की निर्भरता को कम किया जाना चाहिए। और विकल्प में सौर ऊर्जा, बायो गैस, कुकिंग गैस आदि का विकास किया जाना चाहिए।

3. वृक्षारोपण वनारोपण द्वारा वन क्षेत्रों का विकास किया जाए। भारत में इसकी पर्याप्त गुंजाइश है कि देश के लगभग 22.8% भाग पर वन पाये जाते हैं जबकि देश के कुल क्षेत्रफल के 33% भाग पर वनों का विस्तार होना चाहिए।

विद्युत ऊर्जा संरक्षण

ताप विद्युत गृहों तथा अणु शक्ति गृहों का जनता द्वारा विरोध किया जा रहा है। इसके लिए जरूरी है कि इनसे कम से कम ऊर्जा प्राप्त की जाय चूँकि इनके लिए आधारभूत कच्चे मालों का संचित भण्डार पर्याप्त नहीं है। विद्युत ऊर्जा में जल विद्युत शक्ति सस्ती है। लेकिन इसके लिए बांध बनाने, जलाशय बनवाने, उनका रखरखाव करने, उपभोग केंद्रों तक पहुंचाने इत्यादि में खर्च करना पड़ता है। भारत में जल विद्युत शक्ति के विकास की पर्याप्त संभावनायें हैं क्योंकि देश की संभावित जल विद्युत शक्ति में से केवल 11% का ही विकास किया गया है। इसके लिए जरूरी है कि बड़े-बड़े बांधों व जलाशयों वाली परियोजनाओं को त्याग देना चाहिये और उनके स्थान पर जल विद्युत संयंत्रों को लगाया जाना चाहिए। इससे देश के कोने-कोने में जल विद्युत पहुंचाना सरल हो जाएगा तथा बड़ी-बड़ी परियोजनाओं के काफी खर्च से बचा जा सकेगा।

सौर ऊर्जा विकास

सौर ऊर्जा ऊर्जा का एक वैकल्पिक स्रोत है। भारत में सौर ऊर्जा प्राप्त करने की अत्यधिक संभावनायें हैं। यहां वर्ष के अधिकांश दिनों में सूर्य चमकता है। अतः वर्ष भर सौर ऊर्जा प्राप्त की जा सकती है। प्रतिवर्ष भारत में सौर्य प्रतिवर्ग मीटर 2100 किलोवाट प्रति घण्टा विद्युत उत्पादन की संभावना है। सौर ऊर्जा उपयोग के लिये सौर्य कुकर, वाटर हीटर, ड्रायर आदि उपकरणों का विकास किया गया है। इससे पर्याप्त जलावन लकड़ी की बचत हो सकेगी। जोधपुर में सौर्य ऊर्जा संयंत्र कार्य

कर रहा है। इसी तरह सौर्यचालित सिंचाई पम्प का विकास किया गया है। जिससे गहरे भागों से भी पानी निकालना संभव हो गया है। लेकिन ये सभी कार्य अभी शैशवावस्था में हैं। यदि सौर्य ऊर्जा संयंत्र कार्य कर रहा है। इसी तरह सौर्य चालित सिंचाई पम्प का विकास किया गया है। जिससे गहरे भागों से भी पानी निकालना संभव हो गया है। लेकिन ये सभी कार्य अभी शैशवावस्था में हैं। यदि सौर्य ऊर्जा का प्रचुर विकास कर लिया जाए तो पुरा जैव ईंधनों के दबाव से मुक्त हुआ जा सकता है। इससे पर्यावरण अवनयन की भी कोई समस्या नहीं है।

बायोगैस का विकास

भारत में विशेषकर उत्तरी भारत में पशुओं की संख्या काफी ज्यादा है जिनसे प्रतिदिन पर्याप्त मात्रा में गोबर प्राप्त होता है। यदि गोबर से बायोगैस तैयार की जाय तो देहात क्षेत्रों में ऊर्जा की समस्या हल हो सकती है। यदि बायोगैस से प्रचुर मात्रा में गैस तैयार की जाय तो जलावन लकड़ी व मिट्टी के तेल की बचत हो सकती है। इससे रोशनी के लिये विद्युत भी प्राप्त हो जायेगी। बायोगैस के अवशिष्ट गोबर से प्राकृतिक खाद तैयार की जा सकती है। एक आलकन के अनुसार 150,000 बायोगैस संयंत्रों से उत्पन्न गैस से 6 लाख टन लकड़ी की बचत हो सकती है।

पवन ऊर्जा का विकास

भारत में पवन से ऊर्जा प्राप्ति की पर्याप्त संभावना है। प्रति सेकेण्ड 8 से 23 मीटर पवन गति इस ऊर्जा के विकास के लिए आदर्श होती है। भारत में पवन गति प्रति सेकेण्ड 1 मीटर पाई जाती है। हिमालय के उत्तरी-पूर्वी भाग व प्रायद्वीप भारत के तटीय भागों में पवन ऊर्जा विकास की उचित दशायें विद्यमान हैं। यदि पवन ऊर्जा का विकास किया जाय तो चक्की चलाने, सिंचाई व रोशनी के लिए पर्याप्त ऊर्जा प्राप्त होगी । भारत में पवन ऊर्जा के 12 फार्म हैं। मदुराई में पवन ऊर्जा संयंत्र सही तरह से कार्य करने लगें तो इससे पर्याप्त ऊर्जा की प्राप्ति होगी तथा अन्य ऊर्जा स्रोतों पर निर्भरता कम होगी। पवन से प्राप्त ऊर्जा की प्राप्ति होगी। तथा अन्य ऊर्जा स्रोतों पर निर्भरता कम होगी। पवन से प्राप्त ऊर्जा अन्य ऊर्जा स्रोतों से सस्ती पड़ती है।

इनके अलावा समुंद्र तटीय भागों में ज्वारीय ऊर्जा व पर्वतीय भागों में भूतापीय ऊर्जा का विकास किया जा सकता है। गैसीफिकेशन व पेट्रोप्लान्टेशन द्वारा भी ऊर्जा प्राप्त की जा सकती है। इनके पर्याप्त विकास द्वारा संकट से उबरा जा सकता है।

कुशल तकनीक का विकास

भारत. में ऊर्जा उपयोग की तकनीकी विधियों में काफी सुधार जरूरी है। अनुपयुक्त उपकरणों व तकनीक के प्रयोग से अधिक ऊर्जा की खपत होती है। जैसे अन्य देशों की तुलना में भारत में उद्योगों में ज्यादा ऊर्जा की खपत होती है। इस तरह यदि कम ऊर्जा उपयोग करने वाली तकनीक का विकास किया जाय तथा वर्तमान संयंत्रों में सुधार किया जाय तो इससे भी ऊर्जा की बचत होगी।

भारत सरकार ने ऊर्जा संकट को देखते हुए 1974 में ऊर्जा मंत्रालय की स्थापना की जिसने दीर्घकालीन राष्ट्रीय ईंधन नीति का निर्धारण किया है। उसकी नीतियों का अनुपालन करके भी ऊर्जा संकट से बचा जा सकता है।

11

पारिस्थितिकीय मूल्यांकन का भू-उपयोग प्रतिमान

यहाँ पानी का महत्व सर्वमान्य हैं लेकिन राजस्थान के पश्चिमी क्षेत्र में इसका महत्व कुछ ज्यादा ही हो जल की यह महत्व यहाँ सिर्फ पेयजल के रूप में नहीं बल्कि कृषि कार्यों एवं औद्योगिक आवश्यकताओं के लिये भी है। यह महत्ता विषम व विकट परिस्थितियों में और ही बढ़ जाता है। इस प्रकार प्रतिकूल भौगोलिक परिस्थितियों में इस प्रदेश में बिना सिंचाई के कृषि उत्पादन में आत्मनिर्भरता की संकल्पना का साकार होना असम्भव था। राजस्थान की इन्दिरा गाँधी नहर एक विशाल सिंचाई परियोजना है जो कठोर भौगोलिक परिस्थितियों में मनुष्य के अदम्य साहस का प्रमाण है। यह परियोजना न सिर्फ राजस्थान राज्य के सामाजिक, आर्थिक तथा समन्वित क्षेत्रीय विकास की योजना है बल्कि सम्पूर्ण भारत के प्रादेशिक विकास की एक राष्ट्रीय परियोजना है। इस नहर के निर्माण से राज्य के रेगिस्तानी भागों में पेयजल के साथ-साथ कृषि की सिंचाई हेतु जल उपलब्ध हुआ, जिसके परिणामस्वरूप यहाँ कृषि उत्पादन में वृद्धि हुई तथा लोगों के जीविकोपार्जन के अवसर बढ़े हैं। बड़े पैमाने पर इस परियोजना के अन्तर्गत वृक्षारोपण का कार्य नहरों व सड़कों के किनारे तथा अधिवासों के समीप, बालुकास्तूपों के स्थिरीकरण के लिये किया गया है। जिसके फलस्वरूप मरुस्थलीकरण के फैलाव की क्रिया पर अंकुश लगाने में मदद के साथ-साथ यहाँ के पर्यावरण संरक्षण का मार्ग प्रशस्त हुआ है।

परिकल्पना

थार मरुस्थल में स्थित होने के कारण इन्दिरा गाँधी नहर परियोजना क्षेत्र गर्म, शुष्क तथा अर्द्धशुष्क मरुस्थलीय जलवायु की विशेषताओं को लिए हुए है। यहाँ वर्षा

की मात्रा मानसून पर निर्भर करती है। अतः यहाँ वर्षा अनिश्चित व ज्यादा विभिन्न लिये हुये है। यहाँ वर्षा से ज्यादा वाष्पीकरण होता है। उपलब्ध नमी की मात्रा मिट्टी व वनस्पति के लिए पर्याप्त है। इस परियोजना द्वारा उपलब्ध जल से जहाँ एक ओर घरेलू, कृषि-कार्यों व औद्योगिक आवश्यकताओं के लिये जलापूर्ति हुई है वहाँ दूसरी ओर विषम मरुस्थलीय पर्यावरण में कृषि सिंचाई के लिए उपलब्ध जल यहाँ के भूमि उपयोग प्रतिरूप में परिवर्तन का महत्त्वपूर्ण कारक है।

अध्ययन का क्षेत्र

राजस्थान नहर परियोजना इन्दिरा गाँधी नहर परियोजना जो अब क्षेत्र के नाम से जाना जाता था भारतीय उपमहाद्वीप के प्रसिद्ध थार मरुस्थल में तथा पाकिस्तान की अन्तर्राष्ट्रीय सीमा के सहारे स्थित है। इन्दिरा गाँधी नहर सतलज-व्यास नदी के संगम पर हरिके-बैराज से निकाली गयी है। इन्दिरा गाँधी नहर परियोजाना का भौगोलिक विस्तार 24°30' उत्तरी अक्षांश से 29°20' उत्तरी अक्षांश के मध्य है तथा 69°30' पूर्वी देशान्तर से 74°33' पूर्वी देशान्तर में मध्य है। इन्दिरा गाँधी नहर क्षेत्र में हनुमानगढ़, श्रीगंगानगर, चूरू, बाड़मेर, बीकानेर, जैसलमेर तथा जोधपुर जिले शामिल हैं। परियोजना क्षेत्र राजस्थान के थार मरुस्थल में स्थित होने के कारण उष्ण कटिबन्धीय मरुस्थलीय जलवायु की विशेषतायें लिये हुए है। नहर आने से पूर्व अकाल तथा सूखा पड़ना एक सामान्य भौगोलिक परिघटना थी। यहाँ के निवासियों का जीवनस्तर निम्न था। लेकिन इन्दिरा गाँधी नहर से सिंचाई की सुविधायें उपलब्ध हो जाने के परिणामस्वरूप क्षेत्र की पारिस्थितिकी में परिवर्तन होते जा रहे हैं। इन परिवर्तनों से यहाँ का भौतिक व सांस्कृतिक पर्यावरण भी प्रभावित हुआ है। शोधपत्र में महत्त्वपूर्ण परिवर्तनों का पारिस्थितिकीय मूल्यांकन करने का प्रयास किया गया है।

पारिस्थितिकीय मूल्यांकल का उद्देश्य

1. भूमि संसाधनों एवं मानवीय क्रियाओं के पारस्परिक अन्तर्सम्बन्धों का मूल्यांकन करना।
2. अध्ययन क्षेत्र के पर्यावरण संरक्षण के साथ-साथ अनुकूलतम भूमि संसाधन प्रबन्धन के ठोस सुझाव देने की कोशिश करना।
3. इन्दिरा गाँधी नहर परियोजना क्षेत्र के पारिस्थितिकीय परिवर्तन के तत्त्वों का मूल्यांकन करना।

4. वर्षा आधारित शुष्क कृषि क्षेत्र के सिंचित कृषि क्षेत्र में परिवर्तन के परिणामस्वरूप उत्पन्न भूमि-उपयोग प्रतिरूप का आकलन व उससे उत्पन्न समस्याओं का अध्ययन करना।

विश्लेषण के तरीके

शोध समस्या के तार्किक एवं विस्तृत अध्ययन के सांख्यिकीय विवेचन के लिए विभिन्न प्रकार के आँकड़ों की आवश्यकता होती है, चूँकि सांख्यिकीय विश्लेषण और उपागम सभी समंकों पर आधारित है। प्रस्तुत शोध-पत्र में आँकड़ों के सांख्यिकीय विवेचन के लिए द्वितीय स्रोत के आँकड़ों (1970-95) का उपयोग किया गया है। इन समंकों के निरीक्षण विधि के साथ-साथ गणितीय व सांख्यिकीय विधियों से विश्लेषणात्मक अध्ययन करने का प्रयास किया गया है।

भूमि उपयोग प्रतिरूप में परिवर्तन

आज से लगभग तीन दशक पूर्व इन्दिरा गाँधी नहर परियोजना क्षेत्र विरल बसा हुआ व धूल भरी आंधियों से युक्त था। छठे दशक में फसलों के नाम पर बाजरा व मोठ वर्षा पर आधारित थे और उनका उत्पादन मानसूनी वर्षा की मात्रा पर निर्भर था। सिंचाई की सुविधा उपलब्ध होने के पश्चात् उच्च उत्पादकता वाले चना, गेहूँ, कपास, ग्वार, गन्ना व खट्टे फल की खेती विशेष रूप से की जाने लगी है। कृषि उत्पादन व फसल उत्पादकता में वृद्धि के साथ-साथ पशुपालन व्यवसाय में भी बढ़ोत्तरी हुई है जीवननिर्वाह में कृषि विशिष्टीकरण प्राप्त सघन व्यापारिक कृषि में परिवर्तित होने लगा है जिसके परिणामस्वरूप कृषि आधारित उद्योग को प्रोत्साहन मिला है। चारागाह फसलों के विकास से पशुपालन व्यवसाय में गुणात्मक व मात्रात्मक वृद्धि हुई है। रोजगार व आय-स्रोतों में वृद्धि, ढाँचागत सुविधाओं का विकास खासकर संचार, परिवहन, बैंकिंग सुविधाओं, मनोरंजन, मण्डियों के विकास को प्रोत्साहन मिला है। जिससे सम्पूर्ण क्षेत्र का समन्वित क्षेत्रीय विकास का आधार विकसित हुआ है।

भूमि संसाधन से मानव को रहने के लिये आवास, खाने के लिये भोजन तथा पहनने के लिये वस्त्र इत्यादि की सभी मूलभूत जरूरत पूरी होती हैं। अतः यह मानवीय जीवन के निर्वाह का मुख्य आधार है। भूमि उपयोग प्रतिरूप के परिवर्तन में मानव की विशेष भूमिका होती है। मानव भूमि का उपयोग अपने विभिन्न सामाजिक भौतिक, तथा आर्थिक कार्यों के लिये करता है।

डॉ. नूर मोहम्मद के शब्दों में–"मानव के सामाजिक, आर्थिक और सांस्कृतिक उन्नति में भूमि संसाधनों का महत्त्वपूर्ण योगदान होता है।"

भूमि उपयोग प्रतिरूप के नियोजन व विकास में भूमि का वर्गीकरण अपरिहार्य व प्राथमिक जरूरत है। इसके बिना भूमि संसाधनों का अनुकूलतम उपयोग सम्भव नहीं है। भूमि उपयोग प्रतिरूप और उसमें हुए परिवर्तनों के विश्लेषण के लिये समस्त क्षेत्र को निम्नांकित भागों में विभक्त किया जा सकता है–

सकल सिंचित क्षेत्र

उष्ण कटिबन्धीय शुष्क प्रदेश में सिंचाई सामाजिक-आर्थिक विकास का महत्त्वपूर्ण साधन है। वर्षा आधारित कृषि प्रदेशों में सिंचाई जनसंख्या के सामाजिक-आर्थिक पहलुओं में क्रान्तिकारी परिवर्तन लाती है। थार मरुस्थल में इन्दिरा गाँधी नहर परियोजना के अलावा गंग नहर, भाखड़ा नहर, सिद्धमुख नहर इत्यादि से सिंचाई जल उपलब्ध कराया जा रहा है। जिससे थार मरुस्थल के विस्तार की समस्या के समाधान का रास्ता खुल जाएगा।

सर्वप्रथम इन्दिरा गाँधी नहर परियोजना से क्षेत्र में सिंचाई 1961 से नौरंगदेसर हैड के पास फीडर नहर के द्वारा शुरू की गयी थी। सन् 1974-75 में प्रथम अवस्था में विशुद्ध सिंचित क्षेत्रफल 258 हजार हेक्टेयर था जो 1984-85 में बढ़कर 416 हजार हेक्टेयर हो गया था और 1996-97 में यह क्षेत्र 670 हजार हेक्टेयर हो गया है।

इन्दिरा गाँधी नहर परियोजना क्षेत्र :
विशुद्ध सिंचित क्षेत्रफल (हजार हेक्टेयर)

वर्ष	*प्रथम अवस्था*	*द्वितीय अवस्था*
1974-75	258	-
1984-85	416	1
1996-97	670	150

स्रोत : इन्दिरा गाँधी नहर प्रोजेक्ट, वार्षिक रिपोर्ट, 1995-96

द्वितीय अवस्था में सिंचाई सुविधायें तुलनात्मक रूप से काफी समय बाद उपलब्ध हुई थीं। अतः 1984-85 में द्वितीय अवस्था में विशुद्ध सिंचित क्षेत्रफल मात्र एक हजार हेक्टेयर था जो 1996-97 में बढ़कर 150 हेक्टेयर हो गया। इस परियोजना क्षेत्र में कोई नदी न होने तथा भूमिगत जल स्तर नीचा होने के कारण

सिंचित भूमि का अनुपात कम पाया जाता है। गंगानगर जिले में परियोजना क्षेत्र के समस्त सिंचित भू-भाग का सबसे ज्यादा 96.5% भाग आता है। नहर परियोजना में सिंचित क्षेत्र बढ़ने का मुख्य कारण सिंचित क्षेत्र विकास प्राधिकरण की प्रमुख भूमिका रही है। इसके साथ-साथ सरकार द्वारा इस क्षेत्र में किसानों को अधिवास बसाने में सहायता, भूमि समतलीकरण, नियमित जल-वितरण तथा सिंचाई जल प्रबन्धन में आवश्यक सहयोग प्रदान करना रहा है।

शुद्ध बोया भू-भाग

वर्तमान में इन्दिरा गाँधी नहर परियोजना क्षेत्र में 29.58% से ज्यादा भू-भाग शुद्ध बोया गया है। जो कि राजस्थान राज्य (45%) से काफी कम है। क्षेत्र में सन् 1970-71 में 67.84 हजार हेक्टेयर भू-भाग खरीफ फसलों तथा 106.45 हजार हेक्टेयर भू-भाग रबी फसलों के अन्तर्गत था जो 1995-96 में बढ़कर क्रमशः 345 हजार हेक्टेयर तथा 445 हजार हेक्टेयर हो गया है।

इन्दिरा गाँधी नहर परियोजना क्षेत्र : फसलों का क्षेत्रफल (हजार हेक्टेयर)

वर्ष	*खरीफ*	*रबी*	*कुल*
1970-71	67.844	106-447	174.291
1980-81	158.900	201.700	360.600
1990-91	258.70	358.80	617.50
1995-96	345.00	445.00	790.00

स्रोत : इन्दिरा गाँधी नहर प्रोजेक्ट, वार्षिक रिपोर्ट, 1995-96

सिंचाई जल की उपलब्धता व निश्चितता के कारण रबी व खरीफ फसलों के क्षेत्र में वृद्धि हो रही है। हनुमानगढ़ गंगानगर, तथा बीकानेर जिले की शुष्क घास भूमि में नहर से सिंचाई की सुविधा उपलब्ध हो गयी है तथा अन्य जिलों, जैसे—जैसलमेर, बाड़मेर, चूरू जोधपुर, में नलकूप तथा कुओं से अपेक्षाकृत ज्यादा सिंचाई उपलब्ध हुई है। सिंचाई सुविधायें उपलब्ध हो जाने से इन क्षेत्रों के फसल प्रतिरूप में ज्यादा परिवर्तन होने लगा है। रबी के मौसम में अब गेहूँ, सरसों, चना चुकन्दर, एवं चरागाह फसलों का उत्पादन करना सम्भव हो गया है। इन फसलों से अच्छी उत्पादकता मिलने के कारण ये फसलें आर्थिक दृष्टि से काफी उपयोगी साबित हुई हैं। नहरी जल की उपलब्धता से पूर्व सब्जियों व फलवाली फसलों का अस्तित्व ही नहीं था,

लेकिन आज इन फसलों का उत्पादन बहुत बड़े भू-भाग पर होने लगा है। इस क्षेत्र में विशेष रूप से गंगानगर जिले में माल्टा और किन्नू मुख्य फलदायी फसलें हैं। वर्तमान में परियोजना क्षेत्र में सिंचित फसलें 6.69 लाख हेक्टेयर से ज्यादा भू-भाग पर उगायी जा रही हैं।

दुपज काश्त भू-भाग

इन्दिरा गाँधी नहर परियोजना क्षेत्र में जल की उपलब्धता के साथ-साथ ढाँचागत सुविधाओं का विकास वृहत पैमाने पर हुआ है जिसके फलस्वरूप यहाँ जनसंख्या की वृद्धि तीव्र गति से हो रही है। भूमि संसाधनों पर जनसंख्या का दबाव निरन्तर बढ़ता जा रहा है। अतः उपलब्ध भूमि संसाधनों से अधिकतम उत्पादन लेने की कोशिश की जा रही है इसी उद्देश्य से परियोजना क्षेत्र में जहाँ साल में दो फसलें आसानी से ली जा सकती हैं, वहाँ दुपज काश्त क्षेत्र के अनुपात में वृद्धि हो रही है। दुपज काश्त क्षेत्र के प्रतिशत से यहाँ के कृषि विकास के स्तर का आसानी अनुमान लगाया जा सकता है। परियोजना क्षेत्र की प्रथम व द्वितीय अवस्थाओं में दुपज काश्त क्षेत्रफल में भिन्नता पायी जाती है। सन् 1971 में गंगानगर जिले में 7.51% भू-भाग दुपज काश्त के अन्तर्गत था। 1981 में इस जिले में दुपज काश्त क्षेत्र में तीन गुना विशुद्ध वृद्धि हुई। सन् 1994-95 में परियोजना क्षेत्र में सबसे ज्यादा हनुमानगढ़ जिले में 21.17% दुपज काश्त क्षेत्र हो गया है।

खास तौर रावतसर, अनूपगढ़, हनुमानगढ़ तहसीलों आदि में दुपज काश्त क्षेत्र का प्रतिशत ज्यादा पाया जाता है, क्योंकि यहाँ सिंचाई सुविधा उपलब्ध है और कृषि आधुनिक तकनीक प्रयोग में ली जाती है। उक्त तथ्यों के विश्लेषण से स्पष्ट है कि परियोजना क्षेत्र एकल फसल उत्पादन क्षेत्र से बहुफसली उत्पादक क्षेत्र में परिवर्तित हो गया है। फसलों की संख्या परियोजना क्षेत्र के दोनों उत्तरी जिलों में 10 से 12 तक पहुँच गयी है, जबकि शेष परियोजना क्षेत्र में अभी तक सिंचाई की पूरी सुविधा नहीं उपलब्ध हो पायी है। आर्थिक लाभ के साथ-साथ फसल भूमि तथा जल की दृष्टि से उसका अनुकूलन उपयोग किया जाना चाहिये। यहाँ मूँगफली-गेहूँ और बाजरा-सरसों फसल संयोजन से जल उपभोग क्षमता व भूमि की उर्वरता को बढ़ाया जा सकता है।

समस्त वन्य भूमि

प्राकृतिक वनस्पति थार मरुस्थल के गर्म व शुष्क जलवायु प्रदेश में सीमित क्षेत्र पर पायी जाती है। इस मरु प्रदेश के उद्‌भव में प्राकृतिक कारकों के साथ-साथ

मानवीय क्रियायें मरुस्थलीकरण की प्रक्रिया के विस्तार में उत्तरदायी रही हैं। इस अभावग्रस्त क्षेत्र में वनों की दृष्टि से प्राकृतिक वनस्पति (कीकर, खेजड़ा आदि) नहरी सिंचाई से पूर्व सन् 1970-71 में एक प्रतिशत से भी कम भू-भाग पर पायी जाती थी। जबकि पारिस्थितिकी तन्त्र का सन्तुलन बनाये रखने के लिये किसी भी प्रदेश के संपूर्ण भौगोलिक क्षेत्रफल का 33% भाग वनाच्छादित होना चाहिये। जल की उपलब्धता के बाद अब यहाँ वृक्षारोपण का कार्य, नहरों व सड़कों के किनारे, अधिवासों के नजदीक चरागाह विकास के साथ-साथ बालुकास्तूप के स्थिरीकरण तथा ईंधन के लिये किया जा रहा है, ताकि विषम जलवायु की दशाओं की तीव्रता में कमी की जा सके। सामाजिक-वानिकी कार्यक्रम के अन्तर्गत पड़ती भूमि पर भी वृक्षारोपण का कार्य वन-विभाग व अन्य गैर सरकारी संस्थाओं द्वारा किया जा रहा है। सन् 1994-95 तक 6.1% भू-भाग वन्य भूमि के अन्तर्गत आ गया है। रावतसर, हनुमानगढ़,घड़साना इत्यादि प्रथम अवस्था की तहसीलों में तो वन्य भूमि कुल भौगोलिक क्षेत्रफल के 7% से भी ज्यादा भाग पर है। द्वितीय अवस्था के जिलों में, जैसे–जैसलमेर में सिंचाई सुविधा उपलब्ध नहीं होने के कारण वनों का प्रतिशत नगण्य है। पिछले दो दशकों में वनों की मात्रा 1% ही बढ़ पायी है। उपलब्ध सिंचाई सुविधाओं के अनुकूलतम उपयोग के लिए उत्पादन के साथ-साथ वनों के प्रसार पर भी जोर दिया जाना चाहिये ताकि विषम भौगोलिक दशाओं, यथा–मिट्टी के कटाव, धूलभरी आंधियों व तूफानों की आवृति पर नियन्त्रण किया जा सके।

कृषि अयोग्य भूमि

कृषि आयोग्य भूमि के अन्तर्गत ऊसर तथा कृषि के अतिरिक्त काम में ली जाने वाली भूमि को शामिल किया जाता है। ऊसर भूमि के अन्तर्गत पहाड़ियाँ, चट्टानें, नदी के मुहाने, दलदल को सम्मिलित किया जाता है। परियोजना क्षेत्र के कुल भौगोलिक क्षेत्रफल का 3.42% से भी ज्यादा भू-भाग अर्थात् 1.7 लाख हेक्टेयर से ज्यादा क्षेत्र पर ऊसर भूमि का विस्तार है। यद्यपि सिंचाई से पूर्व ऊसर भूमि का प्रतिशत कम था किन्तु जल प्रबन्धन की कमी के कारण जलप्लावन की समस्या के कारण यह प्रतिशत लगातार बढ़ता जा रहा है। नहर में प्रभावित जिलों, जैसे–गंगानगर तथा हनुमानगढ़। सन् 1994-95 तक क्रमशः 6749 हेक्टेयर तथा 926 हेक्टेयर भू-भाग ऊसर भूमि के अन्तर्गत आ गया है। इस प्रकार की भूमि के प्रतिशत में वृद्धि का मुख्य कारण उपलब्ध जल संसाधनों का अनियोजित उपयोग व नहर के रखरखाव में कमी, अविवेकपूर्ण फसल प्रतिरूप दोषपूर्ण भूमि उपयोग, तथा

अधःस्तर में अपारगम्य चट्टानों की उपस्थिति है जिसके परिणामस्वरूप जलप्लावन व मिट्टी में लवणता की समस्यायें उत्पन्न हो गयी हैं। जिससे न केवल कृषि क्रियायें ही बुरी तरह से प्रभावित हुई हैं बल्कि ढाँचागत सुविधाओं के नुकसान के साथ-साथ अधिवास खाली होने की नौबत भी आ गयी है। अतः भूमि संसाधनों का विवेकपूर्ण प्रबन्धन तथा जल संसाधनों का अनुकूलतम उपयोग किया जाना चाहिये।

प्रथम अवस्था में उत्पन्न पर्यावरण संरक्षण की समस्याओं को ध्यान में रखते हुए द्वितीय अवस्था के लिये सिंचाई सघनता सूचकांक का लक्ष्य 130 से घटाकर 80 ही रखा गया है। इसका मुख्य उद्देश्य यह है कि परियोजना की द्वितीय अवस्था में सिंचित कृषि के साथ-साथ वन-विकास, पशु-पालन, लघु तथा कुटीर उद्योगों का भी विकास किया जाये जिससे इस प्रदेश का समन्वित क्षेत्रीय विकास करके पर्यावरण संरक्षण के साथ संसाधन आधार विकसित किया जा सके।

कृषि के अलावा काम में ली जाने वाली भूमि के अन्तर्गत सड़क व रेल मार्ग भूमि, नगरीय रिहायशी भूमि को शामिल किया जाता है। नहरी जल की उपलब्धता के उपरांत क्षेत्र में इस प्रकार की भूमि के प्रतिशत में निरन्तर वृद्धि हो रही है। सन् 1990-91 के दौरान हनुमानगढ़ तहसील में अकृषि कार्यों में संलग्न भूमि का अनुपात सबसे ज्यादा पाया गया। नहर परियोजना से सबसे ज्यादा प्रभावित क्षेत्रों तथा असिंचित क्षेत्रों में इस प्रकार की भूमि का अनुपात बढ़ रहा है। असिंचित भू-भाग में भूमि का उपयोग पशु-पालन व्यवसाय, लघु व कुटीर उद्योगों, ईंट निर्माण, लघु खनन आदि के रूप में किया जाता है। परियोजना क्षेत्र के गंगानगर व हनुमानगढ़ जिलों में लगातार नये आवंटियों के आगमन से यहाँ जनसंख्या के घनत्व में तेज गति से वृद्धि हो रही है। अतः नये बसने वाले आवंटियों को जीवननिर्वाह की अधारभूत सुविधायें उपलब्ध करवाना अपरिहार्य हो जाने के कारण अकृषि भूमि के अनुपात में वृद्धि हो रही है।

पड़ती भूमि

पुरातन पड़ती तथा नवीन पड़ती भूमि को पड़ती भूमि के अन्तर्गत सम्मिलित किया जाता है। पुरातन पड़ती भूमि में वह भूमि आती है, जिस पर कृषि कार्य होता है, परन्तु गत पाँच वर्षों से भौगोलिक एवं आर्थिक कारकों से कृषि नहीं की जा रही है। नवीन पड़ती भूमि में वह भू-भाग सम्मिलित किया जाता है जिसमें निश्चित समय से (1 वर्ष) कृषि कार्य नहीं हो रहा है। पुरातन पड़ती भूमि का सबसे ज्यादा विस्तार परियोजना क्षेत्र की द्वितीय अवस्था में तथा नवीन पड़ती भूमि का ज्यादातर फैलाव

परियोजना की प्रथम अवस्था में है। परियोजना क्षेत्र का लगभग 12.15% भू-भाग पड़ती भूमि के रूप में है। सन् 1970-71 में पड़ती भूमि का सबसे ज्यादा अनुपात (30.2%) जोधपुर जिले में था जो सिंचाईजल की उपलब्धता के बाद घटकर सन् 1994-95 में 23% रह गया। परियोजना क्षेत्र के प्रथम अवस्था में कृषि हेतु सिंचाई सुविधायें मिलने के कारण ज्यादा पड़ती भूमि कृषि भूमि के रूप में परिवर्तित हो रही है। नहरी जल प्रबन्धन तथा अनुकूल फार्म व्यवस्था से इस भूमि को और अधिक कृषि कार्यों के लिये उपयोग में लाया जा सकता है। परियोजना क्षेत्र की दूसरी अवस्था में जहाँ सिंचाई सुविधाओं का अभी विस्तार किया जाना प्रस्तावित है वहाँ पड़त भूमि का कृषि के लिये उपयोग वर्षा आधारित शुष्क कृषि पर आधारित है। जब नहरी सिंचाई उपलब्ध हो जाने के बाद पड़ती भूमि भी कृषि भूमि में परिवर्तित हो जायेगी तो यहाँ कृषि उपयोग, विवेकपूर्ण फसल प्रतिरूप चयन तथा कुशल कृषि प्रबन्धन से अनुकूलतम उपयोग किया जा सकता है।

सबसे ज्यादा योग्य बंजर भूमि

कृषि योग्य उस भूमि को इस श्रेणी के अन्तर्गत शामिल किया जाता जो कृषि के लिये पूर्णतया उपयुक्त है। परन्तु जलाभाव के कारण कृषि नहीं हो पा रही है। परियोजना क्षेत्र का 38% भाग कृषि बंजर भू-भाग है। जबकि राजस्थान राज्य में मात्र 16.25% ही इस श्रेणी के अन्तर्गत आता है। परियोजना क्षेत्र में सन् 1970-71 में बीकानेर जिले की 61.79% भू-भाग इस श्रेणी के अन्तर्गत था जोकि सबसे अधिक था। इसका मुख्य कारण सिंचाई जल की अनुपलब्धता थी। सन् 1994-95 में सर्वाधिक कृषि योग्य बंजर भूमि जैसलमेर में 72.94% थी जबकि हनुमानगढ़ जिले में एक प्रतिशत से भी कम थी। इस प्रकार सिंचाई सुविधाओं के प्रसार के साथ-साथ बंजर भूमि का भी कृषि भूमि के रूप में उपयोग करना सम्भव हो सकेगा।

नहर परियोजना क्षेत्र में स्थायी चरागाह

नहर परियोजना क्षेत्र वर्तमान में 19.26% भू-भाग पर स्थायी चरागाह है। नहरी क्षेत्र की भूमि पर जनसंख्या के बढ़ते दबाव के कारण कृषि विकास पर अधिक जोर दिये जाने के कारण तथा सिंचाई के नकारात्मक प्रभाव के परिणामस्वरूप चरागाह भूमि को सुरक्षित रखना कठिन कार्य है। सन् 1971 में सबसे ज्यादा स्थायी चरागाह बाड़मेर जिले में 7.29% भाग पर थे तथा गंगानगर जिले में इसका अनुपात न्यूनतम था जिसका मुख्य कारण नहरी जल की उपलब्धता का कृषि कार्यों के लिये उपयोग

करना था जबकि बाड़मेर जिले में सिंचाई की सुविधायें नहीं उपलब्ध होने के कारण वर्षा आधारित शुष्क कृषि के साथ पशुपालन प्रमुख व्यवसाय है। परियोजना क्षेत्र की दूसरी अवस्था में अन्य जिलों—जैसलमेर (नाचना, मोहनगढ़) तथा बीकानेर (कोलायत व छतरगढ़) में स्थायी चौरागाह भूमि का विस्तार सबसे ज्यादा पाया जाता है। यहाँ की भूमि में कैल्शियम कार्बेनेट की मात्रा ज्यादा है। वहाँ पशुपालन क्रिया को ज्यादा महत्त्व दिया जाना चाहिये। परियोजना क्षेत्र की प्रथम अवस्था में उत्पन्न पर्यावरण संरक्षण की समस्या को ध्यान में रखकर द्वितीय अवस्था के भू-भागों में कुशल जलप्रबन्धन, नियोजित भूमि उपयोग तथा पारिस्थितिकी के अनुरूप फसल प्रणाली के चयन से कृषि तथा चरागाह विकास को बढ़ावा दिया जा सकता है। विशेष रूप से दुग्ध व्यवसाय में दुग्ध की गुणवत्ता को बनाये रखे जाने के लिये यहाँ स्थानीय सेवन घास को संरक्षण प्रदान किया जाना चाहिये।

निष्कर्ष तथा सुझाव

इन्दिरा गाँधी नहर से राजस्थान राज्य के थार मरुस्थल से समन्वित क्षेत्रीय विकास के साथ-साथ सम्पूर्ण क्षेत्र के आर्थिक विकास में एक नया संसाधन आधार विकसित हुआ है। सिंचाई का पूर्ण विकास परियोजना क्षेत्र के जिन भागों में हो चुका है उन क्षेत्रों में भौतिक व सांस्कृतिक कारकों के परिणामस्वरूप सम्पूर्ण मरुस्थलीय पारिस्थितिकी धीरे-धीरे मरुद्यान के रूप में परिवर्तित हो रही है। परियोजना क्षेत्र में सिंचाई जल की उपलब्धता से कृषि योग्य बंजर भूमि व पड़ती भूमि में कमी आयी है। पिछले तीन दशकों में परियोजना क्षेत्र में अन्य भूमि, शुद्ध बोये गये क्षेत्र, कृषि के अतिरिक्त काम में ली जाने वाली भूमि तथा दुपज काश्त क्षेत्र तथा ऊसर भूमि में लगातार वृद्धि हो रही है। धीरे-धीरे फसल प्रारूप में विविधता व विशिष्टता आने लगी है।

पर्यावरण संरक्षण को ध्यान में रखकर उपयुक्त कृषि पद्धति व तकनीक अपनाकर कृषि को उद्योग का रूप प्रदान करने जिससे बढ़ती हुई जनसंख्या के भरण-पोषण की जरूरत् पूरी करने के साथ जीवन की गुणवत्ता में वृद्धि की जा सके। वर्तमान में बढ़ती हुई जनसंख्या की असीमित व बहुआयामी आवश्यकताओं के फलस्वरूप भूमि संसाधनों पर दबाव बढ़ता जा रहा है। परियोजना क्षेत्र में प्राकृतिक अप्रवाह प्रणाली के अभाव तथा जल संसाधनों का अनुकूलतम उपयोग न होने के परिणामस्वरूप परियोजना क्षेत्र में भूमिगत जल स्तर में लगातार वृद्धि हो रही है तथा मिट्टी में लवणता की समस्यायें उत्पन्न हुई हैं। अनियोजित भूमि उपयोग व दोषपूर्ण

फसल प्रतिरूप के कारण फसलों की उत्पादकता में कमी आती है। कृषि के चहुंमुखी विकास के लिये तथा भूमि संसाधनों के अनुकूलतम उपयोग के लिए निम्नांकित सुझाव दिये जा सकते हैं–

1. मृदा लवणता की समस्या वाले प्रदेशों में मृदा को जिप्सम से उपचारित कर इसकी लवणता को कम किया जा सकता है।
2. सिंचित कृषि प्रदेशों के पारिस्थितिकी तन्त्र को सुरक्षित रखने के लिये कृषकों को भूमि के अनुकूलतम उपयोग के लिए प्रशिक्षित किया जाना चाहिये।
3. वर्तमान औद्योगिक परिप्रेक्ष्य पर्यावरण प्रदूषण की बढ़ती समस्याओं को ध्यान में रखकर भूमि को प्रदूषण से संरक्षण प्रदान करके उसका सही रूप में उपयोग किया जा सकता है। अतः भूमि का उपचार अथवा प्रबन्धन इस तरह से किया जाना चाहिये कि कृषि प्रदेशों में क्षार, लवण एवं अम्लीयता में असन्तुलन उत्पन्न न हो तथा भूमि की उर्वरता बनी रहे। भूमि की जरूरत से ज्यादा सिंचाई, रासायनिक खाद व कीटनाशकों का अविवेकपूर्ण उपयोग तथा उपजाऊ जैविक तत्त्वों की कमी कृषि भूमि पर विपरीत प्रभाव डालकर उसे अनुपयोगी बनाते हैं। अतः नियन्त्रित सिंचाई, खाद तथा दवाइयों का सीमित उपयोग तथा जैविक खाद का उपयोग करके कृषि भूमि को प्रदूषित होने से बचाया जा सकता है। जैविक कृषि भी इस समस्या के समाधान में उपयोगी साबित हो सकती है।
4. कृषि भूमि की मृदा की उपजाऊ परत को सुरक्षित करने के लिये अर्द्ध मरुस्थलीय भू-भागों में सड़कों के दोनों तरफ तथा नहरी क्षेत्र में वन विकास करके मृदा संसाधन को संरक्षित किया जा सकता है।
5. समग्रस्त जल का आवश्यक परिशोधन करके पुनः कार्यों के उद्देश्य से उपयोग में लाने की व्यवस्था की जानी चाहिये, ताकि सिंचाई के लिये अतिरिक्त स्वच्छ जल उपलब्ध हो सके। अर्द्धशुष्क मरुस्थलीय प्रदेशों की मृदा की जलग्रहण क्षमता कम होती है। इस प्रकार सिंचाई के लिये स्प्रिंकलर पद्धति उपयोगी सिद्ध हो सकती है।
6. सिंचित क्षेत्रों की जल उपयोग क्षमता को बढ़ाने हेतु पारिस्थितिकी अनुकूल फसलों का चयन किया जाना चाहिये जो कि कम से कम जल उपयोग के साथ ही मृदा की गुणवत्ता में भी बढ़ोतरी करे।

7. बार-बार एक ही भूमि पर एक ही फसल बोने से भूमि की गुणवत्ता एवं उर्वरता का ह्रास होता है। अतः शस्य संयोजन व फसलों की हेरफेर प्रणाली से मृदा की गुणवत्ता में सुधार कर कृषि भूमि को दीर्घजीवी बनाया जा सकता है।

कृषि आधारित अर्थव्यवस्था वाले इस क्षेत्र में उगलब्ध भूगि रांसाधनों का सही तथा विवेकपूर्ण फसल प्रतिरूप व कुशल जल प्रबन्धन की तकनीक अपनाकर इस प्रदेश के संसाधन आधार को मजबूत किया जा सकता है।

12

जल प्रबंधन तथा पारिस्थितिकी

परिचय

जल मानव को प्रकृति द्वारा प्रदत्त संसाधनों में सबसे ज्यादा एवं बहुमूल्य संसाधन है। जीवन के विभिन्न उद्देश्यों की पूर्ति के लिये जल एक अनिवार्य घटक है। अनेक क्षेत्रों में जल की बढ़ती उपयोगिता एवं जन माँग के कारण यह एक दुर्लभ प्राकृतिक संसाधन बनता जा रहा है। जीवन की गुणवत्ता बनाये रखने के लिये जल संसाधनों को विकसित करना अत्यंत जरूरी है। इसके लिए समय एवं क्षेत्र (Time and Space) की अवधारणा को ध्यान में रखते हुये जल संसाधनों की उपलब्धता पर नियन्त्रण किया जाना चाहिये। जल के सही उपयोग के लिये सम्बन्धित जल विकास योजनाओं का स्थायी रूप से दीर्घकालीन नियोजन एवं विवेकपूर्ण प्रबन्धन किया जाना अपरिहार्य है। हमारे देश में केवल 30% धरातलीय जल (Surface Water) का व 25% भूमिगत जल (Underground Water) का उपयोग हो पाता है। देश में उपयोग में आने वाले जल संसाधन कुल बोये गये क्षेत्र (Net Sown area) के केवल 50% भाग की सिंचाई के लिये उपलब्ध है। देश में उपलब्ध धरातलीय एवं भूमिगत जल का संयुक्त उपयोग (Conjunctive Use) के लिये जल संसाधनों का कुशल प्रबन्धन एक व्यावहारिक आवश्यकता है।

जल प्रबन्धन का विश्व की अधिकांश बड़ी सिंचाई योजनाओं में साधारणतया अभाव पाया जाता है। डॉ. बी.एस. तँवर (1996) के अनुसार "विश्व में लगभग 2000 मिलियन हेक्टेयर भूमि मृदा अवनयन (Soil degradation) की समस्याओं से ग्रसित है। करीब 10% से 15% सिंचित भूमि जलाक्रांतता, सेम या जल प्लावनता (Waterlogging) और मृदा लवणता (Soil Salinization) से प्रभावित है। भारत में 200 मिलियन हेक्टेयर भूमि मृदा अवनयन की समस्या से

ग्रसित है। इसमें से 16 मिलियन हेक्टेयर भूमि जल प्लावनता तथा 15 मिलियन भूमि पोषक तत्त्वों की कमी व मृदा लवणता की समस्या से ग्रसित है" पिछले कुछ दशकों से जल प्लावनता की समस्या ने भारत के सिंचित क्षेत्रों में विकराल रूप धारण कर लिया है। वर्तमान में यह मुख्य रूप से बिहार, उत्तर प्रदेश, हरियाणा, पंजाब, मध्य प्रदेश, उड़ीसा, गुजरात एवं राजस्थान के सिंचित क्षेत्रों में परिलक्षित है।

अर्द्धशुष्क तथा शुष्क प्रदेशों में जहाँ भूमिगत जल खारा होता है, वहाँ जल प्लावनता की समस्या ज्यादा जटिल हो जाती है। क्योंकि इन प्रदेशों में लवणीय अथवा खारे अपवाह जल की निकासी एवं उपयोग की सम्भावनायें सीमित हैं। अतः इन क्षेत्रों के पर्यावरण में जल प्रबन्धन का ज्यादा महत्त्व होता है। इस समस्या का निराकरण पर्यावरण के सम्भावित प्रकोपों को ध्यान में रखकर किया जाना चाहिये। इसके लिये उच्च तकनीक विकसित करने की जरूरत है। नहरों द्वारा सिंचित शुष्क एवं अर्द्धशुष्क क्षेत्रों में जल प्लावनता से सम्बन्धित समस्यायें सत्तर के दशक से लगातार बढ़ रही हैं तथा इन प्रदेशों के पारिस्थितिकी तन्त्र (Ecosystem) के लिये एक बड़ी गम्भीर समस्या बन गयी है। वर्तमान में जल प्लावनता एवं मृदा लवणता से नष्ट होकर सिकुड़ती जा रही कृषि भूमि तथा बाधित हो रहे कृषि कार्य समस्या से सम्बन्धित तकनीकी विशेषज्ञों तथा सम्बन्धित जिम्मेदार अधिकारियों के लिये प्रमुख चुनौती बनते जा रहे हैं। भारत में कुल शुष्क क्षेत्र 28.8 मिलियन हेक्टेयर है जिसमें से 73.8% भाग पश्चिमी राजस्थान के मरुस्थल के रूप में विस्तृत है। थार का मरुस्थल कुल 19.84 मिलियन हेक्टेयर भूमि में फैला है जो राजस्थान का कुल 51% तथा भारत का 6% भू-भाग है। राजस्थान के मरुस्थल का 7.8 मिलियन हेक्टेयर भू-भाग बालूका स्तूपों से ढका है।

अध्ययन के उद्देश्य

(1) अध्ययंन क्षेत्र में जल प्रबन्धन की समस्या से उत्पन्न पर्यावरण प्रकोपों का अध्ययन करना।

(2) पर्यावरणीय समस्याओं के कारण एवं प्रभावों का मूल्यांकन करना।

(3) अध्ययन क्षेत्र के पारिस्थितिकीय संरक्षण के लिये उपाय सुझाना।

परिकल्पना

जल प्लावनता कुशल जल प्रबन्धन के अभाव में मृदा लवणता की समस्या ने इंदिरा गाँधी नहर परियोजना के प्रथम चरण में विकराल रूप धारण

कर लिया है और यह समस्यायें धीरे-धीरे द्वितीय चरण में भी बढ़ने लगी हैं। अकुशल जल प्रबन्धन के साथ-साथ परियोजना क्षेत्र में प्राकृतिक अपवाह तन्त्र का अभाव एवं क्षेत्र की भूगर्भीय बनावट भूमि अवनयन (Land Degradation) का मुख्य कारण है।

क्षेत्र के अध्ययन एवं आँकड़े

क्षेत्र का अध्ययन प्राथमिक व द्वितीय आँकड़ों पर आधारित है। ये आँकड़े विभिन्न सरकारी—गैर सरकारी संस्थानों तथा प्रकाशित-अप्रकाशित स्रोतों से एकत्रित किये गये हैं। समस्या के बारे में विभिन्न महत्त्वपूर्ण सूचनाओं व आँकड़े प्राप्त करने के लिये तथा सर्वेक्षण के लिये अनुसूची तैयार की गयी। विभिन्न आँकड़ों का विश्लेषण कर, आवश्यकता अनुसार उन्हें उपयुक्त मानचित्र तकनीकों से प्रदर्शित करने का प्रयत्न किया गया है।

अध्ययन क्षेत्र

इंदिरा गाँधी नहर परियोजना क्षेत्र 69°30' पूर्व से 74°33' पूर्वी देशान्तर तथा 24°30' उत्तर से 29°20' उत्तरी अक्षांश के मध्य स्थित है। इस क्षेत्र में कृषि कार्यों के लिये उपलब्ध धरातलीय जल की मात्रा आवश्यकता की तुलना में सीमित है और कृषि कार्य मुख्यतः वर्षा पर निर्भर है। थार मरुस्थल की जलवायु उष्ण व शुष्क है। अतः यहाँ वर्षा से अधिक वाष्पीकरण होता है तथा वर्षा की न्यूनता व अनिश्चितता की दशाओं के साथ-साथ साल भर में कुल वर्षा का सर्वाधिक भाग मानसून वर्षा के दौरान प्राप्त होता है। ज्यादा दैनिक तापान्तर व तीव्र सौर ऊष्मा इस प्रवेश की जलवायु की विशेष विशेषतायें हैं। मरुस्थलीय प्रदेश में नियतवाहिनी नदियों (Perennial rivers) का अभाव है तथा यहाँ की जनसंख्या पशुचारण पर जीवनयापन करती है। थार रेगिस्तान की विषम भौगोलिक परिस्थितियों को देखते हुए नहरी सिंचाई से इस क्षेत्र का समुचित एवं समग्र विकास किया जा सकता है।

इंदिरा गाँधी नहर परियोजना, जिसे पूर्व में राजस्थान परियोजना के नाम से जाना जाता था, को जुलाई 1957 में योजना आयोग द्वारा स्वीकृति दी गयी। उसका निर्माण कार्य मार्च 31, 1958 में प्रारंभ हुआ। निर्माण कार्य में आसानी व प्रशासनिक सुविधा के लिये इंदिरा गाँधी परियोजना को दो चरणों (प्रथम चरण व द्वितीय चरण) में विभाजित किया गया। इंदिरा गाँधी नहर सतलज नदी पर बने हरि के बैराज से निकाली गयी जिससे सिन्धु नदी जल समझौते (Sindhus water treaty) के अनुसार भारत सिन्धु बेसिन नदियों—व्यास, रावी, तथा सतलज से अपने हिस्से के जल का समुचित उपयोग कर सके।

योजना के प्रथम चरण में 204 किलोमीटर लम्बी फीडर व 2950 वितरण प्रणाली हैं तथा मुख्य नहर की लम्बाई 189 किलोमीटर है। जबकि द्वितीय चरण में मुख्य नहर की लम्बाई 256 किलोमीटर तथा 5115 किलोमीटर लम्बी वितरण प्रणाली है। मुख्य नहर की समस्त लम्बाई 649 किलोमीटर है। इंदिरा गाँधी नहर द्वारा संपूर्ण सिंचित क्षेत्र 15.37 लाख हेक्टेयर हैं। प्रथम चरण में 5.25 लाख हेक्टेयर व द्वितीय चरण में 10.12 लाख हेक्टेयर भूमि सिंचाई सुविधा उपलब्ध है।

इंदिरा गाँधी नहर परियोजना क्षेत्र : मुख्य प्रारूप

क्र० सं०	*विशेष*	*इकाई*	*प्रथम चरण*		*द्वितीय चरण*	
			कुल	*पूर्ण*	*कुल*	*पूर्ण*
1.	राजस्थान फीडर					
	क. लम्बाई	कि.मी.	204	पूर्ण		
	ख. हैड पर क्षमता	क्यूमेक्स	524	वर्ष 1964		
2.	मुख्य नहर					
	क. लंबाई	कि.मी.	189	पूर्ण	256	पूर्ण
	ख. हैड पर क्षमता	क्यूमेक्स	524	वर्ष 1975	282	वर्ष 1984
	ग. टेल पर क्षमता	क्यूमेक्स	282		136.25	
3.	वितरण प्रणाली					
	क. फ्लो क्षेत्र	कि.मी.	2924		3782	
	ख. लिफ्ट क्षेत्र	कि.मी.	476		1998	
	कुल	कि.मी.	3400	3196(94%)	5780	2447(42.5%)
4.	कुल योग्य सिंचित क्षेत्र					
	क. फ्लो क्षेत्र	1000 हे.	492		873	509(58%)
	ख. लिफ्ट क्षेत्र	1000 हे.	61		443	
	कुल	1000 हे.	553	531(96%)	1316	509(38.6%)
5.	सिंचाई क्षमता					
	क. फ्लो क्षेत्र	%	100	119	80	
	ख. लिफ्ट क्षेत्र	%	100	119	60	
6.	वार्षिक सिंचाई	1000 हे.	553	660(119%)	964	130(13%)

स्रोत : सी.ए.डीए., आई.जी.एन.पी., बीकानेर, 1999

सम्भवतया इंदिरा गाँधी नहर परियोजना विश्व की विशालतम सिंचाई परियोजना है। इंदिरा गाँधी नहर का आगमन थार मरुस्थल में सिंचाई की प्रथम कोशिश थी। इससे पहले प्रदेश में वर्षा आधारित कृषि की जाती थी। प्रतिवर्ष सूखा व अकाल पड़ना इस प्रदेश का मुख्य लक्षण था। इंदिरा गाँधी नहर के सिंचित क्षेत्र विकास (Cultural command area development) की अनेक योजनाओं के परिणामस्वरूप यहाँ की पारिस्थितिकी में सकारात्मक परिवर्तन दृष्टिगोचर होने लगे। यहाँ की सूक्ष्म जलवायु (Microclimate), भूमि उपयोग (Land use), मृदा (Soil), एवं नमी (Moisture) की स्थिति, जैविक स्तर (Biologiical status) व जीवन स्तर (Living status) में गुणात्मक परिवर्तन हुए हैं। सिंचाई सुविधा के अभाव में जिस जमीन की कीमत सुविधाओं के अभाव में नहीं के बराबर थी उसकी कीमत बढ़कर लाखों रुपये हो गयी। परियोजना क्षेत्र में आर्थिक-सामाजिक परिस्थितियों में भी सकारात्मक परिवर्तन हुए हैं। नहर के आने से नहरी सिंचित क्षेत्र में ढाँचागत (Infrastructural) सुविधाओं का भी व्यापक विकास हुआ।

वर्तमान समस्या स्वरूप

इंदिरा गाँधी नहर परियोजना क्षेत्र में गहन नहरी सिंचाई, रख-रखाव का अभाव और अकुशल जल और प्रबन्धन से इस क्षेत्र पर उल्टा प्रभाव पड़ा है। जल प्लावनता एवं मृदा लवणता की समस्यायें असिंचित क्षेत्रों की की तुलना में सिंचित क्षेत्रों में ज्यादा पाई जाती हैं। ये समस्यायें सिंचित क्षेत्रों में अपवाह प्रणाली (Drainage system) के अभाव में उत्पन्न होती हैं। इन्दिरा गाँधी नहर परियोजना क्षेत्र की भू-वैज्ञानिक संरचना जल के प्राकृतिक अपवाह को बाधित करती है। इस परियोजना क्षेत्र की जल प्लावनता सम्बन्धी समस्याओं का सीधा सम्बन्ध इस क्षेत्र के भू-आकृतिक (Geo-morphological) इतिहास से है। बालूका स्तूप (Sand dunes) तथा अन्तरस्तूपीय मैदान (Interdunal plains) इस क्षेत्र के ज्यादा भाग को आवरित किये हुए है। यह स्तूप 200 मि.मी. से कम वर्षा रेखा प्रदेश में स्थित है। अतः ये पवन की अनाच्छादन की प्रक्रिया के प्रति अतिसंवेदनशील होते हैं। बालूका स्तूपों की स्थिति मौसम तथा पवन क्षेत्र के अनुरूप होने के कारण परिवर्तन रहती है। परियोजना क्षेत्र के उत्तर-पश्चिम में जलोढ़ मैदान तथा अन्तरस्तूपीय मैदानों की मृदा परिच्छेदिका (Soil profile) में जिप्सम लौहयुक्त (Gypsiferous) अवसादों की परत स्थित है। इसके कारण जल प्लावनता, मृदा लवणता व लवणता से उत्पन्न समस्यायें पैदा होती हैं। इन्दिरा गाँधी नहर परियोजना के सिंचित क्षेत्र के करीब 26% भाग धरातल के नीचे 0 से 20 मीटर की गहराई में कठोर अधःस्तर (Hardpan)

पाया जाता है। यह अधःस्तर जल रिसाव में व्यवधान उत्पन्न करता है तथा जल प्लावनता की उत्पत्ति का कारण बनता है। इन्दिरा गाँधी परियोजना क्षेत्र के उत्तरी भाग में ये समस्या भयंकर रूप धारण कर चुकी है। इस परियोजना की सूरतगढ़, रावतसर शाखाओं एवं इनकी वितरिकाओं द्वारा सिंचित क्षेत्र में जल प्लावनता की समस्या एक अन्य मुख्य पर्यावरणीय अवनयन की समस्या बन चुकी है। परियोजना के प्रथम चरण में 1996-97 तक करीब 172 वर्ग किलोमीटर क्षेत्र पूरी तरह जल प्लावित हो चुका था तथा 2,978 वर्ग किलोमीटर क्षेत्र को संवेदनशील क्षेत्र माना गया जबकि द्वितीय चरण में भी ये समस्या बढ़ने लगी है। लेकिन तुलनात्मक रूप से कम है। द्वितीय चरण में सन् 1996-97 तक 12 वर्ग किलोमीटर क्षेत्र जलप्लावित था जो कि 1999 में बढ़कर 13 वर्ग किलोमीटर हो गया जबकि संवेदनशील क्षेत्र 1996-97 में 180 वर्ग किलोमीटर के लगभग था जो कि 1999 में बढ़कर 193 वर्ग किलोमीटर हो गया।

इन्दिरा गाँधी नहर परियोजना क्षेत्र प्रथम व द्वितीय चरण में जल प्लावित क्षेत्र (वर्ग कि.मी.)

		जल स्तर की गहराई (मी.में) व जलप्लावित क्षेत्र (वर्ग कि.मी.)		
चरण	*वर्ष*	*जलप्लावित क्षेत्र*	*क्रान्तिक क्षेत्र*	*संवेदनशील क्षेत्र*
		1.0 मी. से कम	*1.0 मी. से 1.5 मी.*	*1.5 मी. से 6.0 मी.*
	1981	–	–	740
	1984	–	–	1234
	1986	–	–	1437
	1992-93	138	220	2030
प्रथम चरण	1993-94	97	178	1610
	1994-95	102	190	1980
	1995-96	148	207	2073
	1996-97	172	241	2978
	1997-98	181	254	3127
	1994	10	45	190
	1996	12	37	173
द्वितीय चरण	1997	12	38	181
	1998	12	38	181
	1999	13	45	193

स्रोत : सी.ए.डी., बीकानेर, मार्च व दिसम्बर, 1997 तथा सितम्बर, 1999

वर्षा जल के रिसाव एवं गहन सिंचाई से भू-गर्भीय जलस्तर में वृद्धि होने से जल प्लावनता की समस्या उत्पन्न होती है। अर्द्धशुष्क-शुष्क क्षेत्र के भू-गर्भीय जल में घुलनशील लवण पर्याप्त मात्रा में विद्यमान है तथा इस प्रदेश की मृदा में भी घुलनशील लवणों की अधिकता है। जल भूमिगत जल स्तर बढ़ता है तो मृदा में उपस्थित लवण भी जल के साथ फसलों के मूल क्षेत्र में (Root zone) में आ जाते हैं जिससे मृदा परिच्छेदिका (Soil profile) में लवणों की बहुलता हो जाती है। फलस्वरूप भूमि पूरी तरह से अनुपजाऊ हो जाती है। कौशिकत्व की प्रक्रिया द्वारा भूमिगत जल धरातल की ओर गति करने लगता है और जब ये जल भूमि पर फैल जाता है तो भूमि जलप्लावित (Waterlogged) हो जाती है। वह कृषि भूमि जहाँ एक लम्बे समय से जल रुका हुआ है जलप्लावित क्षेत्र के रूप में परिभाषित की जा सकती है। व्यापक अर्थों में जलप्लावता का अभिप्राय जल स्तर के मृदा में मूल क्षेत्र (Root zone of soil) तक बढ़ने से लगाया जाता है। जल स्तर के भूमि में फसल के मूल क्षेत्र तक बढ़ जाने से वायु के सामान्य संचरण में बाधा उत्पन्न होती है। जिससे ऑक्सीजन के स्तर में कमी तथा कार्बन-डाइ ऑक्साइड का स्तर बढ़ने लगता है। भूमिगत जल का स्तर पादपों की वृद्धि को प्रभावित करता है। पादपों के उत्पादन एवं फसलों की वृद्धि पर भूमिगत जल के बढ़ते स्तर का दुष्प्रभाव पड़ता है। भूमिगत जल स्तर की आवश्यकता फसल के प्रकार, जड़ की लम्बाई, भू-जल की गुणवत्ता, मृदा रचना (Soil texture) पर निर्भर करती है। जैसे चावल के लिये भूगर्भीय जल (Undergound water) स्तर 0 से 1.0 मीटर तक व अन्य फसलों के लिये 1. 5 मीटर तक पाया जाता है।

राष्ट्रीय कृषि आयोग (1976) ने जलप्लावित क्षेत्र को इस प्रकार परिभाषित किया है, "जब जल स्तर बढ़कर फसल के मूल क्षेत्र के मृदा रन्ध्रों (Soil pores) को संतृप्त (Saturate) करता है, परिणामस्वरूप वायु के सामान्य संचरण में बाधा उत्पन्न हो जाये तथा ऑक्सीजन के स्तर में कमी व कार्बन-डाइ ऑक्साइड के स्तर में वृद्धि हो जाये" (माथुर, एस.एन., 1994)। कोई भी कृषि भूमि उस समय जल प्लावित कहलाती है जब भूमिगत जल स्तर के बढ़ने से मृदा की उत्पादकता या उर्वरता दुष्प्रभावित हो जाती है। जल प्लावित मृदा जल द्वारा संतृप्त होती है साथ ही वायु का संचरण भी कम हो जाता है। ऑक्सीजन के स्तर में कमी हो जाने से कार्बनिक अपघटन नहीं हो पाता है। गैसीय विसरण न होने के कारण कार्बन-डाइ ऑक्साइड व नाइट्रोजन की सांद्रता में वृद्धि होने लगती है। मृदा के तापमान में कमी और लवणता व क्षारीयता में वृद्धि हो जाती है। जल स्तर की गहराई केशिका सीमान्त

(Capillary fringe) पर निर्भर करती है। नहर के आगमन से पहले इस क्षेत्र का भूमिगत जल स्तर 40 से 55 मीटर था कहीं-कहीं भू-जल स्तर इससे ज्यादा था। नहर परियोजना क्षेत्र में वार्षिक वृद्धि 0.2 मीटर से 2.0 मीटर भूमि स्तर से नीचे (Below ground level) से अधिक रिकॉर्ड की गयी। जल स्तर का बढ़ना मानसून पर भी निर्भर करता है। जलप्लावित क्षेत्रों में तो जलस्तर की वृद्धि दर प्रथम चरण में 0.8 मीटर एवं द्वितीय चरण में 0.44 मीटर प्रतिवर्ष है। इन्दिरा गाँधी नहर परियोजना के प्रथम चरण में भू-जल स्तर बढ़ने की औसत दर 0.67 मीटर प्रतिवर्ष है। जल की उपलब्धता के अनुसार जल स्तर में कमोबेश परिवर्तन देखा गया है।

इन्दिरा गाँधी नहर परियोजना क्षेत्र : औसत भू-जल स्तर (मीटर में)

वर्ष	*सितम्बर माह में परियोजना क्षेत्र में भूजल स्तर (मीटर)*		
	इन्दिरा गाँधी नहर	*घग्घर बाढ़ मैदान*	*घग्घर द्रोणिकायें*
1981-82	0.92	0.5	1.00
1982-83	1.02	1.17	0.93
1983-84	1.14	1.06	0.68
1984-85	1.17	1.11	0.80
1985-86	1.16	1.02	0.80
1986-87	0.70	0.60	0.70
1987-88	0.90	0.85	0.78
1988-89	1.05	0.98	0.90
1989-90	0.96	0.76	0.77
1990-91	0.91	0.70	0.61
1991-92	0.81	0.57	0.51
1992-93	0.72	0.55	0.27
1993-94	0.44	0.70	0.07
1994-95	0.63	0.60	0.32
1995-95	0.67	0.37	0.21
औसत	**0.88**	**0.77**	**0.62**

स्रोत : सी.ए.डी., आई.जी.एन.पी., बीकानेर।

जल प्लावनता के साथ ही मृदा लवणता की समस्या भी इस क्षेत्र में अनिवार्य रूप से देखी गयी है। जब जलप्लावित क्षेत्रों का जल वाष्पित होकर उड़ जाता है तो

दलदली भूमि पर लवण की परत बन जाती है। लवणता से ग्रस्त इस भूमि का उपयोग कृषि कार्यों के लिये नहीं किया जा सकता। कुछ वर्षों के लिये ये भूमि पूरी तरह अनुत्पादक हो जाती है। लवणीय मृदा के संतृप्त घोल का pH मान 8.2 से कम होता है तथा विद्युत संचालकता (Electrical conductivty) का मान 25° सेल्सियस पर 4 डेसी सीमेन्स प्रति लीटर होता है। इसमें कैल्शियम व मैग्नीशियम के क्लोराइड व सल्फेट मुख्य घुलनशील लवण होते हैं तथा सोडियम अधिशोषण (Sodium adsorption ratio-SAR) का अनुपात लवणयुक्त मिट्टियों के घोल के सत्व (Extract) में आमतौर पर 15 से कम होता है।

समस्या के कारण

जलप्लावनता व मृदा लवणता की समस्या कई प्राकृतिक तथा मानवीय कारणों से उत्पन्न होती है। जल प्लावनता व सम्बन्धित समस्याओं के लिये मुख्य रूप से निम्नलिखित कारक जिम्मेदार हैं—

1. भूगर्भीय बनावट की भौतिक व रासायनिक प्रकृति तथा भूमि के अद्यःस्तर में कम गहराई पर जिप्सीफेरस कठोर परत का होना।
2. प्राकृतिक अपवाह तन्त्र का परियोजना क्षेत्र में पूर्णतः अभाव।
3. मृदा की संरचना, प्रकृति एवं परिच्छेदिका की गहराई (Thickness of soil profile)।
4. वर्षा की प्रकृति विशेष रूप से इसकी उपलब्ध मात्रा व समय की अनिश्चितता।
5. गहन सिंचाई पद्धति के कारण भू-जल स्तर का बढ़ना।
6. नहर तन्त्र से होने वाला जल का भीतरी रिसाव तथा घग्घर गर्तों में एकत्रित जल।
7. शुष्क पारिस्थितिकी तन्त्र की क्षमता से अधिक सिंचाई हेतु जलापूर्ति एवं अधिक सिंचाई वाली फसलें बोना।
8. धरातलीय एवं भूमिगत जल संसाधनों के विवेकपूर्ण प्रबन्धन का अभाव।
9. अकुशल फसल प्रतिरूप का चयन व अनियोजित भूमि उपयोग।

इन्दिरा गाँधी परियोजना क्षेत्र मुख्यरूप से पुरातन जलोढ़ मैदानों का हिस्सा है। डॉ. एस. सिंह एवं डॉ. ए. कार (1991) के अनुसार इस प्रदेश में बालू (Sand) व पुरातन जलोढ़ (Old aluvial) मृदा की अधिकता है। साथ ही सिल्ट, क्ले व

कण्कर के संस्तर भी अद्यःस्तर में विद्यमान हैं। क्ले, कण्कर या क्लेयुक्त सिल्ट प्रकार की मृदायें जल सोखकर कठोर संस्तर का निर्माण करती हैं जिससे सिंचाई का जल या वर्षा का जल भूमिगत नहीं हो पाता, वहीं दूसरी ओर जिन क्षेत्रों में कम गहराई पर भूगर्भीय जल मौजूद हो तो भी एक प्रतिरोधक स्तर (Barrier layer) की तरह काम करता है और जल स्तर बढ़ने लगता है। सूरतगढ़ शाखा व रावतसर शाखा एवं इनकी वितरिकाओं द्वारा व सिंचित क्षेत्र मुख्य रूप से इन समस्याओं से जूझ रहा है। विद्वानों का मत है कि इस क्षेत्र की भूगर्भीय आकृति एक तश्तरी (Saucer) के समान है। अतः घग्घर गर्तों में एकत्रित होने वाले वर्षा जल का रिसाव, सिंचित जल का रिसाव तथा नहरी तन्त्र से होने वाले रिसाव की दिशा इसी ओर होती है। अतः इस क्षेत्र में ये समस्या एक विकराल रूप धारण कर चुकी है। सूरतगढ़ शाखा व रावतसर शाखा का कमाण्ड क्षेत्र एवं संसारदेसर के नजदीक मुख्य नहर से जल के अत्यधिक रिसाव के कारण रेतीले टिब्बों के मध्य फैले मैदानों के अधिकांश भू-भाग का आप्लावन हो रहा है तथा दलदली भूमि का लगातार विस्तार हो रहा है। अनूपगढ़ शाखा लुप्त हो चुकी सरस्वती नदी की घाटी में स्थित है जो कि बाद में मिट्टी के स्तूपों से ढँक गयी थी। मृदा स्तूपों के बीच समतल मैदानों की मृदा भारी रचना (Heavy texture) वाली है तथा जिप्सम लौहयुक्त कणेर अद्यःस्तर 1-2 मीटर गहराई पर ही पायी जाती है जो कि फूलेवाल, धंधु, रोजरी, वेरियांवाली की पश्चिमी सीमा को जोड़ते हुये ऊबड़-खाबड़ रेखा के रूप में स्थित है। लूणकरणसर लिफ्ट नहर क्षेत्र में भी पुराने भ्रंश जलोढ़ मैदान तथा अन्तरस्तूपीय मैदान समान रूप से परिसीमित है।

सूरतगढ़, बड़ोपाल, जाखरांवाली, कनाऊ के अन्तरस्तूपीय मैदानों को घग्घर की बाढ़ को नियन्त्रित करने के लिये बनायी गयी 18 द्रोणिकाओं से जोड़ा गया है, जिससे इस क्षेत्र में आने वाली बाढ़ों के संकट को रोका जा सके। डॉ. एस. सिंह एवं डॉ. ए. कार (1991) के मतानुसार संकट से बचने के लिये किया गया यह उपाय इस प्रदेश के सिंचित क्षेत्र के लिये अभिशाप बन गया। चूंकि इन द्रोणिकाओं (Depressions) का जल रिसाव के कारण जलप्लावनता की समस्या को बढ़ाता है। साथ ही कठोर अद्यःस्तर के कारण जल ने एकत्रित होकर झीलों का रूप धारण कर लिया है। ऐसा अनुमान लगाया गया है कि प्रथम चरण के 8000 वर्ग किलोमीटर क्षेत्र में से लगभग 513 वर्ग किलोमीटर (या 7.3%) भाग जलप्लावन से प्रभावित है।

समस्या के प्रभाव

जलप्लावनता और मृदा लवणता के कई दुष्प्रभाव सिंचित कृषि क्षेत्रों में देखने को मिलते हैं। ये दोनों समस्यायें संयुक्त रूप से न केवल फसलों के उत्पादन को

प्रभावित करती हैं बल्कि इनके दुष्परिणाम पेड़-पौधों की वृद्धि तथा विकास की अन्य क्रियाओं जैसे—सड़क, रेल लाइन, जल वितरण तन्त्र, विद्युत वितरण, सरकारी-गैर सरकारी इमारतें आदि पर देखने को मिलते हैं—

1. जलप्लावनता की समस्या के परिणामस्वरूप कृषि भूमि लगातार कम होती जा रही है। इन क्षेत्रों में लोगों ने पुनः पशुपालन को मुख्य व्यवसाय के रूप में अपना लिया है।
2. सेमग्रस्त इलाकों में लोगों के जीवन स्तर में भी लगातार गिरावट आ रही है। नहरी सिंचाई के शुरू होने से जो भूमिहर किसान धनिकों की श्रेणी में आ गये थे आज उनके सामने दो वक्त की रोटी को जुटाने का सवाल आन खड़ा हुआ है। जिन कृषकों की भूमि जलप्लावनता की चपेट में आ गयी है वे जमींदार किसान एवं ठेके पर किसी अन्य के खेत में मजदूरी करने लगे हैं अथवा निर्माण कार्यों में दिहाड़ी मजदूर के रूप में काम करने लगे हैं।
3. बड़ोपाल व मानकठेरी के जलप्लावित क्षेत्रों की लगभग 3000 एकड़ कृषि भूमि जलमग्न हो चुकी है तथा लगभग 1200 परिवार प्रभावित हुये हैं।
4. सेमग्रस्त क्षेत्रों में ढाँचागत सुविधाओं, विशेष रूप से शिक्षा एवं स्वास्थ्य सेवा भी जलप्लावनता की वजह से दुष्प्रभावित हुई हैं। अस्पताल तथा प्राथमिक व उच्च माध्यमिक स्तर के विद्यालय अब जल प्लावित क्षेत्र में जलमग्न हो चुके हैं।
5. लवणयुक्त दलदली जमीन का विस्तार जलप्लावित क्षेत्रों के लिये अभिशाप बन चुका है। दलदली भूमि और खड़े पानी ने इन क्षेत्रों की पारिस्थितिकी में जलजनित स्वास्थ्य सम्बन्धी समस्यायें भी उत्पन्न की हैं। हड्डी सम्बन्धी रोग, मलेरिया, श्वसन सम्बन्धी रोग, पाचन तन्त्र के रोग और चर्म रोग से प्रभावित लोगों की संख्या में वृद्धि हुई है।
6. जलमग्न क्षेत्रों का जल रिसकर भूमिगत जल में मिल जाता है। दोनों प्रकार के पानी के मिल जाने से लवणता में अत्यधिक वृद्धि हो जाती है। इस जल में क्लोराइड व फ्लोराइड की मात्रा अधिक होती है। ये जल खाने-पीने में इस्तेमाल करने के लिये उपयुक्त नहीं होता।
7. इस जल की विद्युतीय संचारकता 25° सेल्सियस पर 8000 से 10000 माइक्रो सीमेन्स प्रति सेंटीमीटर या इससे भी अधिक होती है।

समस्या के समाधान हेतु सुझाव

इन्दिरा गाँधी नहर परियोजना क्षेत्र में उत्पन्न जलप्लावनता (सेम) की समस्य से निपटने में कई विभाग एवं संस्थायें प्रयास कर रहे हैं। इस समस्या के निराकरण हेतु निम्नांकित सुझाव दिये जा रहे हैं–

(1) जलमग्न कृषि भूमि के उद्धार के लिये सबसे पहले जरूरी है कि अपवाह प्रणाली विकसित करके स्थिर जल को इन क्षेत्रों से निकाल दिया जाये। इसके लिये सेम नाला बनाना अपरिहार्य है। सेम नाला तकनीक का उपयोग पंजाब व हरियाणा राज्यों में कारगर सिद्ध हुआ है।

(2) इस प्रदेश में नहरी जल प्रबन्धन की महती आवश्यकता है। जल प्रबन्धन के अन्तर्गत उचित फसल संयोजन, भूमि उपयोग व आवश्यकतानुसार जल वितरण को शामिल किया जा सकता है।

(3) सिंचाई हेतु जल देने या फसल बोने से पहले वहाँ मृदा की प्रकृति संरचना एवं जल सहनशक्ति (Waterholding capacity) को ध्यान में रखना अनिवार्य है।

(4) संवेदनशील क्षेत्रों में वे ही फसलें बोई जानी चाहिये जिन्हें कम सिंचाई की आवश्यकता पड़ती हो तथा जो भूमिगत जल का उपयोग करने में समक्ष हों।

(5) जलमग्न क्षेत्रों में जल को जलोत्थान की व्यवस्था करके मुख्य नहर में डाल दिया जाना चाहिये। साथ ही सूरतगढ़ के समीप बने 18 घघ्घर द्रोणियों में बाढ़ का पानी छोड़ने के बजाय उसे भी जलोत्थान करके मुख्य नहर में डाला जा सकता है। चूंकि यह क्षेत्र नदी बहाव क्षेत्र से भी कई फुट नीचे है। अतः जल प्लावित क्षेत्रों से जलोत्थान करना उत्तम उपाय है।

जल प्लावित क्षेत्रों से जल को निकालने के लिये क्षैतिज अपवाह प्रणाली (Horizontal drainage pattern) भी एक उपयुक्त उपाय साबित हो सकती है। ट्यूबवैल और हैण्डपम्प भी जलस्तर को कम करने में सहायक हो सकते हैं।

(7) इन्दिरा गाँधी नहर परियोजना क्षेत्र की मृदा की ऊपरी परत में लगभग 10 मीटर की गहराई तक बालू तथा उसके नीचे कंकड़युक्त मृदा की अधिकता होने के कारण इस क्षेत्र में जल को रोके रखने की क्षमता कम है। अतः वर्षा एवं सिंचाई का सिर्फ 40% जल अवशोषित हो पाता है। शेष 60% जल रिस कर भूमिगत जल से मिल जाता है। कम गहराई पर कठोर अद्यःस्तर (Hardpan)

उपस्थित होने के कारण भू-जल स्तर लगातार बढ़ता रहता है। अतः इस क्षेत्र की जल उपलब्धता (Water allowance) 5.25 क्यूसेक प्रति 1000 एकड़ से घटा कर 3.50 क्यूसेक प्रति 1000 एकड़ से घटाकर 3.50 क्यूसेक प्रति 1000 एकड़ या इससे भी कम कर दिया जाना चाहिये। साथ ही सिंचाई हेतु बूँद-बूँद (Drip) व फव्वारा (Sprinkler) प्रणाली को प्रोत्साहित किया जाना चाहिये।

(8) नहर की शाखाओं तथा वितरण प्रणाली के लिये बनायी गयी छोटी-2 नहरों से रिसाव को रोकने के लिये इनकी दीवारों की मरम्मत की जानी चाहिये। जहाँ उपयुक्त हो पॉलीथीन लाइनिंग से भी जल रिसाव को रोका जा सकता है।

(9) भूमिगत जल स्तर को कम करने के लिये नहरी जल के अतिरिक्त भू-गर्भीय जल के उपयोग को भी प्रोत्साहित किया जाना चाहिये।

(10) लवणीय भूमि का उपचार रसायनों व ह्यूमस से किया जा सकता है। भूमि पर से लवणों की परत हटाने के लिये निक्षालन (Leaching) की विधि उपयुक्त है। साथ ही लवण सह्य (Salt tolerant) फसलों को बोना चाहिये। एक ही कृषि भूमि पर चक्रण विधि से या मिश्रित फसलों के उत्पादन को प्रोत्साहन देना चाहिये।

निष्कर्ष

जल पलावनता व मृदा लवणता की समस्या इन्दिरा गाँधी नहर परियोजना के प्रथम चरण में विकराल रूप धारण कर चुकी है। इस विकट समस्या से निपटने के लिये समग्र प्रयास ईमानदारी से करने की नितान्त जरूरत है। वर्तमान में इस समस्या से निपटना जहाँ एक प्रमुख चुनौती है वहीं दूसरी ओर इस समस्या को भविष्य में बढ़ने न देना एक प्रमुख चिन्ता है। यह समस्या आगे न बढ़े इसके लिये समुचित उपायों को प्राथमिकता देनी चाहिये। किसानों को वैज्ञानिक कृषि व सिंचाई प्रणाली से उचित लाभ उठाने के लिये प्रशिक्षित किया जाना चाहिये। इस क्षेत्र के भूमिहर कृषकों को उचित फसल संयोजना व भूमि उपयोग की शिक्षा भी देनी चाहिये। सिंचित क्षेत्रों के मृदु पर्यावरण की सुरक्षा के लिये आवश्यक है कि सिंचाई सुविधाओं का उपयोग एवं वितरण पर्यावरण के घटाकों की प्रकृति एवं विशेषताओं के आधार तथा शुष्क पारिस्थितितन्त्र के दीर्घकालीन संरक्षण तथा समग्र क्षेत्रीय विकास को ध्यान में रखकर किया जा सकता है।